时尚形象设计专业“十三五”规划教材·21世纪新编核心课程系列

时尚形象设计专业“十三五”规划教材 · 21世纪新编核心课程系列

An Introduction to Fashion Appearance Design

时尚形象设计导论

顾筱君　著

中国传媒大学出版社
·北京·

丛书名誉顾问简介（以姓氏音序排列）

河龙辉〔韩〕	韩国装扮艺术人协会中国支会长 韩国人体彩绘协会副会长 韩国化妆专家职业交流协会支会长
霍起弟	劳动部职业技能专家指导委员会美容专业委员会主任 中央戏剧学院化妆专业教授
李德权	中央戏剧学院化妆专业教授

丛书编委简介（以姓氏音序排列）

阿比达森〔韩〕	韩国Nature & Education董事长及国际艺术创意总监
陈　翔	亚洲模特协会中国模特教育委员会会长
丁海兰〔韩〕	丁和李朴形象设计有限公司品牌艺术总监
顾筱君	中国传媒大学南广学院演艺学院教授
黄信然	作家，时尚策划人
李春玲	江苏省城市职业学院人物形象设计专业教师
林　莉	西南石油大学艺术学院副院长
林晓鸣	中国传媒大学南广学院演艺学院院长
潘　翀	江西服装学院时尚服装分院形象设计专业教师
孙　薇	恒丰银行福州分行投资部总经理
王大为	中国传媒大学经济管理学院教师
王　欣	中国传媒大学南广学院演艺学院教师
吴　丹	曾留学德国，高校音乐传播课程教师，国际文化交流使者
杨大鹏	曾留学荷兰，国际商务、投资总监
袁境泽	时尚集团芭莎能量活动部总监
赵　娜	四川电影电视学院化妆专业教师
郑忆萱	江苏省南京视觉艺术学院形象设计专业教师
周径偲	赫斯特中国集团新媒体总编辑
周　雨	中国传媒大学南广学院演艺学院表演教研室主任

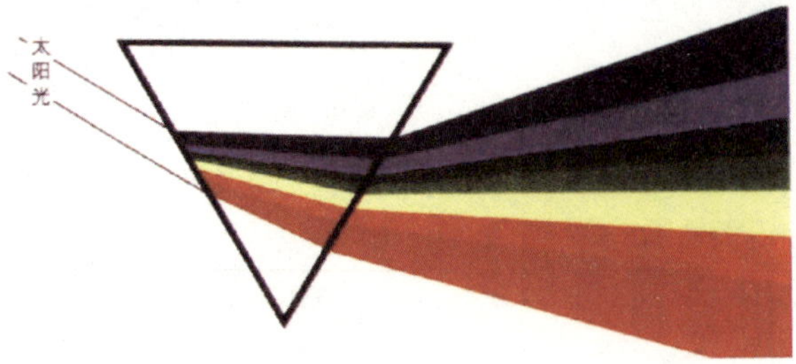

彩图1　经三棱镜解析后产生的光谱色

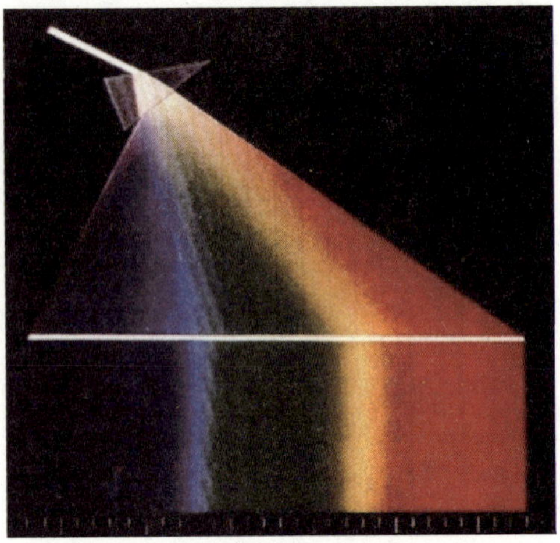

彩图2　七色光混合成的复合光

彩图3　光的三原色(左) 与颜料的三原色(右)

彩图4　24色色相环

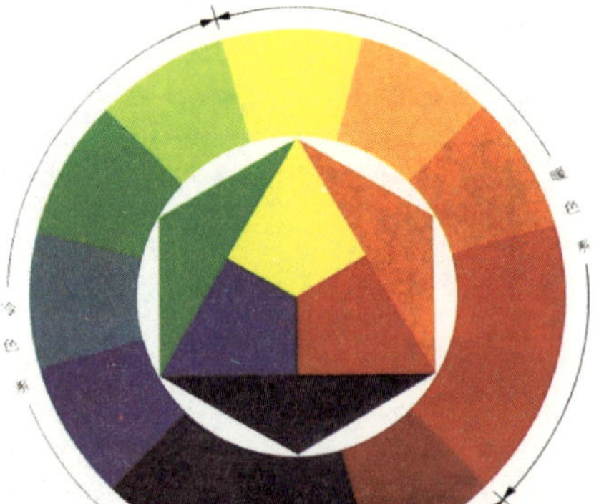

彩图5　12色色相环

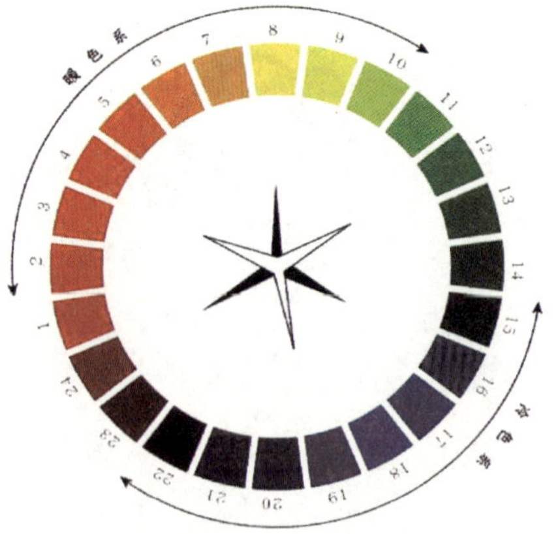

彩图6　色彩的冷暖感

序一

《时尚形象设计导论》是顾筱君老师的又一部著作，是顾筱君老师的教学科研成果，也是其形象设计艺术实践的经验总结，在时尚形象设计领域里是一部非常宝贵的典范性专著。

《时尚形象设计导论》精辟地阐述了时尚形象设计这一学科的基本概念、基础知识及形象设计艺术创作的原理、法则等一系列课题，其内容涵盖了整个时尚形象设计的范畴，见解独到，论点鲜明，全书内容系统全面，脉络清晰，图文生动，富有新意，文字通达，平实可读。

时尚形象设计是一门由多学科知识融汇构成的综合性学科。作者将美学、生理学、心理学、物理学及色彩学等有关内容贴切地、有机地融入了时尚形象设计艺术中，并分别做了深入、具体、详尽的论述，所论及内容严谨、科学、翔实、准确，加强、深化了时尚形象设计的理论性、艺术性和实用性。

时尚形象设计极具当代性，如书中写道："寻觅时尚形象设计的发展轨迹，并预测今后的走向。"这一含义中的深刻提示，指出了时尚形象设计要关心社会生活的发展态势，关注时代潮流的走向，以满足大众的审美需求，让人们在追求美的过程中，享受生活的快乐，感受生活的意义和生活的价值。

本书在构建时尚形象设计专业教学体系、规范形象设计专业教学和指导时尚形象设计创作等方面，都会起到有力的理论支撑作用。对学习时尚形象设计专业的学生来讲，这也是一部帮助提高艺术修养、提升专业素质、培养时尚形象设计能力和动手能力的珍贵教科书。

《时尚形象设计导论》是一部专业性、理论性很强的时尚形象设计论著，具有很高的学术价值和很强的实用性。

中央戏剧学院

霍起弟

2016年8月

序二

追求时尚　永无止境

为书作序，我问自己的第一个问题是，目的何在？

内容书里有，你无须添加；评判内容，无疑是评论家和读者的事，你无须赘述。就好比介绍一个人：是描述一个人的五官、神态？还是介绍一个人的着装、姿态？我看都不是，因为这些，凡是没有视觉问题的人都可以看到，说起来都可能是废话。而人们看不见、摸不着的，又决定着这个人的品位的，显然应该是这个人的内在气质。虽然看不见，却时时能够感受到。虽然摸不着，却让人们忘不掉。恐怕这才是这个人打动人的地方。

好了，作序要做什么？想来就清楚了。显然内容既不该是读者都可以在书中看到的文字和章节，也不该是读者一看就明白的知识和要素，因为这些在书中都会有详细的专业化介绍。那么，最有价值的一定是：文字中看不到的，又是文字所必须遵循和依照的；章节里没有的，却又是引导章节不断深入的。作为书来讲，就是这本书的“魂”——支撑着这本书的特色和个性的“灵魂”。无疑，没有灵魂的书就一定只剩下文字而没有内容了，这就如同一个人没有了生命。

顾教授、林院长主编的这套“时尚形象设计”系列丛书，一套7本，预估170万字，可谓“大工程”。大凡大工程，都需要有一条贯穿和支撑通体的命脉，说白了就是这个工程的“魂”。“魂”其实不是虚无的，而是可以依托的思路或精神。

我们知道，生活一定是人的生活，生活需要设计，人更需要设计。设计是一个非常美好的词语，设计能制造乐趣，也能形成美好。设计可以将最乏味的变成最生动的，也可以将最无趣的变成最动人的。设计本身就是一种创造。

这套系列丛书将内容的触角伸向了形象设计的每一个细节，融入了现实的每一个方面。它不仅解释概念，更解决问题。没有炫耀，只有实操，没有高谈阔论，只有排疑解难。畅读这样的书，就如同与朋友沟通，与家人交谈。而这样的书本身既是朋友的向导，又是家人的参谋。生活处处有问题，书中处处有方法。

形象是外在的表现，也是内在的传达。形象设计就是将人的内在与外在艺术地融为一体，使表里和谐地得以体现。所谓时尚，其实永远都是一个相对的概念，时尚的概念就是追求的过程，确切地说，追求时尚是一个永远没有止境的过程，所以，时尚的力量就在于让人们永远不放弃追求。这也正是这套丛书的内在精神和动人力量。

中国传媒大学南广学院副院长
丁海宴

目 录

contents

第一编 时尚形象造型

第一编

时尚形象造型

D 第一章 不同个性美的时尚造型技巧解析

本/章/重/点/与/难/点/提/示

一、重点

1. 时尚形象设计的内涵
2. 个性风格特点解析
3. 几种常见的风格主题与造型要点
4. 男性形象设计

二、难点

1. “一人千面”的时尚形象设计技巧
2. 个性特点的“三和谐”原则
3. 几种常见的风格主题与造型技巧

在学习时尚形象设计前，我们首先应当了解时尚形象设计的全部意义和内涵，就是利用各种时尚元素对人物个体形象进行设计，从形象的局部到整体进行全方位的包装与修饰。时尚形象设计的目的就在于整体审美观、审美感受与审美能力的充分展现与提升。但是，怎样把时尚形象设计造型的知识灵活、全面、综合地应用到各种时尚形象造型设计中去？怎样在一个并不完美或并不是很理想的个体形象上，充分展示出自己的审美能力和实际包装能力？怎样杜绝某些影楼造型“千人一面”或“一人一面”这种重复单调而又乏味的形象设计？怎样在不同的场合，在面对不同身份、不同年龄段的对象时，都给他人以最完美、最时尚的审美感受，并且恰到好处地展现自己的魅力与风度，从而成为受人喜爱的、新鲜而迷人的“千面形象”？这就是本章所要讨论的重点。

事实上，每个人身上都蕴藏着多重个性。譬如一位女性，在家里她可能是一位温柔贤淑、相夫教子的贤妻良母；回到工作岗位，她又扮演着“强者”的角色，具有十足的挑战性，拥有过人的理性与智慧；对朋友，她可以是活泼可爱、能够推心置腹、可以信赖的“闺蜜”；而在独处的私密空间里，她的懒散、任性、倔强、顽皮等个性就可能完全暴露。因此，聪明的人，特别是聪明女人，绝不会将自己的形象限定在某一个固定的模式中，而应当是一个永远令人有新鲜感的、时尚的“千面女郎”。这也是时尚形象造型的魅力所在——打造自我的不同侧面。

为了达到这一目的，首先需要了解自己的性格特点；其次应当明确在各种不同的场合想要达到的目的，或者想要体现的包装类型，以及怎样利用现有的条件或方法，达到最佳效果。这样才能以自然而新鲜的形象，展现出不同风格、韵味——实际上，这就是形象设计中的T.P.O原则的精髓所在（T.P.O原则具体内容请参见第九章）。

成功的造型设计能够保证人物拥有独特的风格与魅力。一个五官清秀的人不一定有魅力，事实上，他必须要在精神层面适当显露一些无形的东西，即我们所说的具备得体的外表、时尚的气质和良好的风度，方可自然流露出迷人的、与众不同的魅力。时尚形象设计并不是标新立异，而是在原有的天赋条件中寻求或发掘潜在的魅力，从而打造出一个具有突出个性特点的外表形象和气质风度，或者说形成自己有独特风格个性的、尽可能完美的整体形象。

我们把现代都市时尚女性的各种典型气质归纳整理后，大致分为以下几种类型：(1)清纯玉女型；(2)浪漫性感型；(3)运动休闲型；(4)保守干练型；(5)才气型；(6)野性叛逆型；(7)混合型。

就造型风格而言，时尚界人士一般将其分为以下几种类型：(1)清纯玉女风格；(2)浪漫性感风格；(3)潇洒叛逆风格；(4)典雅风格等（详见本章第二节《几种常见风格主题与造型要点解析》）。

第一节　个性风格造型特点解析

讲究时尚的现代都市人越来越追求个性的发展，无论是内心还是外表，都强调个性的展示。根据个人的性格特点选择适合的发型、妆容以及服装风格，使每个人都具有独特的个人气质，令人过目不忘。

一、创意要点及形象定位

1. 创意设计要点

个性形象造型既要强调个性特点，也要符合时尚的T.P.O造型原则，以使被设计者的装扮造型与活动内容、活动环境及自身所要达到的目的相吻合。造型重点要因人而异，程序可繁可简，但应特别强调发型的梳理、化妆风格的确定、服装饰品的搭配与个性风格特点的协调，达到发型、化妆、服装三者和谐统一，也就是我们常说的“三和谐”原则。

2. 个性风格造型形象定位

个性风格的选择要根据个人的性格倾向和情趣爱好来确定。了解不同类型人的个性风格特点，掌握造型要点，使人物的内涵与外在形象的表达和谐统一，使整体定位更具有个性风格和特点，也更具有生命力。

(1)清纯玉女风格造型定位。生活中人们追求清纯朴实和简洁素净的风格形象一般有两个原因：一是不懂造型技巧，无所适从，主要是不懂打扮和变化的章法；二是懂得层次的把握，但仅仅希望以平常心示人(见图1 1)。众所周知，即使是天生丽质，也需要稍稍修饰，否则，这份青涩的美丽也会因时间的流逝而被湮没。

1)发型特点。发型应选择干净利落的长发，或马尾辫，或齐刘海等秀气清纯的类型。在目前的时尚风潮中，“韩风”最猛，各式韩式辫发别致新颖。凡此种种，均是想体现一种即使是简单朴素，也应有

图1-1 从来才女质如冰——清纯风格造型定位
模特 孙薇

相应的时尚感的清纯韵味。

2)化妆特点。此类妆型应以清新淡雅为主。眼影以清淡素雅或可爱的颜色为主，例如淡淡的浅蓝色、浅粉色、浅橘色、浅褐色都是常用的颜色，并应以细细的眼线勾勒出眼形，加强眼部神采。眼线必须细细的，眼尾略微上翘，方能塑造出温和清澈的眼神。唇部应光泽滋润，以浅肉色为主。

3)服装特点。服装应简单大方，但要有适当的饰物点缀，如一条细细的腰带可以起到“提亮”整体形象的作用，这样才能使清纯简洁风格不会显得空乏无力；颜色也应淡雅简洁，如黑、白、灰等均是常用颜色。我们追求的清纯玉女风格应当散发着清酌浅唱的纯洁迷人韵味，这一类造型常常为16−17岁至28−29岁的年轻女性，特别是现代女大学生所青睐。

图1-2　秋日临风先闻香——浪漫风格造型定位

模特　蔺丹丹

(2)浪漫性感风格造型定位。浪漫风格的造型适用于女人味十足，富于罗曼蒂克的幻想，充满诗意，华丽而多情、热烈而性感、娇媚而奔放的形象定位(见图1-2)。

1)体型特点。浪漫风格给人以华丽而多情的感觉。这类女性往往面部线条柔和、眼睛迷人，身材丰满圆润，一颦一笑之间都隐藏着精心设计的性感魅力；其体型常常呈现圆润的曲线感，轮廓及五官曲线感也很强，具有富贵优雅的气质。

2)发型特点。此类女性常以慵懒而随意的风格打理发型。如随意披肩的大波浪，或松松低垂于耳后、随意挽起的发髻等。

3)化妆特点。白皙的肌肤、弯弯的眉毛、性感的双唇、优雅的谈吐，深受男性欢迎。这类女性眼影、唇彩多偏爱金属光泽感。

4)服饰特点。奢华高贵的服饰能把女性浪漫性感的极致魅力充分表现出来。服装应尽可能选择条纹的或裸露身体某些部分的，以使之在视觉上给人留出充分的想象的弹性空间。此种风格应避免穿过于硬朗的服装。

(3)潇洒或叛逆风格造型定位。潇洒风格的个性形象造型定位应根据性格多侧面的复杂变化而定：她们有喜爱新奇变化、敢于尝试的性格特征，体现了敢于追求另类、不羁、个性的一面。此类型女性具有一定的独立意志力和自我欣赏的能力(见图1-3)。确立了个性定位后，其风格定位变化应当是层次丰富而有神韵，不拘小节、夸张叛逆、我行我素，自然与浪漫并存，潇洒与含蓄同在的。

图1-3　丽影倾杯醉抒怀——潇洒叛逆风格造型定位

模特　吴琼

1)发型特点。夸张、成熟的亚麻色或浅褐色大波浪发卷，时尚的中性短发，甚至男性发式，均是这类女性的最爱。她们喜爱追求一种随意夸张、大胆时尚的发型风格。

2)化妆特点。神秘的复古妆、夸张的烟熏妆、好莱坞时尚妆以及猫眼妆、朋克妆、糖果妆、性感妆等都受欢迎。在化妆方面，真正体现了“一人千面”的妆型特点。

3)服装特点。欢快热烈的高饱和色彩，或者以简约黑白色作为主色调，都受到这些时尚女性的热烈追捧。在这种略带野性的强烈的视觉冲击下，循规蹈矩反而成了非主流。

(4)典雅风格造型定位。典雅风格类型的女性个性恬静柔美、宁静庄重、温婉优雅。性格中的沉静忧郁令她们喜爱追求怀旧格调，因此，其定位应当是一种略显成熟的悠闲与优雅，在精炼的线条和素净的色彩中体现神清气定、娴静平和、优雅从容的风格品位(见图1-4)。

图1-4 梅馥枝横淡淡霜——典雅风格造型定位
模特 孙薇

1)发型特点。高高盘起的发髻、端庄成熟的短发，是相对比较成熟的、能够被大多数成熟女性所接受的发型。

2)化妆特点。化妆追求高贵典雅的风格，常以深邃的小烟熏、桃花妆、珠光妆、水光妆为主。这类女性常常用精致的妆容传达一种简约的美感，妆容与气质的完美结合是她们永恒的追求。此类型定位应准确，造型应大方得体。

3)服装特点。保守怀旧，不太受流行所束缚，追求严谨而高雅，文静而含蓄，典雅而简约，并以高度和谐为主要特点。这类女性追求质地讲究、做工精良的服装或饰品，特别是新贵古典的精华饰品，再融入现代元素，如同淡淡的水墨画，令人爱不释手。其服饰造型讲究怀旧中有时尚、典雅对称，风格讲究精致优雅、简约大气，色彩讲究搭配协调、对比柔和。

二、个性与发型、化妆、服饰的“三和谐”构建体系

整体形象设计的造型因素要在三个方面与人物个性特点相和谐，即发型设计、化妆设计、服饰设计三方面的和谐，这就是个性与发型、化妆、服饰的“三和谐”构建体系。在这个体系中，人物个性是总的纲领，其余三个要素既要以人物个性为前提，又应在个性整体造型中实现自身之间的相互依存、相互照应、相互渗透。只有当发型发饰、化妆造型、服装饰物这三者与人物个性产生共鸣或互动时，它们才能使人物形象美感表现得更为充分，这也是形象设计中个性与整体造型的“三和谐”原则。

1．发型与个性的协调

发型设计应当与个性特点相和谐。例如：

(1)风格清纯的女性，发型梳理追求自然流畅、简洁清纯，她们更在乎那一尘不染的心灵的宁静与平和。

(2)风格浪漫的女性，发型梳理追求大轮廓、大效果，追求时尚飘逸、浪漫优雅，追求妩媚娇柔、性感随意，追求极具诱惑力的所谓极致“女人味”，而男性化短发显然不适合她们。

(3)风格潇洒或叛逆的女性会有多种选择，从短短的如同男孩子的发型，到时下流行的嬉皮风尚、不对称、多层次长卷发等，无一不是她们的最爱。

(4)风格典雅的女性，发型梳理不一定追求时尚潮流，她们更在乎发丝流向的流畅优雅和细腻的纹理，在乎发式的含蓄或高雅、复古或怀旧，在乎发型梳理的精致或高贵；她们常常以高高的盘发向世人展现她们的优雅脱俗。

2．化妆与个性的协调

化妆设计应与个性特点相和谐。例如：

(1)风格清纯的女性追求自然清新、简洁宁静，化妆色彩常常选用比较中庸的粉色系来表现她们温婉清新的个性特征。

(2)风格浪漫的女性追求性感热情、浪漫时尚，妆色明朗艳丽，风格朦胧迷人，她们常常用含金属光泽的珠光眼影表现对时尚的崇拜和追求。

(3)风格潇洒或叛逆的女性，其个性张扬激烈，妆型追求张扬反叛、不拘一格，妆色夸张艳丽、另类不羁；还常常以粗粗长长的眼线、浓密翻卷的睫毛、色彩饱和度极高的艳丽口红来强调她们的另类个性。尤其是哥特风格或嬉皮风格，常常带来一种个性上的叛逆或释放的感觉，因此也成为此类型追捧的目标。

(4)风格典雅的女性以办公室白领、金领居多，由于工作性质和职业需要，她们的化妆追求精致的规律性，细腻而精炼，一丝不苟。其用色也比较讲究淡雅简约，不会在色彩上做过多修饰，以免跌入“俗气”的行列。

3．服装与个性的协调

服装设计应当与个性特点相和谐。如风格浪漫的女性，着装追求浪漫性感的艺术效果；风格典雅的人，着装追求做工精良、款式优雅；风格潇洒的人，着装追求自然、时尚休闲、不拘小节。

第二节 几种常见风格主题与造型要点解析

根据上述造型特点定位阐述，我们具体解析以下几种常见的风格主题与造型要点。

一、清纯玉女风格主题与造型要点

清纯玉女型属于成长型中的羞涩美女类型，常常被人们称为乖乖女，一般在高中或大学校园比较多见，也是大多年轻女孩喜爱钟情的类型。清纯玉女型的女孩清新脱俗，让人过目不忘。其清纯中透露出的那种干净的“青涩性感”更能吸引他人眼球，此类气质较适合五官秀气、个性含蓄、温文娴雅、好编织梦幻的清纯少女。

图1-5 纤指淡嫣气若兰——清纯风格造型定位

模特 孙薇

风格清纯的女性喜欢展现自然简洁、清新纯洁的本色(见图1-5）。造型的要点是：

1. 发型

清纯玉女型的女性往往偏爱飘飘直发或马尾辫，可爱的一侧偏马尾等简洁发型也是她们所钟情的。发型的梳理宜选择直线条，发丝要清晰流畅，发型或披或束，原则要简洁自然。目前时尚潮流追捧的韩式辫发也属于这类女性喜爱的发型，该发型很适合文静乖巧的女生；齐肩长度的发丝紧贴着女孩的脸颊，勾勒出优美的脸部线条，会给人乖巧可爱的印象；优雅甜美的自然波浪卷发，在清纯中透露出一丝性感，也会受到这些女孩的追捧。

有些女孩偏爱厚重感强的斜刘海发型，它恰到好处地遮盖了偏大或偏小的额头，有时还遮盖了杂乱无章的眉毛。齐刘海可以将女孩的眼睛衬托得更大，仅展现出精致立体的眼部和小巧的鼻子，还有美丽细嫩的嘴唇，配以蕾丝蝴蝶结发饰的点缀，增加了甜美的气息，这是一款时下大多数年轻女孩不愿错过的时尚发型。

2．化妆

清纯玉女型女性，化妆一般要求均匀透明的淡妆，以突出其纯洁、单纯、可爱的形象，避免让人看出刻意修饰过的痕迹。

(1)皮肤表现。皮肤基底色要白皙透明，强调细腻润泽、均匀透明的皮肤质感。皮肤感觉不要太亮，可以选择质地稀薄的湿粉或BB霜、修颜液类粉底修饰肤色，以象牙色为佳；皮肤质地不是很好的人也可以用粉白、浅米色系列粉底霜均匀肤色(粉底霜的遮盖效果较好)，再用遮瑕膏仔细遮盖面部斑点瑕疵，并用高光色、阴影色修饰面部轮廓。若脸上有痤疮，还应用金霉素眼膏先行将疮面隔离遮盖，以免发炎。最后用粉白珠光或正常女用蜜粉定妆。

(2)眉。一般无须刻意注重眉毛的修饰，不追求眉形的选择；可以将眉毛周围的杂毛拔除，只要干净整洁即可。眉形要自然，眉色要浅淡，眉心曲线流畅，眉形可略微上扬。在当下一些流行的电影、电视剧中，稍粗的“一字眉”常能较好地表现女性青涩甜美的可爱形象。

当然，稍粗的“一字眉”并不是指黑而浓密的眉形。因为女性眉毛太黑而浓密常常令人感到“粗俗”，形象不佳。若遇到女性的眉毛太过浓密，应建议其做“间苗”处理：在眉毛最为浓密处用斜口的眉钳拔掉几根，使眉毛色泽稍淡，就可以改变原来的印象。

(3)眼部。眼影色彩不要过于繁杂，宜选用饱和度稍低的粉色系，如粉蓝、粉绿、粉紫、粉红等色，亦可选用清冷的浅蓝、浅绿、浅黄或浅咖啡、浅灰色眼影,也可选用其他与肤色协调的色彩。注意用色不要太繁杂，以1—2种眼影色彩为宜。有人喜欢用浅褐色或浅粉色眼影，表现一种干净清晰的状态，并用稍黑的细眼线表现眼睛的干净、清晰、线条流畅，强调眼神的清澈明亮，这也是一种很好的选择。画眼线时，不要刻意强调眼部的立体轮廓，可以选用黑色或驼色软芯笔描画，并在眼尾处轻轻上扬，如同一根细细的睫毛，可以达到画龙点睛的效果。

睫毛的涂刷要强调睫毛的自然浓密，可以用加浓加密的睫毛液适当加强睫毛的长度和浓度，并使之和细细的眼线融合，表现一种水汪汪的感觉。

(4)腮红。用浅橘色或浅粉色腮红略略强调颧骨上方，营造自然清新的红润健康效果。

(5)鼻部。不可过于强调鼻形的修饰，以自然舒服为佳。若鼻梁过塌，可以在内眼睑处用阴影色稍稍晕染，并在鼻梁根部用些许提亮色稍加提亮。但做此修饰时，一定要注意色彩过渡自然，切不可生硬“穿帮”。

(6)唇部。唇形不必强调轮廓线，宜选择纯度较低但色彩明亮的口红，注意色彩与肤色的和谐。最好用肉色或自然色口红涂抹。

3. 指甲

方便时可以做一个指甲的简单美化保养，涂上一些色彩柔和的指甲油，可增添女性柔美可爱的气质。

4. 服装

衣着设计简洁自然，服装的色调要柔和，款式要随意，面料以棉麻为佳。选择用蕾丝花边、荷叶边、小碎花、缎带等饰物点缀。配饰宜选择皮质或木质的卡通造型，以提升时尚、可爱的效果。

此类型女性喜爱的服装色彩偏向纯白或纯黑，力图表现其清纯脱俗的风格。但偶尔用粉色系，如粉红、粉橘、粉绿、粉紫及其他鲜嫩的色彩，更能突出其清新可爱、纯真秀气的气质，不失为一种较好的时尚追求。

5. 整体效果

自然随意，不受传统规矩束缚，也不张扬出众，体现一种清新可爱、随意或简洁朴实的清纯玉女风格。

二、浪漫性感风格主题与造型要点

浪漫又称为罗曼蒂克，浪漫的人大都富有诗意、充满幻想、性感热情，展示着一种极具个性的气质气场，有一种能够吸引别人眼球的非凡魅力和恰到好处地展现自身优势的智慧。风格浪漫的人活跃、纵情、随意、性感、不拘泥于形式，具有浓浓的艺术气息(见图1-6)。

浪漫性感型女性常常非常自信、热情直爽，比较任性纵情、不拘小节，浪漫新潮、思想前卫、乐观外向、热情性感；其风格印象是有高贵而夸张的女人味。妩媚迷人、华丽成熟的外表下的性格特征为成熟高贵、夸张大气、热情似火，但激情来得快，去得也快。风格优势体现为五官曲线感强，身材较为丰满，具有女性化圆润曲线，体态健美，眼神妩媚迷离，气质高贵浪漫，深受男士欢迎。

这类女性的脸部化妆重点应在眼部、唇部，表现手法可以大胆而不拘一格。浪漫性感风格造型的要点是：

1. 发型

浪漫性感型女性适合留蓬松华美的大波浪披肩长卷发，或优雅的中长波浪卷发，这两种发型都洋溢着浪漫热情的女人味。以浅棕褐色、亚麻色为主色调的色彩最能衬托出女性白皙透亮的姣好肌肤；随意散落在肩上的发卷，十分优雅浪漫，充满迷人魅力。喜爱中长卷发的女性散发着优雅浪漫气息，深栗色的长卷发增加了女性的多情魅力。斜刘海或侧面部一缕随意下垂的漂亮小发卷，常常受到怀旧少妇们的追捧，这不仅可以弥补脸型缺陷，还可以大幅度提升整体形象气质。总之，浪漫迷人的性感女性们，其蓬松任性的发型，纵情热烈的个性，极具女人味的诱惑魅力，大受男士推崇。

图1-6　凭窗临风先闻香——浪漫风格造型定位

模特　孙薇

2. 化妆

(1)皮肤表现。此类女性强调皮肤的底色和质感。肤色柔和细腻，不要太亮，但质感应透明健康，可以用粉白、象牙、浅褐色系列粉底使肤色均匀。用遮瑕膏遮盖面部斑点瑕疵，并用高光色、阴影色修饰面部轮廓。可用粉白或正常女用散粉定妆，亦可用珠光散粉定妆。由于此类型的人个性热情、活泼好动，因此粉底一定要压实，不可浮于表面，方可延长带妆时间。一般韩式定妆法较适合此类妆型(具体操作方法请参照本系列教材之《时尚化妆教程》)。

(2)眉。眉形应略上挑，表现出一种张扬热情的感觉。根据模特本人的脸型和气质特征，不仅强调眉形细细的线条和流畅上扬的曲线感，更强调眉色的虚实效果和浓淡深浅变化，以达到干净张扬的效果。注意将眉毛边缘的杂毛拔除。

(3)眼影。以迷人的双眼为最终要实现的效果做重点修饰，强调眼影的时尚与深邃，眼部凹凸结构要明显。以深浅褐色、灰色、黑色或烟熏妆表现眼影的多姿多彩，并强调宽宽长长的上翘睫毛，睫毛线条要清晰鲜艳；甚至有时可以使眼线（睫毛线）与眼影融为一体，线条干净、清晰、流畅。上眼线眼尾处应稍稍上挑，略显张扬。如果睫毛稀少，应粘贴加浓加密的假睫毛，但是要将假睫毛修剪得自然一些，使之与真睫毛融为一体，绝对不能出现两层睫毛的“穿帮”现象。

(4)腮红。用浅橘色、浅褐色腮红略略强调颧骨上方，塑造自然的红润效果。

(5)鼻部。鼻形的修饰强调立体感，但是要自然、圆润、流畅，不要留下化妆痕迹。

(6)唇部。唇形要饱满厚实，唇峰圆润，轮廓线要清晰流畅，口角上翘。唇色可以修饰得鲜艳一些，除了厚实性感、纯度较高的口红外，再涂抹上一层亮油唇彩，使唇部显得性感而有光泽。唇峰多用唇线笔勾画，两唇峰要画得圆润而有张力，使嘴唇像花朵盛开一般。注意整个唇部描画不要过分偏大偏厚，以免破坏精致浪漫的感觉。

3. 手部

手部可以做一些保养，增添手部魅力。必要时可以经常做一些指甲修型保养，再涂上色彩艳丽的指甲油，或画上一些优美脱俗的花纹图案，甚至做一些精致的指甲艺术雕花，更能增添女性迷人魅力。

4. 服装

衣着宜选用柔软、合身、优雅、浪漫而时尚的款式，并尽可能展现出身材的优美曲线；服装的色彩可以鲜艳些，例如玫瑰紫、鲜红、橘黄等纯度较高的色彩均可；款式既可以选择展现优美人体曲线的长裙，也可以选择比较宽松的上衣和紧身裤。衣着款式不一定流行时尚，但这些服饰曲线应是成熟的、华丽高贵的。女士服装的领口和袖形最好有弧线或分割线。蓬松而线条流畅的长裙，柔软、悬垂感好的宽松型裤子，能体现曲线美的合体套装，都是不错的选择。

服装的面料以柔软的金银线织物、真丝、羊绒类面料为上；而服装图案造型最好以流线型的花朵、水点图案为主，这样最能表现浪漫性感型女士的华美与优雅。

在服装色彩选择上，火热的红色、橙色，多情的粉色，高贵的紫色，华丽的金色，都是她们最佳的选择。过于浅淡或过于深重的颜色都不适合她们。特别是要回避锋利、坚硬的感觉，她们拒绝平淡和理性，特别强调华丽与优雅。

5．饰物

浪漫性感女性追求华丽、夸张而有品位的饰物。可选择手工制作、做工精细、华贵优雅的饰品，也可选择时尚感较强的夸张饰物，一些造型偏大的亮丽宝石和珍珠类饰品是这类女性的首选。其鞋与手包强调流线型与装饰性，尤其是一些装饰性较强的高跟鞋很适合与浪漫的裙装搭配。这类女性比较喜爱各种绣花包、软皮包等高档名牌装饰性手包，或者体量大、色彩造型别致的肩包、拎包等，追求饰物风格的别致与款型的时尚。

6．整体效果

浪漫性感型风格给人以华丽而多情的感觉，这类女性往往面部柔和，眼神迷离，身材丰满圆润。奢华高贵、质地精良的服饰最能把这种女性的极致魅力展现出来。其言谈举止等体态语言也应性感时尚，甚至夸张优雅。

三、潇洒叛逆风格主题与造型要点

潇洒是一种境界，是一种自然的、独具风韵的境界，更是一种对待生命的诚挚的态度。

人生于世，拥有一份达观的心境，便会超凡脱俗，不为世事所累，所以有人说潇洒的境界源于理性豁达，源于对万物的洞察力和对生命的热情。面对世俗的一切，正是因为有了“世外看繁华”的感觉，可以引吭高歌，可以长歌当哭，可以淋漓醉墨，可以平淡如波，也可以在千百次的孤独和痛苦里体验生命的刚强。“闪烁漫天潇洒客，为谁披纱？”未必要拒绝情感的忧伤，未必要沉溺于对往事的追忆，不要抱怨命运多舛，不要逃避风雨历程，坦然走自己的路，这便为真潇洒。

潇洒不只是言行举止的超然神采、风度翩翩，而是坦诚、率真，是自然对待生命的态度。一个人一生未必能轻裘白马、锦衣玉食，真正的潇洒不是钱堆出来的那种“阔绰”，不是肆意大把花钱、毫不心疼地一掷千金，而是举手投足时那衣袖间不经意带出来的一抹气质风度。不必在乎自己在他人眼中是美丽的还是丑陋的，不必在乎周围生活是阴郁乌云还是灿烂阳光，只要有自己的真性情，不用戴上那些假面具掩饰内心，哭则痛快，笑则酣畅，顺应天性，这便是真潇洒。

所谓叛逆，顾名思义，就是反叛的思想、行为，是违背正常的规律，与现实相逆，拒绝顺从他人的意愿，常常做出一些出人意料的事情。叛逆是一种“长大了”的感觉，是一

图1-7　凭窗临风先闻香——潇洒风格造型定位

模特　孙薇

种强烈的自我表现欲望，在思维形式上属于“求异思维”，是标新立异，是希望引起别人注意的表现。

潇洒叛逆风格的人有很强的行为自我意识，不呆板，不拘小节，野性夸张、我行我素，自然与浪漫并存，张扬与潇洒共生(见图1-7)。

潇洒叛逆风格造型的要点是：

1. 发型

紧跟时尚潮流，追求干净利落或标新立异的风格。发型的梳理可长可短，一般宜选择略短的发式。线条可曲可直，以自然随意、易于打理为上。有时为了追求那种叛逆风格，常常将短发用定型啫喱抓乱，在凌乱中求得平衡。

2. 化妆

(1)皮肤表现。底色要自然均匀，强调皮肤的润泽健康。宜选择质地稀薄的粉底，以略带一些粉色或浅咖啡色的“裸妆”为佳，有生机勃勃之感。用遮瑕膏遮盖面部斑点瑕疵，并用高光色、阴影色修饰面部轮廓，最后用珠光或男用散粉定妆。

注意粉底颜色不可过于白或亮，以免破坏“裸妆”效果(具体的“裸妆”上妆方法请参照本系列教材之《时尚化妆教程》)。

(2)眉。两眉之间略宽，可给人开朗、热情、潇洒的感觉；眉形强调起伏感或略上挑的棱角，追求欧式眉般的张扬夸张；眉色要自然浅淡，虚实相间，干净利落。

(3)眼部。要强调眼睛的立体轮廓，为强调眼睛的神采，眼影色彩可以丰富多样，从亚光色、珠光色到水性颜料均可以使用，特别是带有金属质感的珠光色眼影更受青睐。睫毛线线条要清晰鲜艳，突出张扬野性、不拘一格的风格。

(4)鼻部。鼻形的修饰强调立体感，但是晕染要自然。

(5)唇部。唇形的轮廓线要清晰，唇色或浅淡，或深重，强调润泽感或张扬感。

3．手部

手部美化可以是两个极端：或没有一点装饰，表现随意朴实；或用张扬的指链与手链的怀旧组合来装饰；或利用夸张的指甲饰品，追求一种“bling bling”的张扬效果。

4．服装

服装面料以棉麻、牛仔或灯芯绒质地为好，款式要随意休闲，或顺应时尚潮流。注意色彩的点缀。色块拼接的机车夹克、轻薄可透视的雪纺上衣、能凸显好身材的紧身连衣裙、领角和袖口布满铆钉装饰的小A字风衣、故意做旧的牛仔裤，都是不错的选择。刻意凸显出的一块块“破洞”“补丁”体现了跳跃思维或更年轻化的限量版单品的强势与别出心裁的设计感，增添了许多火热流动的潇洒或夸张性感的叛逆。

5．配饰

配饰要夸张别致，或质朴简洁，或张扬霸气，标新立异，不同凡响。

6．整体效果

潇洒不只是言行举止的超然神采、风度翩翩，而是自然、独具风韵的境界，是洒脱不拘、超逸脱俗，是新潮、前卫的嬉皮风格。此类型的女性个性张扬，不拘小节，野性夸张，因此造型应强调自然与浪漫并存，张扬与潇洒共生的特点。

四、典雅平和风格主题与造型特点

晚唐司空图的《二十四诗品》是探讨诗歌创作，特别是诗歌美学风格问题的理论著作，是中国诗学史上的不朽篇章，其中的《典雅》一章更是千古传颂的绝唱。“落花无言，人淡如菊”也是世人所推崇和追求的境界和品格。“天地有大美而不言”，其风格既奔腾汹涌，又宁静致远，是经历了沧桑和磨难之后的大气和胸襟；是经过生活的千锤百炼而涵养出来的“不以物喜，不以己悲”的淡然和“泰山崩于前而面不改色”的镇定和沉稳；是一种“宠辱不惊，看庭前花开花落；去留无意，望天空云卷云舒”的若谷胸襟；是超越内心，坦坦荡荡，走过了起落和坎坷之后的淡定和从容。平淡对待得失，冷眼看尽繁华，畅达时不张狂，受挫时不消沉，举重若轻，击节而歌，以一份洒脱娴静的心态来面对喧嚣红尘。落花无语，留香阵阵，以淡定从容的心境面对人生，这种典雅平和的气质也许难以企及，但应该努力追求。

“人淡如菊”是平和淡定、拒绝霸气，平实内敛、执着百炼的心境，置身于荣辱之外，淡泊于名利之上，洒脱于诱惑之中，却留香于骨气之内。看破纷扰，洞察世事，谢绝繁华，回归简朴，达到“落花无言，人淡如菊，心素如简”的境界。这是清得秀丽脱俗，雅得韵致天然的遗世独立的从容与淡定。

典雅平和风格造型的要点是：娴静平和、怀旧冷静，展现出一种略显成熟的悠闲与优雅，喜欢恬静的氛围(见图1-8)。

1．发型

发型的梳理宜选择造型简单、手法精致的盘发或一些传统发型，强调古典美的优雅与现代时尚元素相结合的高贵气质。

2．化妆

(1)皮肤表现。典雅平和的造型应以“人淡如菊”“平实内敛”为主要风格特征，因此化妆的重点应放在改善肤色和肤质方面。肌肤粉底色要透明，最好比自己原来的肤色亮一个色号，以更好地强调皮肤的透明质感，使其显得白皙细腻、光滑润泽、精致细嫩。用遮瑕膏遮盖面部斑点瑕疵，并用高光色、阴影色浅浅地修饰面部轮廓，不要修饰过分，以免看起来很假。可以用珠光散粉或女用透明蜜粉压实定妆。

(2)眼影。眼影柔和，适宜用冷、暖色调色彩晕染浅淡的眼影，以紫色、烟蓝色、浅褐色晕染比较雅致。上眼线应顺着眼部轮廓细细地描画，下眼线仅可画到外眼角至内眼角的1/3处；睫毛线要虚要细，并与眼线均匀融合，以强调优雅平和的效果。

(3)眉形。眉形要有平稳流畅的起伏曲线，特别是眉心处的弧线应干净顺畅，眉心弧线呈一个圆加切线的形态。以标准眉为佳，但是色调要柔和浅淡，不深于发色。

(4)鼻部。鼻形的修饰过渡要自然均匀。

(5)唇部。唇形饱满而自然，唇色要浅，以亚光唇膏或粉质唇膏为佳。

3．手部

手部不要做太多修饰，细嫩白皙为好。要强调手部皮肤的保养、手型的纤长秀美和指甲形状的修饰美化。

4．服装

服装面料垂感要强，质地要求精致上乘，做工细致精良。款式追求典雅怀旧，或中庸脱俗。此外，还要讲究品牌意识。

图1-8 扶疏绿荷正盈窗——典雅风格造型定位

模特 孙薇

5. 配饰

配饰要做工精细而别致，质地上乘，以珍珠、金银、白金、钻石为品位象征。款式趋于时尚元素与中庸保守风格的完美结合。

6. 整体效果

端庄典雅的气质，深刻内敛的性格，平和恬静、优雅大方、成熟而从容——这正是平淡内敛的“落花无言，人淡如菊”的真实写照。

第三节　其他几种风格主题和造型要点解析

一、运动休闲型

亚里士多德是一朵解语花，他在《政治学》一书中曾提出这样一个命题：“休闲才是一切事物环绕的中心。”马克思认为“休闲”一是指“用于娱乐和休息的余暇时间”；二是指“发展智力，在精神上掌握自由的时间”。一般说来，“休闲”是指在非劳动及非工作时间内以各种“玩”的方式(运动、娱乐、休闲等方式)求得身心的调节与放松，提升幸福指数和文明程度，达到生命修复保健、体能休息恢复、生理阴阳平衡、身心健康愉悦的目的的一种业余生活方式。

休闲常常和运动联系在一起。运动是一种涉及体力和技巧，由一套规则或习惯所约束的活动。运动是物质的固有性质和存在方式，是物质的根本属性，没有不运动的物质，也没有离开物质的运动。运动会令大脑思考更清晰，记忆力增强。科学文明的运动休闲方式可以有效地促进能量的储蓄和释放，也是人类获得精神上的慰藉，找到心灵驿站的必要手段。它包括对智能、体能的调节和对生理机能、心理机能的锻炼；它是完成社会必要劳动之后的剩余时间，是人的生命状态的一种形式。

坚持不懈地运动会使人体态健美，对自己更有信心，并更好地面对负面情绪，有助于提升生活质量和工作效率。

日妆常常以运动休闲的方式来体现，而运动休闲妆是以休闲为目的，以运动为方式的一种日常自我放松的妆型，运动休闲风格的日妆可以表现个性爽朗、五官清秀、外向热情、喜爱运动、青春健康、毫不做作的女性的特点。这类女性通常不必用过多的人工化妆修饰，一切以自然真实为主，休闲舒适(见图1-9)。

画一个简单清新的休闲日妆，对别人是一种尊重，对自己而言是提高自信心的必要手段。

在欧美乃至韩国、日本，上至八九十岁的老太太，下至十几岁的年轻人，出门必须修饰打扮一番，至少也要画眉、涂口红，简单的休闲日妆是出门时必不可少的一项程序，这也体现着文明程度的提高和社会的日益进步。

图1-9　飒爽婀娜朝天歌——休闲运动型日妆风格设计

模特　孙薇

1．皮肤表现

均匀光滑的皮肤可以提升运动休闲类型日妆的感染力，因此应重点强调皮肤感觉。可以用湿粉或修颜液抹匀粉底，底色要透明、干净自然，妆面晕染均匀，光滑润泽。肤色可以是浅褐色、浅棕色或其他任何正常肤色，其实稍黑的皮肤更能体现运动光彩照人的一面。无须追求肌肤的白皙或透明感，只要追求健康润泽的皮肤质感即可。用遮瑕膏遮盖面部斑点瑕疵，并用高光色、阴影色修饰面部轮廓，用珠光散粉或正常女用散粉定妆。

2．化妆

化妆重点应放在眼部及唇部，均以自然色为主。例如眼影用浅褐色、浅灰色、浅粉色，这样看起来自然干净。技法也只用基本化妆手法即可：腮红用浅橙色或浅褐色较为适宜，可以从颞部往下斜扫，塑造健康自然的红晕效果；唇部用自然色或肉色口红，亦可直接用透明或粉色唇彩表现健康润泽的整体效果。

3．发型

头发可长可短，可自然束起，亦可随风飘扬，以不拘一格的式样为好，塑造清爽的印象。

4．手部

手部无须做任何修饰，以健康洁净为宜。

5．服装

服装以棉质、宽松、轻便为宜，以表现健康的体质和活泼开朗的个性，如休闲裤、牛仔裤配羊毛衫、牛仔衣、T恤、衬衫等。饰物宜少，其选择应以突出个性的爽朗直率或身体状态的自然健康为原则。如头戴运动旅游遮阳帽，身穿一色运动装，足登运动休闲鞋，面部透出的青春健康的红晕会感染身边的每一个人。

二、保守干练型

在现实生活中，很多人认为保守是墨守成规的意思，其实不然。真正的保守并不是反对进步，而是反对激进，因此宁愿采取比较稳妥的方式。保守的人通常具有很大的影响力。干练，指精明、有才干和有经验，例如鲁迅先生在《纪念刘和珍君》一文中慨然写道："我目睹中国女子的办事，是始于去年的，虽然是少数，但看那干练坚决，百折不回的气概，曾经屡次为之感叹。"

图1-10 燃尽寸心亦玉田——保守干练型风格设计

模特 林晓鸣

保守干练型一般多见于中年以上女性中。随着年龄的增长、思维的成熟，其个性也趋于保守，她们处事精干、中规中矩、理智稳重、冷静沉着。这一类型的人在政府工作机关的公务人员中，以及大公司的高层CEO中多见。她们是社会的精英，是社会的中坚力量。一般来说，由于工作经验持续增多，社会地位不断上升，她们对问题的理解能力和判断能力大大增强；同时其经济条件也相对富裕，因此，她们常常体态丰满，五官匀称，发型干练，衣着得体，追求一种高品质的生活(见图1-10)。

1．皮肤表现

保守干练型的女性，皮肤质感应干净透明，妆面晕染均匀，肤色不应太白，但应光滑润泽，可用遮瑕膏遮盖面部斑点瑕疵，用高光色、阴影色修饰面部轮廓。最后可以用普通散粉或女用透明蜜粉定妆。

定妆时应注意其肤质变化。这种类型的女性，由于性格趋于沉稳，动作稳健，因此其肾上腺皮质激素及一些促进皮脂腺分泌的激素相对减少，全身皮肤尤其是面部皮肤的皮脂腺分泌机能减弱，皮肤常呈现干性状态。因此化妆前的准备工作应以保湿为主，不仅要大量补水，还要用保湿霜充分滋润皮肤，必要时可以涂抹2-4遍保湿霜。定妆时若皮肤仍旧很干，则不能用散粉定妆，以免皮肤因太干或失水过多而出现平时所没有的细小皱纹，这易导致皮肤过早衰老。遇到此类皮肤，打粉底速度一定要快，并用大粉扑包上餐巾纸按压，吸油定妆，则可避免这一现象。（注意：可以不再用散粉定妆）

2．化妆

这类女性化妆，妆面力求淡雅洁净，不宜用过多色彩。重点应放在眼部和唇部，如稍紧凑的眉头，眉峰稍深，棱角分明；眼部不要做过多修饰，眼影色常采用褐色、棕色或驼色；口红色泽自然或稍深，如棕褐色或褐色，以亚光色为好；唇峰不要太圆润，可以有适当的棱角。必要时在两颧骨以上部位轻轻扫一些橙色腮红，可以提亮整个妆面。

3．发型

发型简洁，不宜新潮，应稍偏保守且易于梳理，一般以短发居多。盘发不应过于新潮，以保守简洁为宜。

4．服装

服装以套装为主，讲究做工精良；款式应典雅高贵，端庄大方，服装质感要好；衣着色彩简明淡雅，或以中间色、深色为主，以一到两种颜色为宜，色彩忌繁杂。

三、才气型

何谓才？知天地，识古今是谓才。才气指一个人内在才华、才情、智慧的对外自然流露。“住进布达拉宫，我是雪域最大的王。走在拉萨街头，我是世间最美的情郎。”仓央嘉措用他的才气写出的情歌为人们代代传唱。

才气型女性在保守干练的基础上增加了许多才气与自信。她们主观意识强、沉稳自信，对人对事有自己独到的见解，绝不随波逐流，一贯特立独行，具有一种特殊的才华和品德高尚的气质风范。她们性格潇洒大方，不愿受束缚，风格独特，谈吐不俗，才华横溢，为了自己的一身抱负与热情，宁愿纵横天下，不愿蜗居于一隅(见图1-11)。

图1-11　嫣然回首笑低眉——才气型风格设计
模特　孙薇

1. 皮肤表现

此类型风格追求干净透明的皮肤质感，略微白皙，显露出精明干练的智慧与潇洒。只需要用湿粉或粉底霜稍稍调匀肤色即可，并用遮瑕膏遮盖面部斑点瑕疵，用高光色、阴影色修饰面部轮廓。

2. 化妆

此类型的女性在化妆方面也颇具特点：细细的略微上扬的眉形，浅浅的珠光色眼影，高挺的鼻梁，长长黑黑的浓密睫毛，小巧的唇部一抹微红，润泽光亮……精心塑造的妆容看起来像是没有化妆一样。

3. 服装

才气型女性的服装常常别具一格。比如宽松的外套，手染或蜡染的布裙，把围巾当作腰带用，动物骨头或木制品质地的耳环项链，追求一种怪异而无羁的风格。

4. 整体造型

在整体造型方面，她们偏爱长长的略卷的披肩发，白皙的脸庞上架一副时尚眼镜，整个形象显得智慧潇洒，才气逼人。

四、野性叛逆型

图1-12 孤傲凌云品自高——野性叛逆型风格设计
模特 彭妍

野性叛逆型女性生性叛逆，穿着自由，不受约束。她们个性外向活泼、充满野性、任性随意；发型怪异、超短、独树一帜，例如凌乱的“超短碎发”等；妆面不按常理塑造，可以是极冷艳或极浓艳的妆面，或是嬉皮朋克妆，例如近年流行的“蛇妆”；她们甚至会用蓝色、银白色唇膏或超大的金属耳环来突出其叛逆的“酷”的个性(见图1-12)。

五、混合型

混合型的人较为随意，她们待人热情亲切，适合尝试各种类型的造型，如同千面夏娃，可帅气可典雅，可成熟妩媚，亦可冷艳高傲，是一种得天独厚的典型类型。此类型女性在设计造型时，首先应确定需要出席的时间、地点、场合，然后确定自己所要达到的目的，再从造型上加以设计，修饰改变，才能塑造出自己想要表达的形象主题，使自身形象不至于缺乏独特的风格个性特点。

第四节 男性时尚形象设计

“三千豪气冲霄起，十万清风入骨来”“男儿壮志，四海遨骖”——男性就是以这样的慷慨豪情形象走进女性生活中的。

在激烈的社会竞争中，愈是事业有成的男士，愈是注重自己的形象。但是成功男士形象的塑造，不是穿全身名牌或懂得时尚就完成了，还要能正确运用时尚，把握好自己的自然形象和气质个性才行。

在生活中，我们根据人的五官长相、身材比例、肤色及年龄等自然条件和性格特征，将男士形象大致分为四类：自在随意型、奔放型、庄重稳健型、儒雅传统型。

一、男性健美标准

1. 巴龙通人体比例学说

巴龙通人体比例学说中的人体美标准是近代最流行的男性人体健美标准之一。巴龙通(Barrington)认为：成年男子的身高约为7.5个头(从头顶到下巴的高度)；眼裂水平线约位于头部的1／2处；头至臀4个头身，躯干中点在耻骨下端，身长的中点在下肢的最上部，肩宽一般小于2个头身，髋宽1.5个头身；膝以下为2个头身；肩至肘、掌根至指尖均约为1个头身。

2. 约翰·格林鲁克男子健美标准

美国的约翰·格林鲁克男子健美标准认为：

(1)男子上臂围(肌肉收缩屈肘时)应该等于手腕的周长×2.1；

(2)胸围等于手腕周长×5.62；

(3)腰围等于胸围×64%；

(4)大腿围等于膝部周长×1.44；

(5)小腿围等于大腿围×67%；

(6)体重应是身高(以英寸为单位，每英寸等于2.54厘米)×2.55(所得结果为磅，每磅约合0.4536公斤)。

二、阳刚之气与书卷之气

生活中，女性追求形象美丽、打扮时尚是天经地义的事情，而男性一旦与时尚形象联系在一起，往往会让人侧目，总令人感到有些“矫情”；在工作单位和社交场合，一个缺乏个性气质的男性很难博得异性乃至同性的好感。是的，男性由于肌肉发达、肌体强健有力、五官轮廓立体突出、性格刚毅，常常被认为是“雄性”的象征，或者俗称展现出阳刚之气。男性的阳刚之气与女性的阴柔气质（阴柔美）形成“性气质”强烈的阴阳反差。男性气质来源于他的性格特征和心理特征，而学识教养、文化底蕴及所处的环境背景才是其个性风格形成的真正动力。

其实，生活中的男性对自己形象的关注一点不比女性少。儒学是东方人体美学思想的来源之一，对东方美学意识形成有重要影响；其特征是以“乐”为中心，以“线”为艺术形式依托，以“情理交融”“天人合一”为根本。因此，儒雅的“书卷之气”与“阳刚之气”一样，可以唤起人们不同的美觉享受。当然，儒家虽承认感官欲望的存在，但强调必须在礼仪控制之下，男性的阳刚之气或者书卷之气和女性的阴柔之美均不能脱离“人道”，即“发乎情，止乎礼”，德、仁、礼为一体，德必从性来，人体美也应顺其本性，始于内，通天人，方可求得真、善、美。因此，社会欣赏的美学角度和层次在变化，女性欣赏的目光也在变化，注重内在修养和精神气质修养的儒雅的书卷之气，是许多高层次、高学历的男性所努力追求的目标。在激烈的社会竞争中，越是成功的男士，越是注重自己的气质风度。

三、男性气质与风度

人们欣赏识大体、知进退、有智慧、有内涵、理智而稳重的男性，五官粗犷、形象粗糙的阳刚形象不一定就特别受人欢迎。女性所欣赏的男性应当是儒雅的外表形象与刚烈的内在完美统一。他们有家庭责任感、温和宽容、爱清洁、注重自我修饰，在意别人对自己形象的评价和建议，不刚愎自用，遇事好商量，有深厚的文化底蕴和广博的知识面，他们应当是单位里的好同事，家庭中的好丈夫、好父亲。这样的男性才会受到女性或者社会的赞同和认可。

今天，我们生活在一个充满压力的社会中。基于男性在我们这个社会的分工中作用加强，他们在拥有越来越多的义务和特权的同时，也承受着越来越大的压力。他们所有的事情都必须做得更好：事业成功是理所当然的，而失败就会被群体淘汰，被女人看不起。许多男性的压力是自己一手造成的。因为从小时候开

图1-13　逸民适志正踌躇——男性气质风度设计

模特　张帅

始，社会就向男性灌输一种教育理念：就是要成功，还有怎样成功！环境给男性加码，男性也在给自己加码。可是，从来没有人告诉他们，所有这些理念会给我们的健康带来怎样的影响和损害。因此，男性需要放松自己，包容自己；找一点时间提升自己的修养，注重自我形象，增强必胜的信心，男性需要自我调整。目前在我国，提升男性形象中的气质与风度的课题也愈来愈受到全社会的关注(见图1-13)。

四、男性形象设计

笔者认为，男士一般可以不强调化妆，但应讲究卫生，给人以清爽整洁的印象。头发应当经常修剪，这样可显得精神焕发；男性的眉骨突出，眉形应当立体，棱角分明；眼睛应当经常有意识地左右运目，这样长期锻炼，可使两眼炯炯有神，可以更突出地表现男性的理智与个性；胡须是男性阳刚美的一个重要特征，若留胡须则应修剪成形，不留则应经常剃刮干净，不要给人邋遢或无精打采的印象。男士的服装应清洁整齐，线条简洁明朗，以大色块为主。男士走路应当稳重，步幅适中，双手摆动有力，腰部挺直，正所谓“站如松，坐如钟，行如风”，不要给人飘飘然的轻浮印象。总之，男士应当从发型、服装、文化底蕴、艺术修养、内在气质风度上强调潇洒的阳刚之气与儒雅宽容的书卷气之间的相互融合。男性的整体形象应当给女性一种强烈的震撼力，当然，还应当有安全感和责任感。

五、男士的时尚形象设计心态解析

如今，梳妆打扮已不再是女性的“专利”，越来越多的男士抵挡不住时尚化妆的诱惑，纷纷加入这一行列，以感受一下“美丽与享受”，通过修饰自身形象，充分展示男性的魅力与风采。男士时尚形象设计大致有以下几种心态：

1. 塑造公众形象

这一类型主要指一些“文艺圈”内的节目主持人、在涉外单位工作的白领阶层，或是私企的老板、总经理。他们外表整洁大方，彬彬有礼，举止文明，气质风度俱佳，令人感到可亲可敬。这些人通常具有一定影响力，人脉广，形象塑造也有利于其事业的发展，有利于提高个人及集体的公众“声誉”。

2. 塑造公关形象

此类男士一般都是企业的营销人员，有伶俐的口才，他们有让老板一万个放心的业务能力。可是一个公关先生倘若头发乱如青草，且衣冠不整，那么他在推销样品时，人们看都不看就可能回绝了。但如果他比较注意自我的形象设计，换上西服领带，可能会洽谈成功无数笔生意。作为一个企业的外勤人员，公关形象的塑造很重要。在双方相互都不认识的情况下，对方只能通过外表的形象推断你的素质与修养，乃至所在企业的产品质量，所以在生意谈判前修饰一下自己的形象是很有必要的。

3．塑造自我形象

此类人不仅中青年较多，老年男性也不在少数。在现代生活中，由于不注意自己的形象，使第一次见面的对方避之若浼者已逐年减少。现代男女找伴侣，不但要看对方的年龄、学历、工作、收入，而且还对对方的外表、修养、风度有要求，所以给对方的“第一印象”也是决定成败的关键，一定要注重自身形象，多修边幅，整洁卫生为好。中老年男性不时地做一做美容，也会觉得精神面貌焕然一新，顿感年轻许多，这样不仅可以提高工作效率，也会给家庭生活带来无限乐趣。

与男士美容同步发展的男士化妆品在市场上也逐渐形成气候，且销售量呈逐年上升趋势。

思考题

1．名词解释：“时尚形象设计的内涵”“个性”与“三和谐”的构建体系。

2．怎样进行形象定位？

3．试阐述几种常见的风格主题与造型要点。

4．男性形象分为哪几种？怎样塑造男性形象？

5．试阐述男性时尚形象设计的心态。

D 第二章 时尚休闲运动形象解析

本/章/重/点/与/难/点/提/示

一、重点

1. 时尚休闲运动形象的设计特点分析
2. 时尚休闲运动形象与年龄的关系
3. 时尚休闲运动形象与季节的关系

二、难点

1. 时尚休闲运动形象的化妆特点
2. 时尚休闲运动形象的服装特点
3. 时尚休闲运动形象的发型特点
4. 时尚休闲运动形象的造型原则

“抛下红尘万千事，偷得浮生半日闲。”从一般意义上讲，休闲指两个方面：一是解除体力上的疲劳，恢复生理的平衡；二是获得精神上的慰藉，寻得心灵的驿站。休闲是完成社会必要劳动之后的时间，是人的生命状态的一种形式。而对于人之生命的意义来说，它是一种精神态度，并在人类社会进步的历史进程中始终扮演着重要的角色。休闲或运动，顾名思义，是指在非劳动即非工作时间内，以各种轻松的方式求得身心的调节与放松，从而达到保健生命、恢复体能、愉悦身心目的的一种业余生活。科学文明的时尚休闲方式可以有效地促进能量的储蓄和释放，它包括对智能、体能的调节和对生理、心理机能的养护和锻炼。

时尚休闲运动是一件非常轻松愉快的事情，应当充满闲散自由的气氛，应以轻松自然为主题。然而，闲散多了便会有松散、慵懒的感觉。倘若从平常闲散的形象中给人一种积极向上的，更活泼、生动、健康且自然的印象，不拘泥于一定的形式或规范，从体现自我的需要、放松的情趣、高雅的品位出发，给人以更清新自然、更休闲轻松的印象，这便是一个成功的时尚休闲形象设计(见图2-1)。在图2-1中，美丽的海边波光粼粼，金色的夕阳下，妈妈头戴草帽，身穿休闲服，看着身边的孩子，而那个孩子面对波涛翻滚的大海，表现出无限向往。画面充满母爱、充满浪漫、充满休闲趣味。

图2-1　偷得浮生半日闲——时尚休闲风格造型定位 / 王鹏　摄

第一节　时尚休闲妆型特点解析

时尚休闲妆型的化妆应追求自然轻松，但绝不能敷衍了事，应以淡雅温和为主调，配色要高雅大方。发型可长可短，可束可盘，皆以轻便自然为宜，不应太新潮。当然，太正统的盘发也不符合休闲妆的特点。

一、肤色的修饰

1．皮肤预处理

先对皮肤进行预处理。具体做法是：彻底洁面后，先上一层保湿水或化妆水，然后抹上保湿性日霜，并仔细均匀地涂抹一层隔离霜。为了防止脸上油脂分泌过旺，最好用湿海绵涂面霜和粉底霜，这样既可以让面霜和粉底霜分布均匀，又可以涂得很薄，使抹过粉底的皮肤看上去均匀而自然，还可防止生成雀斑。这样处理后，不仅皮肤透气发亮，而且可以在表皮形成一层隔离层，保护皮肤不会受过多彩妆化妆品污染。

2．上粉底

用湿海绵将保湿性湿粉或普通粉底霜涂抹均匀。在眼睛的尾部和下眼睑部位用手指轻轻地拍上一些亮色的粉底霜，定妆后再涂眼影，这样不仅可改善眼部神采，防止流露出疲惫的眼神，而且不易穿帮。若是微丝血管破裂的皮肤，可以用手指指腹在容易泛红血丝的双侧面颊局部涂抹淡绿色的修颜霜(液)矫正肤色；若有肤色比较暗沉的部位，可以预先涂抹淡紫色修颜霜(液)矫正肤色；若肤色偏黑，可以选择淡蓝或肉色修颜霜（液）来矫正肤色，提亮肌肤，增加皮肤透明质感。这样处理后，可以改变肤色，让妆容更清透、柔滑、细腻。

3．定妆

先用大粉扑蘸上透明散粉在面部逐个部分按压均匀，用大粉扫从额头开始往下到下巴处，将多余散粉轻轻扫掉。注意眼睑下部和鼻唇沟处等部分，均要按压完全。

4．注意事项

(1)化休闲妆时，选择粉底要慎重。粉底的色彩应与身体各部分的肤色及服装色彩相协调。最好以防水粉底打底，这样可不必担心休闲运动或活动出汗引起脱妆。

(2)毛细血管明显或肤色较深的部位可以再敷一遍面霜和隔离霜，这样就不会因为脸上出现清楚的分界线而影响效果。在给下巴涂面霜时，也应注意一下脖子的肤色，必要时在脖子上也敷上一层面霜和隔离霜，不要使下巴与脖子的反差太大。

二、眼睛的修饰

运动妆或休闲妆的眉形应尽量保持自然，可以用浅褐色或棕色眉笔修饰，这样看起来较柔和自然。眉毛的修饰，应先用浅灰色定型眉笔将眉毛定型，再用棕色眉笔上色，最后用眼影粉定妆，并用眉刷将眉粉刷均匀。

眼妆不应忽视。运动或休闲妆要避免使用蓝色、绿色等色泽较鲜艳的眼影，否则会显得不自然、不真切，以防水的浅棕色、褐色眼影为佳。

在上眼睑部位打好粉底后，一定要充分定妆，然后再涂眼影，这样得到的效果会更好，且眼影易于推抹晕开。上眼睑涂灰色或褐色眼影，上下眼线用黑色的眼线笔描深，并用眼影粉轻轻地涂抹定妆，使其晕染均匀。上下睫毛涂上深棕色或黑色的睫毛膏。

注意，眼影应由里向外沿着眼睑的纹路涂抹，外眼角及下眼睑处亦要轻轻地敷上，晕染均匀，以求得上下呼应。最好再上一层白色眼影粉，这样看起来会更加自然清新。

三、腮红的修饰

可于颞部眼尾处至眶下缘颧骨上部轻扫一点砖红色或浅棕色腮红，宛如运动中所呈现的红润色泽，健康而有生气。

四、唇的修饰

口红以豆沙红、褐红、砖红等自然色泽较为理想，粉红色系亦可选用，可以为约会或朋友聚会休闲增添一些浪漫色彩。

唇线应用棕色的唇线笔描画，沿着唇部轮廓由外向里画。口红应选用与唇线颜色相近或暗一号的唇膏，并涂上透明的亮油唇膏或唇彩。

最后用大刷扫上修容粉调整面部轮廓并定妆。

第二节　时尚休闲运动服饰特点解析

时尚休闲运动服装常采用浅色系的休闲装或运动服，如浅灰、浅蓝、纯白、淡粉红、粉绿等，都是常用的较为理想的色系。有些少女喜欢创新发挥，如长衣短裙的搭配，可充分显示少女不落俗套，敢于表现自己的强烈个性。又如外出郊游，披一条围巾，穿一条亮丽的裙子或牛仔裤，脚蹬同色系便鞋或轻便的网球鞋，再背上一只双肩背包，热了将围巾或毛衣围在腰间……这一身装扮，既自然潇洒、热情奔放，也烘托出旅行中的闲情逸致。

倘若在家，一条浅色合体的西裤，配上一件套头羊毛衫，长发随便挽起，干净利落对称，能打造出贤妻良母的形象。这样的女性做起家务事轻松便利，丈夫和孩子也会感受到青春的气息。或者与几位要好的朋友小聚时，衣着宽松随便，落落大方，不拘泥于形式，无形中营造着轻松、愉悦的氛围。

几种休闲服装简述如下：

1. 衬衫

中国周代已有衬衫，称中衣，后称中单；汉代则称近身的衫为厕牏；宋代已用“衬衫”之名。衬衫穿在内外上衣之间，也是可单独穿用的上衣。

衬衫是我们穿着最多、最熟悉的贴身衣服之一。在轻松的休闲装扮中，衬衫应属首选服装。衬衫可以简单地分为正装衬衫、便装衬衫、家居衬衫、度假衬衫。正装衬衫用于礼服或西服的搭配；便装衬衫用于非正式场合的西服搭配穿着；家居衬衫用于非正式西服的搭配，如配搭毛衣和便装裤，居家或散步均可穿着；度假衬衫则是全棉汗布所制，专用于旅游度假。

女性可选用带有几分男性风格的中性时尚衬衫，或镶有蕾丝花边的高贵典雅的公主衬衫，当然，素雅的丝绸质地的各种小碎花衬衫也为大多数女性所钟爱。衬衫有时可当作外衣来穿，里面配上T恤或无袖背心，看起来潇洒帅气，新鲜而充满朝气，除了简单朴素大方外，还能让人倍感舒适。在式样选择方面要适当宽松，让身体得以自由地舒展，所以应尽量避免贴体衬衫。以衬衫为上装再配上牛仔裤或裙裤作为出游的便装，可充分体现出时尚而轻松休闲的风格，在简单平凡中充分展示自己的个性。衬衫以棉质、丝绸为上乘，这样的面料不仅质感舒适，时尚高雅，透气性强，而且脏了也好清洗。

2. T恤

T恤衫是春夏季人们最喜欢的服装之一。T恤原意为男性内衣，俗称老头衫、文化衫、圆领衫等。最初由好莱坞影星们倡导，将内衣当作休闲外衣来穿，这类服装才公然出现在剧院、咖啡厅等公共休闲场所。后来，一些追赶潮流的年轻人把标语或图案印在T恤上，借以抒发或渲染个人情趣，继而唤起大多数年轻人的共鸣，于是T恤逐渐流行开来。迄今，T恤已成为在男女老少的日常生活中最受青睐的休闲服装之一。特别是酷热难耐的盛夏，T恤以其自然、舒适、潇洒又不失庄重之感的优点逐步替代昔日男士们的背心或汗衫，外加一件短袖衬衫或香港衫，即可出现在社交场合。目前，T恤已成为男女老幼都喜爱的时尚服装。

T恤的特点在于简单、朴实、精神、自然、透气。它的穿法很多，除单独穿着外，还可外加衬衫、毛衣，或套在短袖衬衫之上。纯白或浅粉色系列的T恤更能随意搭配变换，运用自如，四季皆宜。

T恤衫一般为针织品，由于消费者的需求在不断地变化，设计制作款式也日益翻新。T恤可以单独穿着或只露出领口，也可以打上领带，外面套上夹克衫。质地、做工、图案均很精良的T恤，常给人一种高雅洒脱的印象。这种T恤常采用罗纹领或罗纹袖、罗纹衣边，并点缀以机绣、商标，这既体现了服装设计者的独具匠心，也使T恤衫别具一格，增添了服饰美。

选择T恤，首先应注重其轮廓的美观；其次是尺寸，不管身材如何好，也不宜穿得过于贴身，曲线尽露，应以宽松为宜。至于质地面料，T恤衫所用原料很广泛，一般以棉质汗布、化纤、麻、毛针织、真丝及其混纺织物居多，尤以纯棉、麻或麻棉混纺为佳，因为它们具有透气、柔软、舒适、凉爽、吸汗、散热等优点。

采用仿真丝绸的涤纶绸或水洗锦纶绸制作的T恤，辅之以镶拼术，使T恤衫增添了特殊风格和艺术韵味，深受青年男女的钟爱。此外，还有由人造丝与人造棉交织出的富春纺，经特殊处理的桃皮绒涤纶仿真丝绸，经纱洗的真丝绸、绢纺绸、雪纺绸，都是T恤衫可选用的理想面料。物美价廉的纯棉织物更是T恤面料中的宠儿。它具有穿着自然、轻松以及吸汗、透气，无过敏反应，穿着舒适等特点。在T恤中，纯棉材质所占比例最大，满足了人们返璞归真、崇尚自然的心理要求。

3. 牛仔衣裤

牛仔衣裤又称“坚固呢裤”，一般采用粗斜纹劳动布、牛津劳动布等靛蓝色水磨面料制作，也有用仿麂皮、灯芯绒、平绒等其他面料制成的，统称为“牛仔衣裤”。牛仔裤也是一种男女通用的紧身便裤。衣缝沿边缉双道橘红色的缝线针迹，并缀以铜钉和铜牌商标，袋口接缝处钉有金属铆钉并压有明线装饰，整体具有耐磨、耐脏，穿着贴身、舒适等特点。牛仔裤最早出现在美国西部，曾受到当地矿工和牛仔们的欢迎，在当代仍然十分流行。随着时代的变迁，牛仔裤的发展已今非昔比。现在中国青年最喜欢的是韩版牛仔裤，这类牛仔裤主要以布料紧密、竹节细腻、微弹纯棉的面料为原料，以修身、小直筒为主要版型，能展现年轻人的完美身材。

真正高明的打扮之道不是在“穿”衣服，而是与衣服融为一体，使之如自身的皮肤般自然贴切，牛仔衣裤便具有这一优点。它适合所有人穿着，能够搭配任何颜色；它活泼多变的风格巧妙地展现着穿着者不同的个性，从而博得老少各年龄段的一致喜爱。

在搭配方面，可将中性牛仔裤与女性化上衣组合起来，在强烈对比之下，衬托出各自特色，效果出人意料地好；亦可搭配鲜艳抢眼的印花衬衫，与牛仔裤形成互补，使人显得英姿勃发，神采奕奕；而丝质衬衫与其搭配更显得成熟睿智，飘逸潇洒，与众不同。牛仔裤也是休闲服装中极重要的一种，现已发展出牛仔系列服装，仅牛仔裤就有多种，例如直筒裤、喇叭裤、小脚裤、绣花裤、毛边裤、补丁裤、背带裤等。牛仔衣也是各式各样，如牛仔长裙、短裙、一步裙、学生裙、背带裙、牛仔大衣等。

可以预见，牛仔系列服装会更加流行，更加适合现代人们的服装选择需要。

4. 运动服

运动服原指专用于体育运动竞赛的服装，通常按运动项目的特定要求设计制作。广义上还包括所有人们从事户外体育活动时穿用的服装。

以往提到运动服，人们以为是只有运动时才穿的服装，大多数人只注重它的机能性。近年来，运动服的含义已由“运动”扩大到休闲的范围，人们逐渐认识到运动服的随意、宽松和中性的色彩、款式，人们可以大大方方地穿着它悠然自在地逛街、购物、进出公共场所。尤其是在式样上，运动服变化也较大。过去的运动服装，不论款式还是色彩，大多为男女通用，现在的运动服装，不仅男女有别，而且还有亲子装、伴侣装等新潮款式，既可当外衣，又可当内衣，自然也可作运动装，可谓多功能服装。

追溯运动装的起源，常依其项目不同而分成许多种，传统运动装有网球服、高尔夫球服、骑马服、击剑服、登山服、游艇服、体操服、舞蹈健美服、棒球服、水上运动服、举重服、摔跤服、冰上运动服……其质地也常以吸水性良好的棉质针织衣料为主，也有丝绸质地的，可迅速吸收运动时流出的大量汗水。

现代的运动休闲装不仅包括圆领上衣、背心、运动衫、运动裤、短裤、田径裤、短裙、西装及套装、附帽式的罩衫等，还包括运动式羽绒服、羽绒裤等棉或羽绒制品。运动休闲装不仅强调高级的质感与女性化的细节设计，同时更融入现代人所注重的个性流行感，符合各阶层人士的需要。

在运动服系列中，直筒或七分式样的运动裤独树一帜，其轮廓优美利落，裁去一切不必要的线条，呈现清新明快的现代节奏，一跃成为大多数人喜爱的日常服装。

为避免单调，穿着时应尽可能选用各种技巧搭配。例如天凉时，可将宽大的衬衫当作外套穿，亦可将两件运动衫穿在一起，露出领口或袖口，利用两种颜色来实现视觉上的变化。另外，还可运用色差相衬的短袜、领巾来调节整体的均衡感。

其实，像运动衫如此平凡无奇的衣物，反而更容易衬托出穿着者的品位及高超的打扮技巧。只要动动脑筋，制造一些变化或小花样，就可享受它所带来的喜悦或舒适。

第三节　休闲形象设计的年龄与气质风度特点解析

不同的年龄层，其休闲形象设计均应遵循清新自然、轻松舒适的原则。就其年龄特点而言，分述如下。

一、休闲形象的年龄造型规律

1．年轻人休闲形象造型规律

俗语说年轻就是美。十六七岁的清纯少女，平时可不必化妆，因为她们的皮肤是最好的，是皮肤成熟的高峰期，正所谓天生丽质。若白天参加一些特殊活动，如聚会、郊游等，可以化稍加修饰的淡妆或透明妆，尤其是在自然光源下，无须过分注意色彩与立体感，一切以自然、真实为原则。

少男们的形象要清洁整齐，不需化妆。服装也尽量以休闲服、运动服、牛仔系列为主，线条要简洁大方；行走坐立姿势要得体。尽管还年轻，也应有男子汉的风度。

2．中年人休闲形象造型规律

(1)30岁女性造型规律。人从年轻走向老年是一种自然规律，这是人们无法改变的事实。当女性步入30岁以后，皮肤开始变得干燥无光泽，即使保养，眼睑也会失去弹性，并出现细小的鱼尾纹。皮肤失去了往日的细腻柔嫩，这时如果敷粉太厚，会使皮肤犹如戴上面罩一般。因此，休闲时应当让皮肤充分休息，并细心呵护，最好不要涂抹粉底，可以拍打一些营养水、玫瑰水，适当用一些抗老防皱霜，比如再生霜、活性霜、珍珠霜之类。倘若一定要化妆，可使用含滋润成分的粉底，在鼻与下巴处扑点蜜粉定妆；不宜涂抹浅色眼影，以免使双眼看起来更加松弛，宜采用柔和的灰色或棕褐色眼影。

30岁以后的女性造型，发型也应有所变化，不宜像纯情少女般长发披肩，应当显露成熟女性的魅力。居家休闲时，可以将长发随便挽起，用发针或发夹固定，使人觉得亲切而又贤惠；运动时应将长发盘起，简洁明快，轻松自然。如果戴上一顶棒球帽，则又会给人一种俏皮而年轻的印象。

随着年龄的渐长，服装也应趋于成熟化，以显示成熟女性的魅力。线条应趋于简洁，一些带腰身塑形的服装可以使得身材曲线恰到好处地显露出来。

随着她们思维的成熟和社会阅历的丰富，言谈举止应更趋于稳重干练，不宜有过分活泼、外向的行为举止。

(2)40岁以后的女性造型规律。40岁以后的女性，两颊的自然健康肤色逐渐消失，皮肤也逐渐松弛，眼尾纹愈来愈多，额头川字纹或横纹也会逐渐增多，这时应十分注重保养。除了定期的美容护理外，每天应至少做一次面部按摩。一般不宜用太多的粉底及胭脂，膏状粉底更不宜用，以免看起来不自然，而且会加快皱纹的生成。必要时可用少许液状粉底打底；眼睫毛开始变得干而色淡，不宜上浓重的睫毛膏，否则会加重老态，可适当抹一些黑色睫毛膏；口红宜用自然的棕色，切忌太深或太浅。

(3)50岁以后的女性造型规律。50岁以后的女性，皮肤明显松弛，骨骼显露，眼皮下垂，皱纹加深，脸部有些发胖甚至变形。这时的女性不宜用太多太浓的香水，可用花露水或少量淡雅的香水。另外，嘴唇周围会出现细碎皱纹，搽口红时会化开，更突出唇上的皱纹，正确的方法是先搽一层隔离霜和保湿霜，充分保湿后再用湿粉调整肤色，并用蜜粉薄薄地定妆，就不会出现这些细碎皱纹了。然后用唇笔描出唇形，再涂口红，并用纸巾抿吸一下，再重复涂上口红即可。

当然，企图用颜色来完全改变衰老性皮肤的结构与形象是不可能的。因为妆不管化得如何立体，它只是一种视错觉的效果；而结构是立体的，在光的作用下就更易显现出它的立体效果。所以不论是休闲化妆还是正式场合下的化妆，特别要注意颜色与脸部结构的有机结合，既要夸张、也要协调，如眉、眼、唇可稍作修饰或夸张，另外，脸部底色和其结构关系必须协调。

中年女性，发型应力求端庄、优雅，发型可以是披至肩下的大波浪，花形宜大；也可以将长发盘起(根据脸型和个性喜好决定)，以体现成熟而端庄的魅力；有时齐耳短发也能给人正统干练的印象。另外，也可以采用留至耳下、反翘的长碎发，常给人“小家碧玉”的好感和自然随和的印象。

中年女性的休闲服装是多种多样的，建议以单色调为主，淡雅而庄重；也可用深色系改变体型，使稍胖的人看上去身材略瘦。款式线条应简洁明快，以休闲情趣为主，比如稍肥大的羊毛衫、衬衫、运动衫、滑雪衫等。

二、休闲形象的气质风度特点

休闲运动时的气质风度也是很重要的。由于不是正规场合，可以适度放松自己，不必像正规场合那样言恭意谨；尤其是居家或亲友聊天时，更应亲切大方，自然得体，不失身份。聊天的话题也应是多方位的，思路应开阔，以展示学识与知识面；态度要谦和，不必高谈阔论，也不应太过粗俗，否则会有损自己的形象。

总之，休闲装扮一切以简单舒适为主。化妆宜淡不宜浓，整齐清洁最重要；服装宜舒适柔软，不宜过于贴体或僵硬。衣着方面应避免穿着睡衣外出或在家接待客人等，这些都是很不礼貌的行为。衣着色彩以柔和淡雅最适宜，不宜过于饱和刺目。居家时不必穿戴得整整齐齐，好像随时等候出门，也不可邋遢随便，一副见不得人的样子。修饰应适度，装扮应适宜，任何时候、任何场合都应该注重自己的气质风度的修炼，这样才能适时随处总能恰到好处地展示自己迷人的魅力。

休闲形象的变化是无穷的，不必害怕展露形体曲线，充分把握这份自信，让它带给你一份轻松愉快，带给你一份满满的自信吧！

第四节　休闲四季形象解析

说到休闲形象设计的季节特点，就会牵涉到有关形象色彩的一系列问题。色彩变化多端，奥妙无穷，只有熟练地掌握它，才能在我们的形象设计中运用自如。凯若·杰克森女士曾经在《色彩使我更美丽》一书中，用自然界最简单明了的春夏秋冬四季对色彩进行了分类，将每一季独特的特点与色彩结合进行个体形象阐述，并且总结出了每个人的肤色与自然色彩的相关规律，很值得我们借鉴。

这里，我们又要用到形象设计基础理论部分的色相环了，请参照本书下编的图7-13（彩图5）。一般说来，春与秋是暖色系，肤色应呈现黄色基调；夏与冬是冷色系，肤色应呈现蓝色基调。分述如下：

一、春季

人类活动，顺应自然，日月相应，天地相参，正如古人所说：“春山烟云连绵人欣欣，夏山嘉木繁阴人坦坦，秋山明净摇落人萧萧，冬山昏霾翳塞人寥寥。”

1. 春的色彩

春天的色彩艳丽多姿。温暖的绿色、黄色在清澈、优雅的色彩中开放，像黄水仙在春季里首先吐蕊开放一般；黄绿色是一种鲜丽明亮的色彩，如春天新发的嫩芽般惹人喜爱；红色鲜艳夺目，令人兴奋，活泼而有激情；金色热情时髦，富丽堂皇；玫瑰红有红色的艳丽和紫色的神秘，浪漫而风情万种；青紫色典雅华丽；而粉红色在春天百花中更显夺目……

2. 春的化妆

在百花争艳的春季，姑娘们的妆容也应活泼俏丽，充满生气。若着重突出肌肤的自然性及透明感，效果会更好。配色要高雅，忌浓妆艳抹，最理想的是如水似霜的淡妆，如轻柔、明亮、微微泛黄的米色与棕褐色的搭配，又如大面积的白和灰，用一点点红或金色点缀。休闲的形象应轻松恬淡，质地细腻。

(1)基面妆。干性皮肤宜选用含羊毛脂及甘油的粉霜打底，油性或混合性皮肤应选用亲水性的湿粉打底，然后用粉扑蘸少量质量较好的透明蜜粉，揉均匀后轻按脸部及颈部。薄施蜜粉，才能有透明感。

(2)眼影。眼影的色彩不可太鲜艳，以浅咖啡、淡绿和灰色为宜，显得自然柔和。眉笔以棕色、深灰色为宜。

(3)胭脂与口红。胭脂与口红最好配合春天的自然景色，少女们可用橘黄色的胭脂和口红，看起来俏丽活泼；中年妇女可采用粉红色系、玫瑰红、豆沙色、珊瑚红，均可衬托出成熟高雅的风韵。

3. 春的服装

春季的服装也应变化多样，款式与色彩均应给人以清新明朗、生机盎然的感觉，以休闲的T恤、运动装、牛仔系列等为主，色彩的选择范围可以广一点，例如像丝一样的金黄色或深葡萄紫色的长发与丝绒衫或羊绒衫搭配，能给人们以细滑柔软的印象。主题应突出飘逸、温情、贤淑、活泼或干练的情趣。

二、夏季

1. 夏的色彩

夏季是忙碌的季节，赤日炎炎下，麦子丰收，稻花飘香；夏季是花的季节，姹紫嫣红，绿树成荫；夏季也是休闲的季节，登高望远，蓝天白云，沙滩碧浪，清凉的蓝色底蕴，在灿烂的六月中放出光辉，像柔和的蓝天、大海，使人顿觉清凉。因此，赤橙黄绿青蓝紫各种颜色都可以在女孩的花裙上看到，我们不必偏爱哪一种色彩，因为各种颜色都会在夏季得到充分展示。当然，考虑到人的习惯、心理等各种因素，夏季一般以白色系、浅蓝色系或浅粉色系最受人欢迎，因为这些色系可以使人感到清爽凉快；深色系或黑色系在皮肤较白的人群中也很受欢迎，它不仅能展现姣好身段，还会使皮肤显得犹如珠玉般细腻白皙；蓝色系不仅包含了大海与晴空的蔚蓝与宽广，还有明朗、纯净的含义，因此许多中小学的校服被定为海蓝色或天蓝色。

2. 夏的化妆

夏季化妆的基础定位应是娇嫩而透明感较强的健康肤色。夏季肌肤易晒黑，可选高贵冷调的橄榄色或漂亮高雅的小麦色，切忌浓妆艳抹。

夏季是户外活动最多的时期，爬山、郊游、骑马、游泳……但因为天气热，出汗多，辛辛苦苦化好的妆，阳光曝晒、出汗或雨水冲洗，一下子就会被完全破坏掉。因此夏季的化妆，除了妆色外，最重要的就是防水、防晒。一般洁面后，可用含防晒因子的收缩水轻轻拍打面部，再上一层隔离霜和营养霜，然后再上粉底。化完妆后还可以用含防晒因子的营养水或化妆水喷雾滋润定妆，并涂抹到容易被晒伤的地方，如鼻尖、肩部、躯体、手脚等部位，以防被紫外线灼伤导致脱皮、红肿。夏日，微带小麦色的肤色是现代女性美的一大特色，也是健康的标志。

(1)基面妆。粉底用珍珠色的湿粉最合适，不用特别涂腮红，只在发际线到眼眶下缘处薄施一点粉红即可。

(2)眼影。鼻梁到眼头一带用棕色鼻影，上眼皮整体晕染黄色或绿色、蓝色的有珍珠光泽的眼影，也可以自眼周向眼尾晕染少许粉红色；用黑眼线笔描眼线，眼尾加一点蓝色眼线，在该线外用眼线刷刷入棕色眼影。

(3)口红。为了衬托具有健康感的褐色皮肤，眼影和口红都统一用粉红，涂光泽唇膏，体现了朴实健美、充满活力的化妆风格。

夏日化妆后，要记得喷上少许香水，以免出汗而有汗味。即使休闲在家，也应使自己清新可人；倘若出门，不要忘了带上草帽或遮阳伞，并戴上墨镜，尽力保护妆面。

3. 夏的服装

为适应夏日的高温酷暑，夏日服装应单薄、轻柔，透气性好，穿着方便舒适，以能体现体型和妆饰之美为原则。下面列举几种服装选择和搭配方法：

搭配(1)：短上衣加长裹裙、腰带，颜色可以纯白，也可以深藏青上加些小白花，配上一副墨镜和月白色系或深藏青色系草帽，清爽摩登。

搭配(2)：纯白的宽松长衬衫，纯白的长裙裤，一束高马尾辫，一顶纯白的草帽或洋伞，挎一只纯白或银色的时装包，配上一脸笑意，优雅而纯情。

搭配(3)：洋红带蕾丝花边的短袖T恤，加上洋红百褶定型短裙，红色长筒袜，高帮皮鞋。

搭配(4)：几何方格花纹短上衣，黑色镶边和公主袖，挎一只黑白相间的时装包，黑色长筒丝袜，白色大型彩玉项链，墨镜，白草帽，是近年色彩造型的佳作。

搭配(5)：月色花衬衫，中长牛仔裤，小帽配白色短袜和中跟敞口皮鞋。

搭配(6)：青绿色上衣和月色系外套，咖啡色长筒袜和平底鞋，那是对比与和谐的标准搭配。

搭配(7)：新潮背心、优雅长裙、裹发长巾、木质项链、夸张手镯，共同营造异国情调

图2-2 蕊蝶竞采异国风——夏季休闲形象定位
模特 孙薇

(见图2-2)；若换上草帽、墨镜、七分裤、便鞋，又变成一派假日活泼俏皮的轻松形象。

三、秋季

1. 秋的色彩

“不待秋残，叶落斑斓，画中笔墨淡如烟。”秋季是丰收的季节，是成熟的象征。人们偏爱金色的秋季，因为秋高气爽，心情也会格外轻松。属于秋天的色彩，同样属于成熟的女性。金黄色是秋天的主色调，金黄的底色在温暖、浓郁的秋季色彩中光芒四射，就如十月的缤纷落叶般轻盈、舒爽；我们从中可以衍生出许多种颜色，如棕黄、橘黄、橄榄绿、墨绿、栗褐色等。另外，海蓝色和黑色也是女人的永恒色。

2. 秋的化妆

秋季的服装质料、颜色多半深重，因此秋天的化妆不妨稍浓艳点，即使休闲居家，也可以稍加修饰，但应特别注意颜色的调配一定要和谐自然，方能显出独特风味。因此，秋季化妆应着重表现柔美的肤色，妆型特点应当是爽朗明快、柔美娇丽。

(1)浅象牙白或淡橙黄的主题。化妆不宜夸张，应突出皮肤的透明感，强调其特有的轻柔肤色，尽量用淡妆，强调双唇的红艳，配上柔和的棕褐色眉即可。

(2)金色主题。妆色可少许夸张，用鲜明浓重并极富光泽的暖红色唇膏，包括橙色系的胭脂及指甲油，避免珍珠亮色，因为冷色调的颜色与秋季型暖色调的肌肤极不相衬，会破坏服装原本理想的视觉效果；眼影宜用金色或褐色晕染。

(3)绿色主题。典型的橄榄绿主题，用橄榄绿眼影可显示形象超凡脱俗的自然魅力。绿色眼影及相同色的眉、眼线，搭配浓重的橘红色唇膏及指甲油以突出对比的效果；暖色调的橄榄绿色系与微红白皙的肌肤及金黄或栗色头发，形成生机盎然的互补色对比，感觉特别轻柔，妩媚可爱。

(4)蓝色主题。蓝色是大海的颜色，也是天空的颜色，常给人雄浑深厚之感。冷色调的蓝色与暖色调的肌肤形成恰到好处的反差，理想的蓝色调眼部妆色应偏暗，不宜选用珍珠色或银色有光泽的配色，双颊与双唇及指甲可采用铜红色，与肌肤的反差效果能达到最佳，但基面妆的粉底色应比原来的肌肤颜色浅一号。

(5)本色主题。秋季的本色是褐色或米色，带有明晰的黄色或锈红色成分，可与葡萄酒红或栗色的发色形成完美悦目的柔和对比；褐色也是秋季眼部修饰的理想色，可以不落痕迹地融入到肌肤、头发、眼睛的色彩中去；运用暖色眼影可避免眼部轮廓的僵硬感，且并无化妆的痕迹；唇、指甲及脸颊应取暖色调的咖啡、铁锈红或山楂红色。

秋天化妆着重表现柔美的肤色，故妆型特点是爽朗明快，柔美娇丽。

(1)基面妆。在施粉底之前，先要施抑制色来消去皮肤在夏日晒成的晦暗色，如用淡绿色或淡蓝色作抑制色，均匀涂在发红部位，而后施入粉底。

(2)颊红。腮红用橙色薄薄晕染，位置可以略低，也可以宽一些。

(3)眼影。鼻侧到眼窝涂抹棕色眼影，上眼皮以苔绿色眼影晕染，下眼皮眼尾处晕染少许苔绿色眼影；眼线稍浓，眼尾可略上挑。

(4)口红。用明亮的橙色、棕红色均可，并薄涂一层光泽唇膏。

3. 秋天的服装

“暗香又满西楼”，秋色浓重分明，人们的服装选择和搭配也应体现成熟、庄重，以下服饰装扮更能展现秋天女性不同的美感：

墨绿背心、金黄色手袋、束发——女性洗练之美；

针织洋红套衫、平底鞋、乳白珍珠项链及耳环——女性优雅之美；

永远的黑白搭配，令人过目不能忘怀——女性纯情之美；

宽皮带、双肩背包、中裤、披肩发或金黄色蝴蝶结——女性活泼之美；

马甲、衬衫、裤子及外套均采用不同深浅色调的米色、褐色、橙色、铁锈红色，相互衬托——女性和谐之美；

紧身上衣、花背心、牛仔裤、高帮皮鞋——女性青春之美；

白色休闲服或运动服、石墨蓝的牛仔裤，使人联想起大海、蓝天、白云——女性沉稳之美；

素色使文静、优雅的女性美丽动人——女性温柔之美。

总之，根据给自己选定的妆色主题，配上浪漫的造型，充满生命活力的、自信与尊贵的装扮，一套简单的服装，加上别致的帽子和首饰，就能优雅动人，变化出美丽多样的心情，使自己成为人见人爱的“千面女郎”。

四、冬季

1. 冬的色彩

“北国风光，千里冰封，万里雪飘”，大雪纷飞、银装素裹，冬天从季节的台阶上慢慢走来，那是最撩人心扉的时刻。白色令人想到白雪公主：高雅、纯洁、开朗。当然，在冬的调色板中，不要以为只有单调的白色，其实，五彩缤纷也属于冬季。例如红色可带有紫的成分，如山楂红、萝卜紫，都是姑娘、小伙子们喜爱的冬季颜色。冬季调色板上的蓝色独具清朗，不含任何冷质光泽，蓝色在生动、明亮、统一、寒凛的色彩中闪闪发光，犹如耀眼晶亮的雪花一般；还有浅水蓝、深蓝、宝石蓝，甚至蓝黑等，大多数中年人喜欢它的宁静、明朗、深沉如同大海。冬季的绿色具有黄色成分，如冰清玉洁的粉绿、明亮的蓝绿及浓重的黄绿、墨绿蓝，都是冬季常用的色彩。

2. 冬的化妆

冬季气候寒冷，所穿衣服一般较厚实，保暖性较强，但色泽也偏暗。因此化妆应稍艳丽，并在重点部位加强修饰，才能使妆面在灰暗的天气与深暗色的衣服中，显得楚楚动人。

冬季的特点是素净优雅，富有成熟感，气度高贵。化妆宜清晰温柔，表现明亮与亲近。面部最富有生动神韵的部位是眼睛、眉毛以及口唇，应当加以刻意的修饰，使之更为突出、迷人；色彩也应选用清新淡雅的暖色系，令形象更为柔和可人。

(1)基面妆。妆色采用暖色系为宜，给人一种热情洋溢、温暖可人的感觉。以橙、深棕两色塑造脸庞立体感较佳。沿颧骨抹入橙色颊红后，在其下纵长部位抹入深棕色，使脸庞具有俊秀的立体印象；粉底可采用粉红、橘红系列，将肤色衬托得更加红润；皮肤干燥者可以用带亮光粉的透明粉，使妆面透明，有光泽感。

(2)眼影。眼影色彩可用紫红、粉红、橘红、金黄、蓝灰、鲜绿、棕褐等来强调眼睛明亮生动的色调；上眼皮用橙色眼影晕染，下眼皮靠眼尾处用深棕色眼影，眼线则应比眼尾的眼影更浓，以塑造坚毅的眼型；眉毛可用眉刷蘸少许棕色眉粉轻刷晕染。

(3)口红。唇的轮廓可作弧线描画，唇峰略开，形态饱满；口角处用暗棕色口红，可以有效强调立体感。

虽说是休闲妆，也应根据场合、时间与所接触的对象精心设计。如居家要亲切随意，旅游要热情活泼，逛街要轻松愉快，约会要婉约动人等，应利用化妆技巧，塑造出不同的风格。

3. 冬的服装

一年四季中，属冬季的服装种类最多，价格也相对昂贵。从保暖棉的内衣、羊毛衫、羊绒衫，到西服外套、大衣、棉袄、鸭绒衫、皮外套、裘皮大衣等，无不体现着一种以保暖为主，兼顾奢华、富贵、轻便舒适或雄健有力的风格。只要善于强调优点，擅长色彩的和谐搭配，那么肯定能塑造出清新靓丽的女性形象。

以下是几款冬季服饰、发式的休闲搭配技巧：

(1)访友约会装：银灰色套装，配黑皮手套、黑腰带、黑高帮皮靴；高耸的盘发，紧扣灰色系列主题；选用白色珍珠项链、珍珠耳饰、珍珠手链；为使总体颜色稍跳一点，可配紫红手袋增加活泼感，亦可用银灰色或黑色手袋(中年女性适宜)，更加楚楚动人。当然，银灰或米色的羊绒大衣、白色羊绒围巾、黑色羊绒套衫形成的层次感更可衬托妆面的白皙红润，合身的羊绒长裤和锃亮的高跟皮鞋也可显示高质量的生活品位。

(2)休闲工作装：时尚的黑色或白色带大蕾丝的衬衫、休闲牛仔裤；小A短裙内衬黑色保暖九分裤，草制高跟鞋，外披一袭时尚羊绒大衣或浅色羽绒衬小羊皮大衣，时尚、俏皮、温暖，俨然是冬季一道靓丽的风景线。

(3)居家休闲装：高高的束发或松松低低的小发髻，用一根长长的银簪固定；长过臀部的浅色宽松套头高领羊绒衫；最好的时尚百搭造型是浅色休闲牛仔裤，或短短的牛仔裙，系一条花围巾，轻松中透着随意。

(4)流行时尚装：大波浪的长发、大耳环、大格子呢外套，戴一顶30年代法兰西小帽，内配紫红或米色的羊毛衫，毛衣上挂一根宝蓝或浅褐色木质项链，下穿新潮开叉毛料贴体裹裙，或优雅时尚的牛仔A字长裙，高贵典雅中不乏摩登新潮，浪漫女郎气息扑面而来。

思考题

1. 试述时尚休闲形象的造型原则。
2. 简述时尚休闲形象的造型特点。
3. 简述时尚休闲形象与年龄的关系。
4. 怎样进行时尚休闲形象的季节设计?
5. 请你为自己设计一个四季休闲装的系列主要色彩造型。

D 第三章 上班族时尚形象解析

本/章/重/点/与/难/点/提/示

一、重点

1. 职业与整体造型的关系
2. 个性与职业的和谐
3. 文秘白领的形象设计

二、难点

1. 个人整体形象中个性与职业的相互适应
2. 文职人员的形象设计
3. 文秘白领的形象特点

第一节　职业与整体形象设计解析

个体的整体形象在一定程度上能代表集体(单位)的形象，代表企业的形象，代表职业的形象，所以整体形象设计不仅要修饰自身的不足，美化自己的外表，突出自己的内在气质和风度之美，而且要体现自己的职业，反映自己所从事职业的美感。

一、职业与整体形象

每个人都希望通过自己的语言和非语言的行为，在交际对象的心目中留下最完美的印象。这个印象不仅是外在形象和内在素质的美，而且是能体现个人的社会身份、生活方式、社交角色等的所谓的身份形象和角色形象。仪表的修饰和个性品质的修养可帮助人们更好地从整体形象外观的静态塑造中，了解你所期望达到的效果，能使和你打交道的人首先在心理上认可你的身份和角色，产生一种与期待相符合的安全感和信任感。要做到这一点，首先必须熟练地掌握职业与整体形象之间的关系。

例如，商务代表在进行贸易谈判的时候，如果希望谈判成功，着装应选择色彩中性或凝重、沉稳、合体的西服：因为合体的西服颇具影响力，能够左右人们的判断，在短时间内凝聚起有权威、讲信义的气质印象。谈到外表形象，身材高大魁梧是男士的最佳形象，颇具权威性；但若作为货币谈判的商务代表，则容易使谈判的另一方产生一种畏惧心理，并下意识地采取保护措施，以至于降低谈判成功的几率。因此，从这个意义上来说，最佳男士的形象不是最佳职业形象，男士需要根据不同目的对自我的整体形象进行重新整理和修饰——减弱自身虽然已经是最佳，但是会对所扮演的角色带来不利影响的因素，重新塑造新的职业角色形象。可选择浅灰、浅褐色等色调柔和、质地相对柔软的西装，配上纯色或斜条纹的蓝灰色领带和浅蓝色衬衫，避免色彩的强烈对比，再配上款式较轻巧的皮鞋，将原来可能对他人造成压力的形象冲淡；要避免穿强化原形象的暗色、黑色和细直条纹的西服；个人的言谈举止也可相对随和幽默一些，不要过于刻板严肃，从而塑造出一个更适合自己商务谈判代表身份的新形象。

不同的职业需要，要求不同外表和个性的人通过仪表修饰和气质、风度修养塑造角色形象。角色形象的塑造过程也会潜移默化地影响人的内在素质，一个演员可以在短时间内塑造出不同角色形象，既要求他(她)具有表现角色内在素质的演技，更需要他(她)有符合角色的仪表、仪态。当演员真正投入所扮演的角色之后，演员的内心世界已经融于角色之中，不仅给观众留下角色的印象，而且达到虽是表演但更觉真实的境界——演员真正与角色融为一体，不仅是造型师、化妆师的功劳，更取决于演员自身非凡的形象塑造能力。演员塑造角色形象的能力强于一般人，许多明星演员都能扮演与自身个性完全相反的角色，而在其塑造角色的过程中，精湛的造型设计技巧可以在很大程度上帮助演员更好地实现角色转换。

二、个体形象与职业构架

个体形象与职业要相互适应，个体形象不仅要能反映职业特点，而且要能体现和渲染职业的优势，美化职业形象，这就是个体形象与职业之间的构架关系。所以不同的职业对从业人员都有较完整系统的要求，尤其是社会中层次比较高的职业，对从业人员职业形象(角色形象)的要求就更加严格。例如，领导者应该修饰得端庄、稳重、深沉，着装质地高档，款式略趋保守，以体现一种权威性；应聘面试者应根据欲谋求职业的角色修饰仪表形象，同时又要能显示自身的个性、气质和能力，着装不能太讲究，尤其是不能超过主聘面试官；公关经理的仪表形象应与企业形象一致，因为人们常会通过其形象来评价企业的整体水平；文艺工作者的修饰可时尚、浪漫；科教专业工作者则应庄重、严谨，体现其一丝不苟的专家权威作风；商界人士和企业主管追求干练、稳重，并略趋于保守，甚至具有领导者的风范等。

第二节　文职人员形象设计

哪些职业属于文职还没有一个十分明确的界定。一般认为，脑力劳动者大多数应属文职人员范畴，如文秘、教师、作家、记者、医生、科研或管理人员，甚至学生等。又有人将其分为蓝领、白领和金领阶层。这些人员的整体形象应庄重、儒雅、知书达理、文质彬彬，这些人的外表形象雍容优雅，不艳丽，偏于传统本色，或可理解为比较深沉、保守。时尚、新潮与他们比较无缘。从仪表到气质风度，从个性包装到角色形象，始终想突出一种文化内涵的儒雅和理智思维的深邃，不管别人如何用“书生气”，甚至是“迂腐”来贬低，他们仍然会按照自己的习惯思维方式对自己的形象进行修饰，即便他们在社会分工的角色上有巨大的变化，例如作为领导或权威角色，大型活动的主持角色，参加重大会议、活动、婚礼、晚宴等，他们也会始终坚持自己的传统装扮，即使修饰，也无太大的突破。

上述文职人员的职业形象尤以男性更趋于保守、稳定。他们大多是以西装领带、休闲夹克或风衣为主。

女性文职人员相对于男性略显新潮，但相对于其他女性群体仍显保守、沉稳，并且充满一种“知性美”。

“知性”，德文原文为Verstand，也经常被译为“理智”或“悟性”，它原本是德国古典哲学常用的术语。康德认为知性是介于感性和理性之间的一种认知能力。知性是指内在的文化涵养自然散发于外在的气质，通俗地讲，就是指有文化、有内涵、有修养的美丽女性。

“知性”与“知性美”这两个词经常用在对较高层次的女性角色的描写中。所谓知性，不仅指与感性相对的所谓理性范畴，而更应该是理性中不失感性色彩。而知性美，通常给人的感觉是包容、成熟、理智、温和、智慧、优雅，即应当是一种精神层面的气质风度的反映。

知性女子充满知性的柔和魅力，她们感情丰富，清楚自己需要什么；工作上她们显得中性，似乎从工作能力、思维判断力等方面看不出性别差异，但感情上又极具女人味。她们的形象特点不同于小女孩似的单纯，也不同于小女人式的狭隘。

知性美是一种淡定的美、成熟的美。知性美介于感性和理性之间。知性的意义在于使人由不知到知，由无知到有知，简而言之，就是实现了由无到有的质的变化。

我们在实际生活中，可以见到许多女性在职场上拼搏时精明干练、强硬刚毅，说话处事咄咄逼人，不留一点余地，她们连服装、发型都会趋于男性化设计，甚至认为放弃了“女人味”，事业才会成功，殊不知这种做法常常会适得其反。试想，有几位男性上司喜欢咄咄逼人的下属呢？又有几位同事或下属会喜欢这样不近人情的同事或上司呢？因此，职业女性无论身处何职，都应设计好自己的形象。

一、充分显示女性的“知性”魅力

文职人员需要的是个性风格上的把握与展示，保持好女性魅力，再加上精明干练，很容易赢得异性的帮助。例如西服长裙很淑女也很得体；式样新潮的紧身衬衫配上飘逸的长裙裤，最适合身材高挑的女性；一件宽松长款上衣配高腰阔腿裤，高雅而帅气。

二、摈弃多余的装饰

过多的装饰性花边裥褶会显得烦琐杂乱。简洁的服饰搭配更具有表现力和亲和力，这样的搭配不仅让文职女性显得干练，还给人以丰富的想象空间。

藏青色或米白色套裙，配白色珍珠项链；手袋和皮鞋亦可是蓝色、米白色或黑色；用珍珠项链作为整体造型的亮点，加上略带外翻的齐肩中长发，或整齐地挽在脑后的小发髻，端庄中带有动感，理性中更具有亲和力。

三、淡妆

淡妆是表现女性魅力的重要手段。精致的发型，白皙细腻的皮肤，稍微弯曲上挑的长眉，有些唇峰的润泽的唇部，腮红修饰得红润健康的面颊，淡雅的化妆更能增添知识女性的“知性”魅力。

第三节　文秘白领形象设计

文秘白领是文职人员的一种。其区别于其他文职人员的主要特点是，相对于大部分文职人员来说，她们大多更加年轻，更加活跃，更加时尚，更加注重自己的仪表形象，甚至

图3-1　笃志诗书不沾尘——可信赖的文秘白领形象
模特　孙薇

要更加懂得变通，应变能力要更强。

文秘白领的形象设计要点应是既精于业务，又给人以服从与配合的印象：清秀而不是漂亮，理智而不是浪漫，可信而不是多变，温和而不是妩媚(见图3-1)。

妆型特点分析：妆型应像个大家闺秀，但又有现代意味。化妆不艳俗，不要过于精雕细刻；化妆色彩淡雅朦胧，基面妆轻滑薄透、光洁均匀；舒展的平眉给人理智可信的印象；不强调唇峰，唇线应平滑上翘，给人温和服从的印象，一切以自然、真实、优雅为原则。

发型以干净柔顺的长直发为好，短发、中长发亦可，可自然束起或迎风飘扬，但注意发丝不要太乱。

服装质地上乘，但款式略趋保守，裁剪合身，做工考究，色彩柔和淡雅。

文秘小姐的整体形象应态度温柔，气质高雅，动作得体，举止大方。若戴眼镜，镜框要简单、细巧，保守中带着一份脱俗。一个能恰到好处地照顾好自己的人，才能周到精细地照顾好自己的工作。

第四节　社会工作者形象设计

跨入社会工作行列的社会工作者，年龄以青年后期到中年为主，这些人员的形象设计应该充分表现其理智和成熟的一面。

社会工作者发型可简单利落，中规中矩，易于梳理；如果前额较宽，不要用刘海把它盖住，发际要整洁，无多余的毛发，干净利索；前额窄者，或去掉多余的毛发，或涂发白的粉底霜使之显宽，也会达到很好的效果。

眉毛、眼线、颊红、唇线等所有的线条都要干净利索、简练、弧度适中，不任意加粗，不大幅度晕染，所有线条整体上要统一，如果不一致，妆容就显得不整洁。

妆型要具有以下特点：五官应匀称；有力度的理智的平眉，眼部化妆简洁、明朗；选择遮盖力强的粉底，将面部瑕疵遮盖起来，并用薄粉定妆，表现光泽洁净的肌肤；在下眼睑内部睫毛根处描出线条，使双眼看上去清彻、深邃；唇部轮廓鲜明，色彩不要太艳，可用玫瑰红和大红色的中间色或者灰中带绿之类的颜色，例如橄榄绿色等，强调素雅格调，但又是一种复杂颜色，耐人寻味，变化微妙；衣着款式端庄大方，质地较好，洁净得体；衣着的色彩以冷色为主体，因为冷色更能显出理智和冷静的感情色彩。

既要有严肃、理智、端庄、权威、成熟的外表形象，也要具有相应的气质风度，动作利落温和，具有亲和力，处理事情精明干练，充分展示智慧、知识和高雅的文化修养等内在素质。整个形象装扮还应表现出生活之从容平和，对自己的事业有充分的驾驭能力，并有成熟女性的中庸心境，稍许刻板，但应是秩序和成功的象征。

第五节　行政人员形象设计

行政人员是国家机关的组成部分，象征着不可动摇的执法者地位，因此，他们的形象应体现出权威性。

妆型特点分析：五官应匀称，有力度的理智的平眉；眼部化妆简洁、明朗；选择遮盖力强的粉底，将脸部瑕疵遮盖起来，并用薄粉定妆，表现光泽、洁净的肌肤；在下眼睑内部睫毛根处描出线条，使双眼看上去清澈、深邃；唇部轮廓鲜明，色彩不要太艳，强调素雅的格调。

发型简单利落，中规中矩，易于梳理；衣着款式端庄大方，质感较好，洁净得体；动作利落温和，具有亲和力，处理事情精明干练，应是知识与智慧的象征。

第六节　总经理形象设计

总经理是企业的灵魂和支柱，总经理的形象代表着企业的形象。因此，适度的形象设计有利于企业的发展，有利于总经理威信的提升。

妆型分析：总经理应有权威性，因此妆型应追求厚实，有分量。化妆时可用稍浓重的有力度的平眉，两眉间稍开阔，可展示出决断力，同时给人以开朗、有亲和力的印象；眼睛应大而圆，不用特意强调眉梢，给人以坚定及具有敏锐的洞察力的感觉；鼻梁应直挺高耸；唇型丰满，有棱角，以使五官协调配合；发型可盘发，可以是中长及肩的大波浪，应露出额头；用耳饰来装饰耳朵，使整个面容清晰可见；服装应高雅、精致、简洁、庄重，最好以深色或中间色为主色调。

第七节　运动员形象设计

平常闲散的妆型，展现出个人的性格、爱好及品位，给人一种活泼、生动、健康的印象。不拘泥于一定的规范要求，应完全体现自我的需要与理想。

妆型特点分析：化妆应追求自然，但绝不能敷衍了事。以淡雅温和为主调，配色要高雅，选择粉底要慎重，应与身体各部分的肤色及服装色协调，以防水粉底为佳，可不必担心运动出汗引起脱妆。运动时避免使用蓝、绿等较鲜艳的眼影，否则会显得不自然、不真切。可于眼头至眼尾处轻扫一点砖红色腮红，宛如运动中所呈现的健康红润色泽。眉形应趋于自然。口红使用豆沙红、褐红等自然色泽较为理想。

发型最好以短发为主，简洁方便，符合运动员活动量较大的特点；若喜爱长发，可束可盘，皆以轻便为宜。服装可采用浅色系休闲装式运动服，如浅灰、浅蓝、纯白等，脚蹬轻便的网球鞋(或便鞋)。

思考题

1．试论个人整体形象中个性与职业怎样相互适应。

2．试述文职人员与文秘白领之间的区别。

3．试述文秘白领的形象特点。

D 第四章 其他人员形象解析

本/章/重/点/与/难/点/提/示

一、重点

1. 时尚日妆造型设计
2. 时尚少儿形象设计
3. 时尚少女形象设计
4. 中老年时尚形象设计

二、难点

1. 时尚日妆的造型要点
2. 少儿时尚形象设计
3. 少女时尚形象设计的注意事项
4. 中老年时尚形象设计的特点

生活形象设计有别于表演艺术化妆，它服务于生活，是用途最广、类型最多、局限最小、模式最少的与人们生活最接近的一种设计。它是以美化人的容貌或整体形象为目的的专业技术，具有因人、因地、因时而异的设计特点。在整体形象设计中应强调扬长避短、追求真实自然、注意整体配合、创造个性的设计原则。形象设计师要熟练掌握不同妆型的用色和操作，正确地表现妆型的特点。

第一节　时尚日妆造型解析

什么是日妆？日妆也称淡妆，是用于自然光源下，适用于日常工作、生活和学习的一种基本妆型。日妆只对面部做轻微修饰与润色，不露明显的化妆痕迹，妆色浅淡、柔和、自然、通透，整体搭配协调统一。

日妆应用范围较为广泛。如每逢节假日或休息时间，可以化朴实优美的休闲妆；若去上班，可以化简洁明快的工作妆；若携友外出旅游，也可以化色彩自然的旅游妆等。这些妆型均属于日妆范畴。

时尚日妆常用于人们的日常生活和工作中，其作用是提升企业素质形象，表现对他人的尊重。

一、时尚日妆的特点

由于时尚日妆常常曝露在日光和日光灯下，带妆者一般近距离面对顾客或来访者，因此是各种接待人员、营业员、服务员的普及妆型。时尚日妆应重点修饰眼部、嘴唇，有条件时也应对面部皮肤进行轻微修饰与润色，妆色清淡、典雅、协调、自然，化妆手法要求精致，不留痕迹，特别是眉形、唇形和唇色，要求着妆效果自然生动，化妆程序应简单易操作。

二、时尚日妆的造型设计

1. 肤色的修饰

我们要根据皮肤的性质和颜色来选择粉底，粉底的颜色要选择接近本人天然肤色的色系，使肤色显得自然真实。粉底涂抹要薄而均匀，过厚的粉底会使肤色在自然的光线下失真，涂抹时注意面部与脖颈的底色相衔接。皮肤质感细腻的人，使用粉底时不需要做全脸的遮盖，可做“T”字位局部涂抹，接近面部边缘处几乎不要有任何颜色。使用这种真假结合的方式，能增强肤色的可信性。

皮肤有瑕疵者可在使用粉底之后用遮瑕膏将瑕疵遮盖，但注意遮瑕膏与粉底要自然衔接，使面部的肤色洁净自然。

使用无色透明的蜜粉为皮肤定妆，可减少皮肤过多的油光并防止脱妆，避免皮肤出现斑驳或不均匀的状态。

2. 眉眼的修饰

眉色多选用棕褐色或灰褐色。眉毛要描画自然，虚实结合，可先用修眉刀或眉钳修整眉形，并且用定型笔定好眉形，再用眉笔轻轻上色，并确定眉色的浓淡，最后用眉刷蘸上眉粉做进一步修饰。

眼影的用色与晕染方法要根据眼型来选择。眼影的晕染面积要小，不宜使用较夸张的晕染方法。多采用单色晕染法，以眼影刷蘸取眼影粉，从上眼睑睫毛处起始，由外眼角向内眼角均匀涂抹，并逐渐向上晕染；随着眼影刷上的眼影粉逐渐减少，自然可信的眼部结构就会表现出来。

睫毛线应根据眼型描画，线条要流畅自然，注意虚实结合。睫毛浓密、眼型条件好的可不画睫毛线，只需强调睫毛的漂亮曲线和浓度即可。眼型、睫毛条件一般者，可选用黑色或棕黑色眼线笔描画睫毛线，画完后要用眉刷揉开，尽量使其自然柔和。睫毛浅淡者应用加浓加密的睫毛膏涂抹，睫毛膏的颜色多选用棕黑色或黑色。

3. 腮红和唇彩的修饰

恰到好处的腮红修饰可以在整体上提亮面部气色。腮红颜色要浅淡柔和，如果肤色健康、着装素雅，则可免去这一程序。

唇色应与整体妆色协调统一，最好选择接近天然唇色的口红。描画时尽量保持唇的自然轮廓。最后可用唇彩或唇油润泽，使口唇与整个面部健康光亮。

三、发型与服饰

日妆搭配的发型与服饰要与人物的气质、职业、所处环境等方面相协调，整体造型要简洁大方，有现代时尚气息。

第二节　少儿时尚形象设计

孩子是祖国的花朵、人类的希望。健康、快乐、自信、敏锐的新生代都市儿童，对生活充满好奇与幻想，喜欢接受新生事物，敢于接受冒险和挑战，崇尚大自然，富有爱心与活力。他们在哈利·波特的魔法世界中游历过，在奥特曼的战场上激动过，在各种神奇浪漫的卡通故事中穿行过。他们反感说教，却愿意在精彩的故事情节中接受各种润物无声的教育。因此，少儿形象设计要给孩子一个“绿色”的生活环境，让我们的下一代健康、快

图4-1　他日展翼敲鼓娃——少儿形象设计

乐、自由、安全地成长。要注重培养孩子乐观、助人、向上的基本品格，倡导个性智力在纯真童趣中健康发展。少儿的发型应当线条简洁明快，头发短，可修剪成娃娃头、童花式或自然的小平头，便于打理；头发较长时，可梳理成自然下垂的发髻、马尾辫或编成两条麻花辫，体现出天真烂漫、可爱活泼的特点。当然，一顶充满童趣的小花帽同样也很时尚(见图4-1)。童装设计要强调多元化设计风格，要搭配活泼可爱的流行色彩，设计风格要注重休闲品位，融合精致流行的时尚元素，展现都市儿童风采，满足新一代儿童对自然、舒适、环保、个性的休闲体验的需求。

图4-2　小荷才露尖尖角——少女形象设计
模特　孙薇

第三节　少女时尚形象设计

俗话说，“年轻就是美丽”。年轻的少女拥有青春飞扬的神采和蓬勃旺盛的生命活力，拥有自然的魅力，因此，只要稍加修饰，就可呈现一个时尚靓丽的美女形象。

一、妆型特点

少女拥有青春的面容、开朗的性格、光洁晶莹的皮肤，因此可塑性很强。少女不要刻意化妆，一切以自然、简洁、明快为好。即便化妆，也要以简洁自然、真实随意为原则，妆面要轻淡透明，光洁晶莹，有健康的气色(见图4-2)。

(1)粉底。粉底不宜过厚过白。所谓“透明裸妆”，即使上了粉底，也没有涂抹过的痕迹，薄而匀，才会显得光洁晶莹，一切都应以自然、清洁、轻薄、滋润为宜。

(2)眉形。最好保持原有眉形，亦可稍加修整，使眉形看起来更加清爽秀丽。眉毛不宜太浓或太细，应柔和文雅。

(3)眼睛。眼影色彩要自然，不要过于夸张，应与服饰色彩同系列。眼线描画自然，使眼睛更加清新有神，可以从眼头到眼尾的1/3处开始轻轻地描画黑色眼线，以增加眼部的深邃感。

(4)腮红。用肉红或砖红色腮红轻扫，可增添少女的健康气色。

(5)唇。若唇色天生红润光泽，可不必涂口红，抹些亮光唇油即可；若唇色不佳，可薄敷一点肉红色或豆沙红色的口红。

二、发型

少女的时尚发型应以简洁明快为主：飘逸清纯的长直发、一摇一晃的马尾辫、活泼俏皮的短碎发等都是时尚少女们的首选。简洁或多样的刘海，特别是齐刘海可突出少女清纯的稚气。近年流行的韩式编发，用发带或发夹来装饰的发辫，更增添了时尚少女的清甜与迷人，也是时尚女孩们喜爱的发型。

但应注意不是每个少女都适合编发，如同不是每位女性都适合欧式眉一样。例如脸型瘦削或过于丰满的少女还是留中长碎发为宜，可适当掩盖其脸型缺陷。编发时必须考虑与其脸型、气质相协调。

三、服装

少女服装款式应简洁大方，色彩不要太烦琐，最好是单色系，以白色、粉色系为主，可增添少女的清纯之感。

服装可依据个人喜好来选择。一般以学生装、校服，或休闲简洁、色调明快的款式为主，再背一个帆布挎包式双肩包，更显得少女大方自然，活泼可爱，充满青春朝气。谈吐应文雅、谦虚而有教养。

第四节　中老年形象解析

中老年人的形象设计应该追求端庄的面容、优雅的风度，以不露痕迹的润色效果给人以随和自然的感觉。

妆型特点分析：追求自身成熟的美感，端庄秀丽或恬静大方的风格。妆面可使用水剂乳液粉底，色泽可与自身肤色相同或略深一号，并用透明散粉薄薄定妆；眉毛可用眉刷蘸少量眉粉沿着眉形轻扫，使眉形完整；眼尾处可抹少量棕色眼影；唇色以明亮的红色为主，与腮红相配，以显示肤色的红润，然后用纸巾将多余油分吸去，使唇色自然，将整个面部提亮。

服装可选择整体呈静态而不流动的套装，宜于展示她们成熟的和不同角度的魅力与气质。款式以简洁为佳，线条不要过于复杂，宽松要适度，整体风格应含蓄高雅、雍容华贵。发型线条简洁自然，于平凡中求变化；发式高雅大方，端庄稳重，一般为短发或中发，显示个性的成熟美感。

图4-3　暗香一缕迎春归——中年形象设计

模特　林晓鸣

一、中年妆

1．中年妆的特点

中年女性拥有丰富的人生阅历，同时也拥有年轻人所没有的成熟魅力。其妆色要自然素雅，运用化妆技巧掩盖皮肤的瑕疵，并强调皮肤的质感；化妆手法要细致，妆型要突出中年女性端庄、成熟的魅力(见图4-3)。

2．中年妆的造型要点

随着年龄的增长，皮肤新陈代谢变得缓慢，皮脂腺分泌减少，中年女性的皮肤逐渐松弛，出现皱纹，也增加了化妆的难度。

(1)肤色。中年女性宜选择接近天然肤色的滋润保湿型粉底，不要选择过白的粉底；可以用淡绿色、淡蓝色粉霜先对一些暗淡发红、发黄的部位进行调整，再使用遮瑕膏淡淡地修饰老年斑、黑眼圈和明显的斑点瑕疵。

上粉底前要充分保湿；粉底霜要薄而服贴；蜜粉也要薄，粉量要少，否则会使皱纹更明显。

(2)眉眼。中年女性眼影最好选用深棕色、铁灰、褐色等中性色。靠近睫毛根处可以适当浓一些，并且要特别注意眼影与肤色的交界处不要有明显的界限。眼尾下垂时，外眼角上方颜色深一些即可。

用黑灰色眼线笔描画睫毛线。眼尾可以略微上翘，使松弛的眼睛有收缩感，不宜涂抹睫毛膏。

用铁灰色或棕褐色眉笔画眉，也可用专用眉刷蘸眉粉画眉，并用眉刷刷均匀。

(3)腮红和唇。腮红和口红的颜色以暖色为最佳，用略深于唇色的同色系唇线笔描画唇线；唇形不要过分夸张或做大幅度调整。

(4)发型与服饰。发型与服饰色彩和款式要适合中年女性的年龄与形象特点，以简洁大方为原则，充分展现中年女性成熟优雅的魅力。

二、老年妆

1. 老年妆的特点

最美不过夕阳红，老年人人生阅历丰富，膝下儿孙成群，银发苍苍正是另一种美丽。因此，老年人化妆妆色要自然，无须刻意掩盖皱纹，可以巧妙地运用深浅色修容饼来收缩下垂的下颌，表现皮肤的天然质感，着重强调老年人亲切、庄重、雍容的魅力(见图4-4)。

图4-4　老骥伏枥志千里——老年形象设计

模特　顾志超　张学兰

2. 造型要点

老年人化妆涂粉底前，应选用含有保湿因子的面霜对面部进行充分保湿，使皮肤充分滋润。

(1)肤色。老年人化妆，应选用接近肤色的湿粉，可以用阴影色和提亮色修饰面部轮廓；蜜粉用量不宜过多，否则容易使皱纹更明显。局部可以用少许定妆粉定妆，或者干脆使用面巾纸吸干油分定妆。

(2)眉眼。老年人的眉眼修饰有其特殊性。由于老人的皮肤皱缩、干燥，有许多深深浅浅的皱纹，注意：

1)为掩饰眼睑的晦暗，眼影色彩宜选择暖色调、明朗柔和的色系；眼尾稍宽且略微上扬，以减轻眼睛的下垂现象。

2)眉毛要浅淡柔和，不宜上挑，可用深咖啡色或褐色眉粉或眉笔描画，眉形要自然，微微弯曲。

3)由于是休闲化妆，人与人都是近距离接触，贴上化妆纱容易穿帮，因此不赞成使用。

(3)腮红和口红。

1)腮红浅淡，忌浓艳，显示老年女性的健康气色即可。

2)口红色彩可根据整体服饰来选择，唇的轮廓不要过于清晰，无须画唇线；根据肤色可选择褐色、棕红色口红；老年女性唇周常有皱纹，化妆时要注意滋润唇上的皱纹与下垂的嘴角，避免使用鲜艳或有光泽的唇膏；合适的口红可以提亮面部肤色，但不要夸张。

(4)发型与服饰。老年人发型与服饰要符合年龄与性格特征，要尽量表现一种和谐宁静的整体美感，力求塑造出一个成熟自信、亲切随和的老年女性形象。

思考题

1. 简述日妆的造型要点。
2. 简述时尚少女形象设计的注意事项。
3. 试分开阐述中老年时尚形象设计的特点。

第五章 时尚艺术形象解析

本/章/重/点/与/难/点/提/示

一、重点

1. 时尚化妆
2. 影视化妆
3. 黑白与彩色摄影妆
4. 舞台综艺妆
5. 角色化妆
6. 晚宴妆(演示性、实用性)
7. 新娘妆(演示性、实用性)
8. Cosplay
9. 人体彩绘
10. 面部彩绘

二、难点

1. 时尚化妆技法
2. 影视化妆的特点
3. 黑白摄影妆特点
4. 舞台综艺妆技法
5. 角色化妆技法
6. 演示性晚宴妆技法
7. 实用性新娘妆技法
8. Cosplay技法
9. 人体彩绘主题命名、彩绘小样、绘画技法
10. 面部彩绘的绘画技法

第一节 时尚化妆

时尚是一种感觉，每个人对时尚的理解都不相同，这就给了时尚形象设计师一个较大的创作空间。一般认为，时尚代表着前卫、流行、新颖、独特、个性，是走在时代前列的代名词。随着人们愈来愈热衷于追求凸显个性特征的化妆，各种不同风格的时尚化妆理念也受到愈来愈多的人的重视，点缀着人们多彩的生活。特别是时尚化妆造型，在这绚烂多彩的世界里独树一帜，颇受年轻人的喜爱。时尚妆也可称为新潮化妆，以表现人物独特的个性美为基本格调。时尚妆可用于表演、比赛、广告、人物写真，也可用于生活，如休闲聚会、化装舞会等。可根据自己的性格特点、爱好及对时尚的感悟能力进行大胆的塑造。

一、时尚化妆特点解析

时尚化妆具有强烈的时代感和较强的随意性，分为实用性与演示性两种。

实用性时尚化妆主要用于生活，随意性较强，整体形象设计着重体现独具个性的特点与魅力。演示性时尚化妆妆型设计夸张，主题鲜明，没有统一的模式，可以任意发挥；构思巧妙，造型新颖有力；色彩相对夸张，用色丰富，可以大胆突破，具有一定的视觉冲击力和夸张的艺术效果。

二、时尚化妆造型要点

时尚化妆可以通过夸张的造型技巧来调节心情，让人忍不住释放一些欲望、宣泄一些情绪。既精致又夸张的造型，成为现代浪漫的必备要素。在造型构思上要恰到好处地展现一个人的个性；要充分考虑利用造型的三个要素：化妆、发型、服装，可以用其中任何一个要素作为时尚的切入重点，而将另外两个要素用作衬托，渲染气氛，营造效果。甚至一些饰品在发型或妆面上的巧妙点缀都可给人带来时尚感，往往是点睛一笔就可创造出与众不同的时尚感觉。譬如一副色彩夸张的翻翘睫毛，眼眶下缘一抹轻柔的“彩虹”，一袭深蓝色的羽毛披肩等。

(1)肤色的修饰。模特肤色的修饰最好以自然为主：或白皙细腻，或略带一点小麦黄的健康美感，或带有一些金属光泽的皮肤质感，或追求流行的浅铜肤色等。定妆与否可根据需要而定。

(2)眉眼的修饰。眉眼的修饰是表达创作主题的关键。眉毛可以强调眉色层次与眉峰的角度；眼影的画法没有模式，可以任意发挥(见图5-1)。例如可以结合欧式倒勾与层次来表现立体感：先用蘸水式眼线刷描绘出细致的上眼线，在双眼皮皱褶内用珍珠白色上色，双眼皮线至眼凹用棕色眼影结合倒勾的形式与层次色彩，塑造眼型与凹凸感。还可以用写实的手法，在眼部施以重彩来突出眼睛的神采；或者涂上金红色眼影或灰紫色眼影，并在眼尾处加浓，也是一个不错的选择。

图5-1 冷艳双眸草濛茸

模特 陈欢

可以将一些图案，如小星星、变形的花瓣、羽毛图案等，描绘在眉眼部；也可用一些水钻、银粉来装饰眼睛。

(3)腮红和口红的修饰。腮红和口红要与眼影色彩搭配。金属质感的眼影要配以同样质感的口红，并要强调唇的纹路，用闪亮的橘红色唇彩填满唇形，也可以稍稍扩大唇形，让它看起来更饱满。

金红色眼影可以用金红色的腮红来配合，浅淡的口红可令夸张的妆型更加醒目，效果更突出。

(4)发型与服饰。化妆、发型与服饰是时尚造型不可或缺的部分，必须和谐统一，才能更好地表达主题思想。为了突出时尚感，可用假发、毛线、羽毛、塑料花、金属丝等材料制作一些新颖的发饰；服饰的造型可以是超现代的，也可以是生活中时尚前卫的，只要搭配巧妙，都可以让人过目不忘。

第二节 影视妆

影视妆分为电影妆和电视妆。尽管今天电影、电视在化妆的真实感、皮肤的质感、妆型的浓艳度、化妆品或专业化妆的程序以及观众的视觉效果等方面已没有很大的区别，但是对于化妆师来说，还是有很大差异的。

例如，一些为电视剧所做的看起来很不错的化妆，在电影里化妆底色需稍稍添加一些淡粉红色才行。这主要是因媒介体系和灯光的不同，化妆底色会略有差异。

一、电影妆解析

并不是每个演员都长着一张符合角色性格和作品要求的脸蛋，角色的多变性决定了演员必须要化妆，化妆能使演员更符合角色或剧情的需要。随着电影事业的蓬勃发展和高清电视的普及，人们对电影化妆的要求也越来越高。尽管一个演员的表演千变万化，但他天生的面容是无法改变的，要想改变，只有依靠化妆师。比如，演员要饰演一个刻薄的人，就要为他画长长的细眼、高而突出的颧骨和高挑的眉毛；憨厚老实的角色一定是丰满的脸颊和浓眉大眼；可爱的角色一般有圆圆的眼睛，腮红也是圆圈式打法。化妆使观众对演员的外表具有一定辨识度，结合演绎更能让角色深入人心，所以导演和演员们赞誉化妆师是“魔法无边的魔术师”。号称“千面人”的当代著名演员达斯廷·霍夫曼，正是依靠化妆师所具备的特殊技艺，才能达到理想目标。熟为人知的《巴黎圣母院》敲钟人卡西摩多的造型，《文身的人》里主角文身的造型，《钟楼怪人》里的怪人造型等都属此例。造型越复杂，就越耗费化妆师的精力、体力。如文身人的造型是9位化装师先用了10个小时描绘出上身躯干，又另花了一整天时间再描绘出四肢的花纹。查尔斯·劳顿饰演钟楼怪人，每一次塑形化妆要花去5个多小时。一部影片拍摄周期平均要几个月，所以，卸妆、上妆，在拍摄现场为演员补妆都是化妆师的任务。当然，化妆还能美化演员的外表，使人看起来赏心悦目。当前，人们对高清电影特技技术的要求越来越高，尤其是神话电影和科幻片的日益增多，更使得电影成为人们实现视觉梦想的一大手段。化妆作为特技中的一个重要组成部分不容忽视。在拍电影时，一般要有剧情、场景、角色。无论是历史剧，还是现代剧的电影妆，既要充分展示人物角色的特征，符合角色的需要，又要贴近生活，不能穿帮。在高清电影、电视的拍摄过程中，有时镜头远离人物，有时又需要大特写，摄影师根据剧情需要和导演的构思，把人物面部的一切细微表情和人物的动作表现得细致入微，所以，任何附加的、略为夸张的痕迹都会暴露在观众眼前，因此，电影化妆必须要做到精细、真实、自然，不留痕迹。

二、电视妆解析

电视妆又分为电视剧妆和电视晚会妆等。

(1)电视剧妆。电视剧妆与电影妆的要求基本相同(见图5-2)，只是电影妆要求更加精致细腻，一丝不苟。电视剧角色形象所用的基面底妆会受特定演播室或现场所使用的录影摄像系统器材的影响，但由于电视荧屏的放大倍数稍小，而且反差大，有时可以运用略为夸张的手法，来帮助突出人物的典型特征。但化妆仍然要求细腻、严谨、真实。其人物的塑造都要依据角色的需要，或者剧中的特定环境和历史特点，来表现人物的外部特征。化妆师或舞美设计师必须与灯光设计师、服装道具设计师、场景设计师、视频人员紧密配合，才有可能取得最佳的形象设计效果(详见本章第五节《角色化妆》)。

电视妆化好以后，可以直接在监视器上观看化妆效果，在播放以前所有因素一目了然，便于修改或加强发挥，这也是电视妆与电影妆不同的地方。

(2)电视晚会妆。电视晚会妆是接近于生活化妆的一种艺术化妆。通过演播厅的专业灯光下的妆面造型来表现人物形象，这时要特别注意灯光光色与妆色的关系。在设计人物造型时，还应当注意妆型与角色的关系，发型、服饰与演员角色的关系，以及晚会、综艺节目所渲染的气氛与主持人整体形象塑造的关系等。总之，服装造型与发型、妆色要协调，立体感要强。

图5-2　云淡风清祈君悦
模特　刘梦梦

第三节 摄影妆(黑白、彩色)

一张出色的摄影作品往往是通过模特、化妆师和摄影师共同协作完成的。其中，拍摄背景、灯光、取景、模特的肢体语言等，固然是基本因素，但作为化妆师，在化妆之前了解作品的主题，即被化妆者在摄影时想要表现的风格特点，了解作品准备表达的思想境界更加重要。摄影化妆的变化空间较大，创意性较强。根据胶片的不同，摄影化妆分为黑白摄影化妆和彩色摄影化妆。

摄影化妆还可以分为室内化妆、室外化妆，其光照也有自然光线与人造光两种。室外日光下的化妆需要用自然、浅淡的亚光色颜料完成，不要用有珠光色彩的油质颜料或荧光粉，妆面自然透明。在室内的人造光下摄影应注重面部立体感，注重修正脸型轮廓，妆面改变度可以加大。

摄影妆的最大特点是化妆造型的效果必须透过照相机的镜头来欣赏，因此，化妆时必须考虑到光线和镜头对于脸部轮廓的影响。一般来说，彩色摄影妆的修容技巧要比其他化妆重要和强烈得多。

一、黑白摄影妆

据说，黑白摄影化妆最早起源于卓别林时代的无声电影。黑白摄影所留下的影像一般不会因色彩的褪色而影响到整张照片的表现力。即便在彩色摄影出现后，黑白摄影还是以其独特的魅力吸引着很多摄影爱好者，它的持久魅力来自于其鲜活生动的影像效果及其独特的表达情感和渲染气氛的方式，它创建了一个鲜明的忧郁基调。能够体现黑白摄影最大魅力的地方，莫过于拍摄人物造型，细微的层次调整可使平时肉眼无法注意到的地方得到强化，让肌肤上的每条纹理都清晰可见。

1. 黑白摄影妆特点解析

黑白摄影化妆指的是使用黑白胶片进行摄影时所采用的化妆。应着重强调面部骨骼结构的立体感和五官轮廓的清晰度，特别强调素描结构化妆造型，所使用的色彩明暗对比强烈，线条描画要柔和自然，妆型可略夸张。整体形象要根据人物个性特点，摄影的主题意境、风格决定。

黑白摄影妆和一般化妆最大的不同点在于它只容许使用某一种特定的颜色，因为黑色底片经过暗房冲洗之后，只有某些颜色能保持清晰的彩度和明度，而其他的颜色会在黑白照片中显得浑浊、不干净。

2. 黑白摄影妆造型要点解析

(1)肤色与脸型的修饰。黑白摄影化妆中最重要的是脸型轮廓结构的修饰，因为黑白照片以表现立体感为主，所以粉底可选择遮盖性强的、比肤色稍白一些的色彩。粉底可以涂厚一些，要完全遮盖皮肤瑕疵，使皮肤显得细腻而光洁。同时运用高光色和阴影色粉底修饰脸部的凹凸结构轮廓，加强立体感。要特别注意深浅粉底的过渡应均匀自然。

选用透明蜜粉薄薄地按压定妆，避免粉底反光，影响拍摄效果。

(2)眉眼的修饰。要根据眼型需要确定是否强调立体结构。一般眼睛的修饰可采用咖啡色眼影晕染。根据脸型需要描画眉形，以灰黑色眉笔顺着眉的生长方向描出理想的眉形；也可用眉刷蘸取少量眉粉刷匀眉毛；眉色不宜深浓，要自然生动，要有虚实效果。

眼影可根据妆型做多种变化，用黑、白、灰或深咖啡色系的眼影抹出层次，以加强立体效果。为加强眼部神采，可以将眼影晕染到下眼睑外眼角至内眼角的1/3处。用黑色眼线笔或专用眉刷描画眼线，笔法要细腻自然，可以适当地拉长眼线或抬高眼尾；根据眼部需要，粘贴假睫毛，改善眼睛的下垂现象；睫毛膏宜用黑色，使眼睛显得更明亮动人。

(3)腮红和口红的修饰。要为结构的需要服务，因此选用咖啡色或棕红色晕染腮红比较合适。

用唇线笔勾勒出细而结实的唇线，加强唇形立体感，再涂上薄薄的棕红色或褐红色唇膏，使其显得真实自然。

(4)发型与服饰。发型与服饰要与人物的个性、摄影的主题相协调，风格与摄影主题一致，并且可利用光线和布景的变化，表现不同风格的人物形象。服装和发型可根据人物个性，利用光线和布景表现不同的人物形象。

3. 黑白摄影妆的造型注意事项

(1)明确妆型主题，使化妆效果到位。

(2)基面妆底色要实，调整皮肤质感和立体结构，明暗过渡要柔和自然。

(3)眉色要略浅，眉形要虚实相映。

(4)唇色不必过于鲜艳，否则照片效果会是黑色的嘴唇。

(5)因为黑白摄影不会体现色彩变化，所以要想达到理想的效果，化妆要比彩色摄影化妆更立体而强烈(见图5-3)。

图5-3　一样黄花百样开

模特　解寒

二、彩色摄影化妆

彩色摄影化妆时，可借助不同色彩搭配组合，创造出多姿多彩的造型。

1. 彩色摄影妆的特点

彩色摄影化妆是通过彩色胶片而显现的妆型，化妆的色彩能比较真实地反映在图片上，因此化妆色彩要柔和自然，用色不宜繁杂。妆色应与服装、光线、背景协调一致，强调整体色调的统一性，妆面要牢固、持久。

2. 彩色摄影妆的造型要点

(1)肤色的修饰。可选择遮盖性比较强的膏质粉底霜，借助密度较高的海绵一层一层慢慢地上粉底，粉底要均匀自然；粉底色彩要偏黄偏暖色，可较好地改善皮肤质感，避免脸色显得苍白。利用高光色和阴影色修饰出骨骼凹凸的立体结构，两色与肤色之间过渡要自然柔和，要有整体感。若需遮盖瑕疵，可在涂粉底前用遮瑕膏遮盖，并注意与粉底的自然衔接，以便使清新光洁的皮肤能够正确清晰地反射光线。

使用蜜粉定妆时，要少量、薄薄地用按压的方式均匀定妆，让蜜粉充分融入粉底中，使化妆更具有持久性；最后用大刷扫去多余的浮粉，并用双色修容饼修饰面部轮廓。这一步骤必须切实做好，因为任何一丁点的油光都可能在镜头下扩散而影响整体妆容。

(2)眉眼的修饰。摄影妆可以大胆改变眼型，根据摄影棚的光线强弱和光色选择相应的色彩晕染；根据眼型的需要确定是否强调结构，尽量避免使用带银粉的眼影，因为容易产生反光。为了使双眸更为动人，必须沿着睫毛根部加深眼线轮廓的颜色；睫毛线宜描得细且自然，可适当夸张，调整眼型或强调眼部的神采。

眉色要浅淡，眉形要有虚实效果，并用眉刷刷出自然的层次感；线条要自然流畅。不妨试试将深浅程度不同的咖啡色、深灰色及黑色等眉粉混合使用，效果会很好。

除非有特殊需要，假睫毛不能太夸张，应粘贴自然，尽量避免穿帮。

(3)腮红和口红的修饰。腮红不宜大面积涂抹，颜色要柔和，并与肤色自然衔接，调整肤色和结构。根据情况，腮红可涂刷在阴影色位置，起到柔和的作用。

描画嘴唇时，要保持唇的轮廓清晰及唇色的丰润饱满。用化妆纸吸掉多余油分可以减少反光。如果想使唇部色彩显得更加柔和自然，不妨轻轻按上散粉定妆，同时也可使唇色持久润泽，不易脱落。

(4)发型与服饰。发型与服饰要符合人物的特点，发型的梳理要与脸型相衬；应特别强调发帘部分和外部大轮廓，并与摄影作品的整体风格一致。服装也应与整体效果相呼应。总之，摄影作品中人物的发型、服饰与妆型的搭配要和谐统一。

3. 彩色摄影妆的造型注意事项

(1)要掌握摄影应用的光色，使妆色与光色有机地结合，以求达到预期的效果。

(2)妆色要整体协调，相互呼应。

(3)化妆、服装、发型要相互照应，风格要一致，要为表现摄影的主题服务。

第四节　舞台综艺妆

舞台综艺妆的化妆技巧更为丰富，这是一种纯艺术性化妆。作为一名形象设计师，要了解一些有关表演艺术化妆的知识，这对舞台造型将会有很大的帮助。

一、舞台综艺妆特点解析

舞台综艺妆类似于电视晚会妆。舞台综艺妆要根据舞台灯光、布景、剧情需要设计造型；为了适应舞台灯光，并且由于演员与观众的距离较远，五官轮廓不是很清晰，所以，化妆技法可以适当夸张，使用的色彩稍许强烈，特别强调面部骨骼的凹凸转折结构，使五官轮廓立体清晰。妆型、妆色要与演员的角色、服装相协调(见图5-4)。

图5-4　泰风佛语抒辉煌

模特　张伦豪

二、舞台妆常用化妆技巧技法

舞台妆常用的化妆技巧技法如下：

1. 绘画化妆法

具体操作是利用画笔和戏剧油彩的明暗、冷暖和阴影线条，在演员原有的面部基础上，描绘出舞台人物形象，归纳起来有涂、画、勾、描等基本方法。

(1)涂。涂抹底油、粉底、腮红等，其颜色的深浅、形状、部位等要视人物的要求而定。

(2)画。强调内眼角、鼻侧结构、年龄结构、眉毛、嘴唇、胡子等部分的化妆。要从演员角色戏份的具体要求出发，将虚实、长短、粗细、深浅、浓淡等绘画技法特点运用于化妆中。

(3)勾。勾画眼线、皱纹或其他剧情所必要的素材。勾画时要采用有线有面、线面结合、长短不一的点和线的表现方法，轻重浓淡都可以运用，要确切地表现出形象的立体质感和主要剧情特征。

(4)描。用定妆粉固定以后，再有重点地描绘修正五官轮廓，精雕细刻。

2. 塑型化妆法

塑型化妆法是根据舞台角色的特殊需要，利用各种塑型材料，包括泡沫塑料、乳胶、鼻油灰、棉花、毛条等塑型零件，用粘贴、牵引法等绘画化妆法，达到塑造或改变人物局部形象的目的。一般在科幻、神话传说类的戏剧、影视作品、舞台作品中常见。

3. 毛发粘贴化妆法

毛发粘贴法是利用人工制作的毛发零件，如头套、发片、发帘、胡须、眉等，通过粘贴，借助毛发的各种颜色和形状来塑造人物形象的方法，这是一种可用于突出人物性格、改变演员面部特征的技巧化妆法。

在综合使用上述三种化妆方法之后，若还不能达到剧中人物的要求，则需要采取特殊手段来塑造舞台人物形象，如制作龅牙、伤疤等，这些统称为特技化妆法。

第五节　角色化妆

角色化装是根据剧情要求，通过对角色、年龄、人种、细节特征、面部或形体的塑造，改变一个人的外形的化妆。目的是帮助演员表现人物。

首先，化妆师要充分了解编剧、制片、导演、演员的意图，并进行初步构思，提交最初的草图和构思小样说明。小样说明通过后，要根据化妆的难易程度，研究、试妆，甚至制作所需用品。制作准备工作时间视剧情需要而定：现代剧比较简单，古装剧时间较长，少则一天，有时可能长达一年。化妆师还要时常翻阅资料，参考与角色或所设计的特殊效果有关的背景资料、照片、其他影片或录像带。有时，还要用胶片或录像带拍摄试妆效果，对许多设想做深化或扬弃等改进工作。

角色化妆所花费的时间往往要多于普通的形象设计化妆，因此拍摄过程必须考虑到附加的时间和助手，这样才不会耽误拍摄。一些比较复杂的角色，一般需要两个或两个以上化妆师，才可以应付自如。

进行角色化妆时，要将每一出戏的图片积累归档，这在选择角色的不同面部特征时极为有用。平常的资料收集包括：杂志和期刊的插图、旅游或地理杂志、老的历史书籍。这些都是相当好的参考素材，可以剪下备用，填补形象设计师对于历史特点和历史人物特征知识的空缺。

要得到良好的三维效果，对于大多数角色来说，影视化妆绝不能使用老式的舞台化妆手法，摄影机镜头往往比我们的眼睛更挑剔、更难“伺候”。因此，每一次化妆都应仔细地检查，要从拍摄角度近距离观察。如果化妆无法令人信服，那么无论演员多么聪明、多么富有才华，保持角色真实性的努力在中途就已经失败了(见图5-5)。

图5-5　深闺月下凭杯酒——李白夫人许氏
模特　李芳

第六节　晚宴妆

晚宴化妆适用于气氛隆重的社交场合，要求人们穿着正规的晚礼服或适合当天晚宴内容、气氛的服装。因此，晚宴妆与日妆有很大差异，用色可大胆丰富，有很大的造型空间，能够让形象设计师或化妆师充分展示化妆技艺。晚宴妆根据应用的目的、场合分为实用性晚宴妆和演示性晚宴妆两种类型。

一、实用性晚宴妆

1. 实用性晚宴妆的特点

实用性晚宴妆是指应用于生活的晚宴化妆。晚宴由于气氛热烈、环境高雅，要求晚宴妆色彩搭配丰富，妆色艳丽细腻、艳而不俗；强调面部五官轮廓的凹凸结构，妆型可略夸张，明暗对比强烈，可以充分展现女性的高雅、妩媚与个性魅力。晚宴造型要求新颖时尚，妆色与服饰、发型和谐，要结合晚宴主题设计。

2. 实用性晚宴妆的造型要点

(1)肤色的修饰。选用高光色和阴影色粉底来强调面部的立体结构，并突出细腻光滑的皮肤质感；将裸露在礼服外的皮肤涂上粉底，使整体肤色细致均匀；用蜜粉定妆，并用大刷掸去多余浮粉，使肤色自然。

粉底以粉红系为佳。如选用比肤色更白的粉底，在日常灯下看起来会显得苍白而无血色。一般宴会厅灯光多采用黄色与红色烛光，粉底若选同一黄色系，会造成妆容模糊不清，肤色也会显得蜡黄衰老，使两颊部的腮红更加突出，色彩搭配效果不好。只有选用有透明感的粉红系列的粉底进行基础化妆，才可以起到调整肤色的作用。

(2)眉眼的修饰。晚宴妆强调眼影的修饰效果。眼影用色原则是晕染要自然，色彩丰富艳丽、艳而不俗，用色冷暖皆可，但不宜过于繁杂，如墨绿色、灰色、蓝色、紫色、桃红等系列均可，塑造冷艳时尚的层次效果。此外，上眼睑中央部分适当加些金色、银色眼影，或贴上亮片、刷上亮粉，更能增添魅力。使用黑色或深蓝色眼线笔描画睫毛线，上下眼尾部分加深加浓，可增加眼部神采。例如用眼线笔或眼线刷描绘后，再刷上一层粉质眼影，不但色彩柔和清晰，且不易脱落。可用黑色或深蓝色睫毛膏涂抹睫毛，并用睫毛夹将睫毛夹卷曲，也可根据需要粘贴一副修剪自然的假睫毛。

晚宴妆的眉形要稍夸张，只要脸型允许，可以细长上挑；如果眉毛太稀，可用深咖啡或深灰色眉刷蘸上合适的眉粉刷匀，更增添自然效果。

(3)腮红与口红的修饰。腮红不宜过浓，晕染面积不宜过大，要深浅适中，过渡自然，与肤色自然衔接，再用大刷蘸些亮光粉轻扫整个脸部，尤其是两颊突出的部位更要强调，以增加立体效果。

晚宴妆唇形轮廓描画一定要清晰干净、丰满厚实，唇色可以与服装色、眼影色相协调，亦可不拘俗套，大胆冷艳。

(4)发型与服饰。发型、服饰设计需与主题构思、模特独特的个性气质以及妆面整体效果协调统一。整体造型要有时代感，可以适当夸张。发色以漂染或喷色为主，可大胆创新，不拘一格。发型大都以束盘发为主，并且制作一些前卫时尚的发型饰品，表现出高贵优雅的气质。头发较短的女性可以采用一些流行时尚的短发发型，譬如故作凌乱的短碎发等。

(5)晚宴服饰选配。晚宴服饰的色彩、款式和服装质地宜根据发型、妆型来定，一般应以晚礼服为主。最后，再喷少许幽兰气息的香水，更能增添女性优雅或冷艳的魅力(见图5-6)。

图5-6　玉肌铁骨冰雪魂

模特　贾向楠

二、演示性晚宴妆

演示性晚宴妆与实用性晚宴妆不同，多用于参加比赛、表演或艺术展示。演示性晚宴妆的表现目的是在实用的基础上，展现艺术形象设计效果；通过造型，由专业模特来表现作者的创作主题、艺术构思和审美情趣，并表现作者精湛的化妆技巧和深厚的艺术底蕴。

演示性晚宴妆强调整体造型的协调，妆色艳丽，妆型夸张，色彩搭配丰富，妩媚而高贵，冷艳而不落俗套，可以有一定的视觉冲击力；五官轮廓造型清晰，凹凸结构明显，立体感强；化妆手法细腻娴熟，可适度夸张，不必拘泥于一定形式；妆型设计必须与服饰风格及模特气质相符合；眼部化妆用色与晕染方法可以适度夸张，具有较强的表现力；为得到适度夸张的效果，可以加入部分面部彩绘的技巧。

由于演示性晚宴妆主要用于比赛或表演展示，模特的选择必须符合设计造型风格，并能够较好地表现出作者的创作意图(见图5-7)。

图5-7　独秀钗头压群芳

模特　赵洁

第七节　新娘妆

一、新娘妆解析

新娘妆又称为婚礼妆。根据其实际用途、展示空间也可分为两大类：实用性新娘妆和演示性新娘妆。凡是用于生活中的中、西式婚礼或婚纱影楼中的各种新娘摄影造型的都属于实用性新娘妆，包括婚纱、礼服、休闲及传统中式婚宴晚礼服造型等；演示性新娘妆则主要用于化妆表演或化妆比赛，以展示形象设计师构思新颖、善于驾驭色彩、形象艺术思维与技艺技能水准超前为目的，由于其模特具有展示性，可以同时带给人们美感享受。

二、实用性新娘妆

婚礼上的新娘妆是女性一生中最难以忘怀的装扮，也是女性一生中最美的装扮。通过柔和的色彩和柔美的曲线来表现新娘的甜美和喜悦，肌肤平滑透明，整个人鲜嫩清新得像果子将熟，不但要加以刻意的修饰，而且还要使妆面能够持久，才能应对一生中最美好、最忙碌的一天(见图5-8)。

图5-8　只羡鸳鸯不羡仙

模特　赵娜

1. 实用性新娘妆的特点和妆型分析

实用性新娘妆一般只用在实际生活中的婚礼上。根据每个新娘的个性特点，造型需要有一定的变化，但也只是扬长避短，仅限于色彩、妆面、服饰等方面的改动，不能脱离喜庆、吉祥、热烈的主基调。其妆面要求洁净透明、自然柔和且牢固持久，妆色以暖色为主。随着人们观念的更新，柔和的冷色调也受到一些时尚前卫的新娘的喜爱。妆型给人以端庄大方、高贵典雅、纯洁恬美之阴柔美感，其化妆、发型、服饰搭配要注意和谐完美，并要照顾到与新郎装扮的搭配协调。

2. 实用性新娘妆的造型方法

实用性新娘妆一般指用在婚纱影楼或婚礼当天的化妆或“跟妆”，应以持久的光艳照人、富有喜气、真实自然为主要原则。所谓“跟妆”，指婚礼当日，化妆师应从早晨直至婚礼结束，一直跟在新娘身边，经常给新娘补妆，或是在新娘更换礼服时，为新娘变换适于服装或发型的妆型。

(1)粉底。新娘妆的粉底色彩可略浅于肤色，但绝不可太白，否则曝光过度，肤色会显得苍白。新娘妆强调轮廓造型，必要时可对脸型予以矫正：脸较大者，粉底可稍深些；脸小者可适度调整，粉底稍浅，使脸型显得丰满。有斑点或疤痕者可用遮瑕膏予以遮盖。还需注意身体裸露部位也应用粉底调色，以求和妆面和谐统一。可用珠光蜜粉定妆，以强调新娘肤色的晶莹剔透。

(2)眉。新娘妆的眉形以舒展柔和为宜，强调眉弓曲线的流畅，虚实相间，眉梢要尖，避免眉形线条过于生硬。眉形不宜过分上挑，眉色以暖色调的浅灰、深棕色、深褐色等较为柔和的颜色为主。

(3)眼影。眼影可用多种配色方法。如桃红配嫩黄，浅蓝配亮紫，咖啡配绿，绿配黄；也可以适当加些桃红、粉红，以增加喜庆气氛。一般浅色眼影抹于眼头部，眼尾处稍深，眼影色与服饰色要协调，以简洁为宜，忌繁杂。

(4)眼线。眼线要稍加强调，上睫毛线要沿着睫毛根部描画，下睫毛线从外眼角画至内眼角的1/3处即可，上眼线外眼角适当上挑，使眼睛更加深邃传神；眉骨提亮强调，以增加立体感。最新的时尚画法是：用一把柔软并有一定韧性的眉刷蘸上少许柔和的深灰色或褐色眉粉描刷眼线，眼尾处略微上提，画出的眼线柔和自然，让人感到生动活泼。

(5)睫毛。睫毛要先行烫卷或用睫毛夹夹翘，睫毛色泽要浓，用睫毛膏加长加密，或戴上修剪适合的假睫毛，可增加眼部神采。

(6)唇。先用保湿霜充分滋润，并用隔离霜隔离唇部，然后再画唇线；唇形不宜过大，若本身唇形过大，则应用遮瑕膏先行遮盖；唇线向内收紧，两边唇角要略微上翘，显出笑意；唇线线条应柔美干净，唇峰圆润，少许分开可显得性感；唇膏颜色要用亮丽鲜艳的肉色，中间加上一点亮光唇油或唇彩，使嘴唇看起来更加立体性感，丰满可爱。

3. 实用性新娘妆造型注意事项

(1)新娘化妆和普通化妆不同，在婚礼前一个月，就应强调面部护理；在婚礼前三天，准备工作就应开始，比如去除脸部汗毛，修整眉形，修指甲，洗头发等；婚礼前一天，还应进行试妆。

(2)婚礼当天，化妆时间距婚礼举行的时间不能太久，否则妆容不易保持。一般一个清新的妆面只能维持5−6个小时；尤其是在夏天，超过这个时间则需要细心地补妆，才能保护妆面的洁净清新。

(3)由于生活中新娘与庆贺人群接触距离较近，所以造型时要注意精致，不要忽略每一个细节，妆面要洁净，牢固性强，有整体感。

(4)注意整体修饰，整理发型、婚纱礼服、捧花，喷洒香水等。

三、演示性新娘妆

演示性新娘妆无论是用于表演还是化妆比赛，都可以源于生活而高于生活，在形象塑造上可发挥的空间较大。用于比赛的新娘妆想要在众多的对手中脱颖而出，构思要独特，造型要夸张，用色要强烈。在塑造与众不同的形象的同时，还要有高超的化妆水平，妆面必须细腻柔和。一个好的比赛作品，其成功之处就在于化妆师要准确地抓住模特的气质神韵并进行恰到好处的定位，或清纯、或典雅、或高贵、或端庄，可任意塑造，在化妆用色上要与塑造的形象气质吻合。演示性新娘妆以展示为主，所展示的是作者的整体造型构思，如果展示婚纱礼服，化妆可相对简单。

第八节　新郎妆

结婚当天，新娘、新郎共同进出礼堂、宴会厅，一起拍照摄影，时刻形影不离。新郎化妆的目的是与新娘搭配协调。因此，两人在形象设计、服装格调、胸花配件上最好协调一致，新娘、新郎的肤色也不应相差太大。因此，为求与新娘肤色协调，新郎适当地淡施脂粉是非常必要的，但不应留下化妆的痕迹。新郎妆的总体要求应是强调男性的阳刚之气，可以薄上粉底，显示出男性健康的肤色；刷上淡咖啡色眼影，使眼部更加凹陷，以增加眼部立体感；眉毛可刷上一点黑棕色眉粉，使眉毛匀称；可涂上自然光亮的唇油或浅桔色唇膏，增添唇部的红润光泽；两颊可用深褐色轻扫腮红，凸显轮廓的立体结构。总之，不能露出明显的痕迹，以自然、大方、得体为原则。

第九节　Cosplay

Cosplay是英文Costume Play的简略写法，一般指利用服装、饰品、道具以及化妆来扮演动漫作品、游戏中的角色；其比较狭义的解释是模仿、装扮成虚拟世界里的角色，也被称为角色扮演，也有人解释为服饰装扮。由此，Cosplay一词在网络上衍生出了新的含义，往往被用来形容“假扮某类人的行为”。

现今的Cosplay，其形式及内容已经发生了很大变化，在定位上包含相当广阔的发挥空间。利用专用的服装、饰品、道具以及化妆来扮演ACG(动画、漫画、游戏)中的角色，或是扮演一些视觉系乐队以及电影中的某些人物，在各种化妆大赛、动漫比赛、时尚表演等活动中展示，到处可以看到Cosplayer的身影。因此有人说，只要是有Cosplayer在的地方，这一领域便绝对就是当今青少年时尚流行文化的主流。

一、COSPLAY溯源

Cosplay主要被用于演绎神话传说、民间逸闻、节日故事、文艺作品、哲理学说、愿望诉求、心灵幻想等，并以相应的服饰、道具和情节，把要演绎的角色和内容活灵活现地呈现出来。

从一般意义上来说，Cosplay最早的中文译名出自台湾。但是从广义上来说，不论是公元前1000年左右就已存在的希腊祭祀们，还是随后共同创作了两部伟大的希腊史诗——《伊利亚特》和《奥德赛》的那些活跃于公元前8世纪的伟大的游吟诗人，他们实际上都是在扮演着别人的角色。前者演变为后世的先知、先见，成功地Cosplay了“神之使徒”的角色，而后者则如同现今舞台话剧的鼻祖，出神入化地Cosplay了那些事迹可歌可泣的英雄们。事实上，Cosplay所包括和装扮的不仅仅是一种外表上的形象化，更重要的是去Cosplay角色的内心。

Cosplay传入中国的时间较晚，规模也不大，并且人物也以电玩游戏中的角色为主。直到1997年2月，这一状况才得以改变，并从此形成了台湾Cosplay界的特色。在随时随地举行的角色化装舞会、万圣节游行、新年大游行、庆祝日游行活动或特别盛典中，不少人装扮成节日故事中的人物或各类吉祥物，浓厚的扮装文化由此得以体现。

不管是有西藏民间神话英雄出场的中国藏戏、超度亡魂到极乐净土的印度佛教中的佛事，还是祭祀山灵神器的日本神道教庙宇活动，服饰、道具、表演都是这些活动的重要组成元素。

Cosplay(名词)=穿着有关动漫人物的服饰。

Cosplay(动词)=穿上有关动漫人物的服饰。

当代Cosplay的成型与蓬勃发展是建立在ACG商业化基础上的，可以说正是因为被用作一种商业上的促销手段，Cosplay本身才得到了长足的发展与广泛的认同。Cosplay文化在ACG界热门化和发扬光大，同时凭借各种Cosplay活动盛行、传媒介绍、互联网有关Cosplay的资讯大量传播等，Cosplay的自由参与者激增，Cosplay才渐渐得到了真正的独立发展。

当代的Cosplayer一般以动画、漫画、游戏、电玩、轻小说、电影、电视系列剧、特摄剧、偶像团体、职业、历史故事、社会故事或是其他自创的有形角色为目标，刻意穿着类似的服饰，加上道具的搭配、化妆造型、肢体动态或静态语言等参数，将目标人物扮演成一个“活起来”的角色形象。

另一种Cosplay主要是对非人类的动物、军事武器、交通工具、土木基建、操作系统、网站等进行拟人化，灌以具有智慧的灵魂，并以相应的服饰、道具、化妆、肢体语言等配套来呈现拟人化角色形象，其中常见手法是以模拟形象或拟人化形式出场，力图简明直观地表现出作者所需呈现的实质内容。例如活跃在迪士尼乐园中的米老鼠、布鲁托、古菲、唐老鸭以及其他迪士尼动画中的代表形象，就是长期以来家喻户晓的、为各个年龄层的人们所喜闻乐见的经典Cosplay形象。

由于Cosplay在世界各地的影响力逐年提升，香港的漫画协会于1998年7月30日至8月3日举办了第一个真正属于漫画迷的动漫会展，在随后的几年里，大学社团间的演出也开始崭露头角，成为香港Cosplay界的又一活跃场地。

相比之下，中国内地出现Cosplay的时间较晚，但成长极为迅速而稳定。2000年8月，中国内地第一届Cosplay大赛成功举办；2001年，华谊公司又凭借其在网络游戏中的巨大影响力，打着旗下主力产品《石器时代》的名号开办了“2001年石器最佳Cosplay大赛”。与此同时，上海、广州以及北京等地区在这几年里频繁地开办动漫展及同人会展，使现今内地的Cosplay也具有了一定规模。

经过长时间的发展与探究，如今的Cosplay已经变得相当完善，Cosplayer不仅可以扮人，而且可以扮演漫画和游戏中的任何东西，例如动物、机械人，只要想得到又扮演得出就可以，没有任何限制。作为ACG的附属文化，Cosplay在当今社会已经成为青少年文化娱乐的一种主流。过生日时的朋友聚会、大大小小的动漫展、各种类型的表演比赛，又或是情人间的“化装舞会”等，都可以用Cosplay来活跃气氛，在有益于身心满足的同时，也能娱乐大众；在放松心情的同时，也是对自我精神压力的缓释或是使自己得到一种巨大的解放。

网络上盛传着一句话：“梦想，不知道多少人的心中还拥有如此华丽的一个字眼，这正是Cosplay大显身手的时候。去COS一下自己小时候的梦想，虽然这并不能改变现实世界，然而自己的身心却会因此得到一瞬间的宽慰与满足。”（见图5-9）

二、COSPLAY类别与创作解析

1．Cosplay类别

(1)动漫(ACG)或影视角色扮演；

(2)模仿视觉系乐队；

(3)原创(SD娃娃，LOLITA，女仆……)主题；

(4)影视化妆比赛或展示。

图5-9 一袭陨落舞霓裳

模特 聂坤钰

2. 原创Cosplay的设计

原创Cosplay必须设定以下几个方面：主题命名、角色设计、故事脚本(或剧本)、彩色或素描效果图。

(1)主题命名。一幅优秀的Cosplay作品必须拥有鲜明的主题，并拥有简洁的名称。其主题设定及命名可以很好地反映作者的创作意图、创意构思及创作水平，从而引导出具有强烈的生命力、视觉冲击力和艺术感染力的Cosplay作品(见图5-10)。

图5-10　费丽的城堡

模特　张荪菲

(2)角色设计。角色的设定包括角色的名字、性别、发型、服装、外貌、性格、行为品行，以及鲜明的主题色彩、动态或静态的肢体或形体语言等，应有完整的设定。角色不一定唯美，但一定要个性鲜明、令人印象深刻。

(3)故事脚本。传统的Cosplay都是在扮演故事里的某个人物或某个对象，因此原创的Cosplay应该有一个故事背景或展示脚本的设定，这一故事脚本可以由作者自己创作设计，也可以选择改编已有的中外神话、传奇传说、童话故事、科幻作品、古今小说、戏剧影视剧本等。作者应持有乐观向上的创作态度，以表现积极向上的人生、美好光明的未来为主线，尽量避免一些消极颓废的内容，以免影响作品的表现形式和艺术形象。

(4)彩色或素描效果图。高超的、神奇逼真的表现形式才具有艺术感染力。作者应在设定人物角色的同时，根据自己的想象设定，绘制出人物形象的彩色或素描效果图，角色设计效果图不仅直观，更可为制作服装和道具提供便利条件。

总而言之，原创Cosplay必须有完整的设计构思、强烈的视觉冲击力，其创作者必须具备良好的与审美主体(观众或评审)互动沟通的能力，作品才能很好地打动观众，并引起观众的强烈共鸣，才能成为一个好的Cosplay作品。

第十节　人体彩绘与梦幻化妆

图5-11　金人捧露醉花间(人体彩绘)
模特　耿杰平

人体彩绘作为时尚化妆的一个分支，早已不再是人们避讳的话题。然而当化妆师们把彩绘艺术和造型意境美、流畅的自然曲线、细致的肌肤纹理以及人体自然阴影、组织器官以及身体的各种活动形态，巧妙地融合到一起，创作出一幅幅雕塑般的造型作品或局部画龙点睛式的装饰图案(见图5-11)，将带着极强烈的视觉冲击力或奇妙的美感享受的艺术成果展现在我们眼前时，那种构思会奇妙得令人眩目，让心灵为之震撼。

彩绘来源于一种古老的文身艺术。人体彩绘的出现最早应追溯到印度的一种传统而古老的神奇的宗教信仰，它是图腾尊奉和祈福膜拜的化身，是用来驱魔避邪的神秘而吉祥的符号。而大型公开化的人体彩绘的策划、展示与实施，实际上开始于1991年，当时由智利著名的摄影家罗伯特·爱德华兹倡导成立了人体画实验室，先后有45名智利画家应邀参加，历时两年，共完成3 000多件人体彩绘作品，引起了极强烈的反响，随后人体彩绘迅速风靡世界。作为一项在上帝所赐予的形体上进行创作的艺术，人体彩绘给了艺术家们无限的想象空间。以人体为载体(画布)绘制出的作品，以其逼真动感的立体效果、时尚前卫的表现形式、张扬个性的寓意，演绎着层次分明、想象力丰富、形形色色的主题。人体彩绘创作源自生活又高于生活：可表现活灵活现的动物造型，可展示妙趣横生的寓言故事，也可铸造线条流畅的人体雕塑。创作者们用粗犷的色块、细腻的笔触生动地展现出人体玲珑的线条和丰富的姿态。

著名人体彩绘大师Roger先生从专业的角度表达了对人体彩绘这门新兴艺术的独特见解："人体彩绘并不只是创作技术，而是一种美学观念和态度……如果单纯把人体当画布、画板来创作的话，那人体彩绘就会失去它原有的意义。真正的人体彩绘，必须根据人体曲线、身体架构以及模特的肢体语言，去表达作品内容。"

人体彩绘就其类型而言，有两个部分，即写意的人体彩绘和写实的人体彩绘。写实的人体彩绘比较单纯，例如戏剧彩绘、商业彩绘、趣味彩绘、婚纱彩绘、艺术彩绘、宗教彩绘、面部彩绘等。创作者通过巧妙的构思可以直抒其意，例如在人体的某个部分描画出一朵花、一只蝴蝶，甚至可以借助于道具将人体描绘成一棵树、一只美丽的孔雀、一截枯木等。因为写实，所以可以少一些意境和梦幻色彩。

写意的人体彩绘则不同，其表现形式应当以寓意、象征、意境、梦幻为主，例如梦幻化妆。写意的梦幻化妆与人体彩绘虽同出一流，但究其根本，却有着本质的区别。一朵花、一棵树、一只动物只能实实在在地表现出其写实的本质属性，可以是人体彩绘，也可以是面部彩绘，但绝不是梦幻化妆。梦幻妆作品是写意的、以人体为造型要素的、如梦如幻的彩绘艺术。下面我们就梦幻妆与面部彩绘展开重点讨论与比较。

一、梦幻妆解析

梦幻妆也称为幻彩妆，是写意的人体彩绘的一个重要组成部分，是相对于传统造型的一种突破和挑战，是集艺术构思、绘画造型技巧、背景与道具制作、科学技术的运用、人体模特展示为一体的综合观赏性技术。其表现形式为：运用绘画造型技巧，对人体局部乃至全身进行整体的艺术构图和绘画，并借助于不遵循常规的材料、道具和手法，以夸张的艺术表现技巧，进行整体造型。其表现方法奇特，给审美者以丰富的联想和惊奇，以超越常规的视觉感受给人以强烈的视觉冲击力和深刻印象。梦幻妆的塑造来源于丰富的知识积累和独特的艺术构思，这种妆型会在人的视觉中引发如梦似幻的感觉，给人以充分的想象空间，是一种超现实的综合观赏性化妆艺术。

1. 梦幻妆的特点

梦幻妆的特点是：对模特进行全身描画，主题突出，妆型如梦如幻，服装、道具、佩饰、发型、化妆、绘画应该为主题服务，完全改变模特原本的形象。表现方法奇特，创意不受常规思维束缚，用色不拘泥于模式，常用于艺术欣赏、艺术类活动和化妆比赛。

(1)色彩。色彩搭配具有强烈的视觉冲击力。如应使用强烈的对比色、原始狂野的夸张手法、大面积色块的色彩变化。

(2)线条。线条组合富于动感或复杂奇特。如应使用各种强烈偏离的、变化生硬的、繁琐复杂的线条组合变化。

(3)造型。造型风格多样，有很大的发挥空间；造型可以是优美、和谐、简洁的，也可以是怪诞、矛盾、复杂的。

(4)形体。形体构造奇特，主题范围广泛，构思奇妙独到。如用离奇的形体造型语言、反常的材质、悬殊的比例、杂乱无序的不均衡构图、粗糙的皮肤质感肌理以及打破常规的展示形式，表现出一种震撼人心的视觉效果和强烈的艺术感悟力。

(5)题材。梦幻妆创意的题材是多种多样的，比如人类、自然、生态、环境、科幻、想象、寓言等，无不是表现主题的创作题材。设计师和化妆师们根据自己的构思和设想，将笔下的模特描绘成一幅幅不同的主题画面：有的栩栩如生，有的抽象晦涩；或是以保护自然界的环境为主题，或是表现喜怒哀乐的怪诞的科幻造型。诡谲夸张、风格各异、妙趣横生。

(6)主题。一幅优秀的梦幻妆作品必须拥有鲜明的主题。人们欣赏一幅梦幻妆作品，如果能够被作品打动，并随着作品的展示徜徉在如梦似幻的意境中，那么这幅作品就是一个佳作。创意是形象设计者个人意念的表达，也是其审美修养与各方面知识的综合体现，主题的雅俗和作品水平的高低与设计化妆者的知识面、想象力、感悟力、社会实践经验和技术技能表现水平的差异有很大关系。

我们已经知道，梦幻妆是一种新型的抽象思维艺术，而不是一种写实化妆，其主题不仅仅是赤裸裸的形象思维的再现，而且是与主题的表达，意境的伸展，丰富的想象力、艺术感悟力和具体的表现形式、艺术形象的特殊性或模特的个体差异性密不可分地结合在一起的，并随着作品的完成而最终完成。因此，要表现作品如梦似幻的感觉，形象设计创作人员必须不断加强自身的美学修养，坚持积累经验，才能创作出令人耳目一新的、独特的艺术形象。由于化妆师的立场、观点和创作意图的不同，相同的题材可以表现不同的主题，作者的思想深度、生活经验和艺术表现方法，甚至自身生活经历，也会影响主题的深度和内涵的拓展。梦幻妆造型主题的表现原则仍然是体现真、善、美，而主题的构思则来源于丰富的社会阅历、文化底蕴、艺术修养，独特的艺术想象力和艺术感悟力。

2. 梦幻造型内涵拓展

(1)内涵。亦称“内包”，《辞海》解释为概念中所反映的对象的特有属性，也就是梦幻造型所确立的主题所能包容、涵盖的基本思想，或可以涉及的各方面内容。有品位、有活力的梦幻造型作品反映了作者一定的思想内涵、精神境界和爱憎情感。内涵越丰富，作品越有品位。

(2)拓展。表示开辟、扩充、扩展之意。内涵拓展指围绕主题思想所能够展开的、与主题联系紧密的内容。

在梦幻造型中，作品造型内涵拓展的一个重要内容是对作品外观形式和形体构造的美学要求。它是造型艺术的有机组成部分，也是造型艺术作品表现力强弱的重要标志。其基本要求是：

1)塑造完美的形体或形象以供观赏。

2)应与艺术作品所要表达的内容有机地结合起来。

梦幻造型更接近于人体艺术，它反映了高层次的形象设计技艺，赋予作品极丰富的想象力与表现力。在细腻的肌肤上描画出精美的图案，好似在一尊雕塑上进行色彩绘画，辅佐其主题拓展的是模特的身体，以艺术造型和夸张的色彩搭配手法或技巧，取代其躯体部分或绝大部分，甚至是全部的裸露部位，不掺杂任何邪念，展示在审美主体眼前的只有主题明确的思想情感表达和震撼人心的艺术魅力，这是一般化妆造型所无法实现的。梦幻造型是绘画化妆艺术水平的升华，是一种独特的艺术，也是高级形象绘画造型与新潮艺术的结晶。

梦幻造型内涵拓展的艺术要求是：以夸张或不遵循常规的手法和意念，创造出一个根据主题构思所完成的艺术造型，要求具有较为特殊的审美艺术特性。

3. 梦幻造型创意设计

(1)创意。一般认为，创意包括构思和表现两个相互联系的阶段。在构思阶段，形象设计创作者对生活进行观察、体验、研究、分析，并对生活素材进行筛选、提炼、加工，孕育成意象；在表现阶段，创作者、艺术家按创作意图或计划，运用一定的物质材料和道具，将意象外化延伸，制作成欣赏者的感官能够把握的、具体可感知或可欣赏的艺术形象或艺术作品。创作意图的设定是一种具有显著个性特点的精神劳动，需要极大地发挥个人的创造力(见图5-12)。

(2)创意设计。这一概念指根据创作意图或创作构想的要求，制订具体方案或构想图案。创意设计构思来源于丰富的文化底蕴和艺术修养。创意设计可包括敏锐的感受力、深邃的洞察力、丰富的想象力、充分的概括力以及与其相适应的艺术表现技巧。

图5-12 抱琴拨弦九重天
模特 周露

梦幻妆造型创意设计的雅俗可以很好地反映创作者的思想境界、知识底蕴、审美层次、艺术感悟力和艺术想象力。不论在造型、画面还是色彩上，均需要具有深厚的艺术功底，用以反映主题的思想性及艺术性。

(3)创作方法。又称“艺术方法”，是设计师、艺术家艺术地把握造型时所遵循的基本原则和方法。生活的实质是什么？应该按照什么样的形态来把握它？用什么方式来构架艺术家对世界的复杂经验和感悟？这些都是创作方法要涉及的重要问题。一个设计师、艺术家采取什么创作方法，是受其世界观、生活经验、艺术水平和心理特性等因素制约的。由于作家、艺术家采取不同的创作方法，他们在反映现实、塑造形象等方面都有不同的特点。多样化的创作方法可以提升艺术把握现实的深度和广度。

4. 主题命名

设计作品时的构思步骤是：先确定题材，根据题材确立主题，设计构思框架及小样，并对作品进行命名，亦谓“起名”。主题命名是作品内涵的表达，要雅致而贴切。主题明确，题材新颖，富有内涵，因此主题名称最好简洁明了、朗朗上口，还应该最大限度地表达创作者的创意思想。

例如《花丛蝶影》的命名。主题：蝶恋花，热爱青春，热爱春天，热爱旖旎的人生和美好的生命，花丛中蝶舞影动，形象生动鲜明。

又如《日月同辉》的命名。主题：日月光辉交相辉映，日的光明、艳丽、热情象征着生命与阳刚，月的柔和、晶莹、清冷象征着自然与阴柔，激烈和细腻、震撼和温柔，巧妙地、高度统一地融合在一起，表达了冷热两重性格的抗争与交融(见图5-13)。

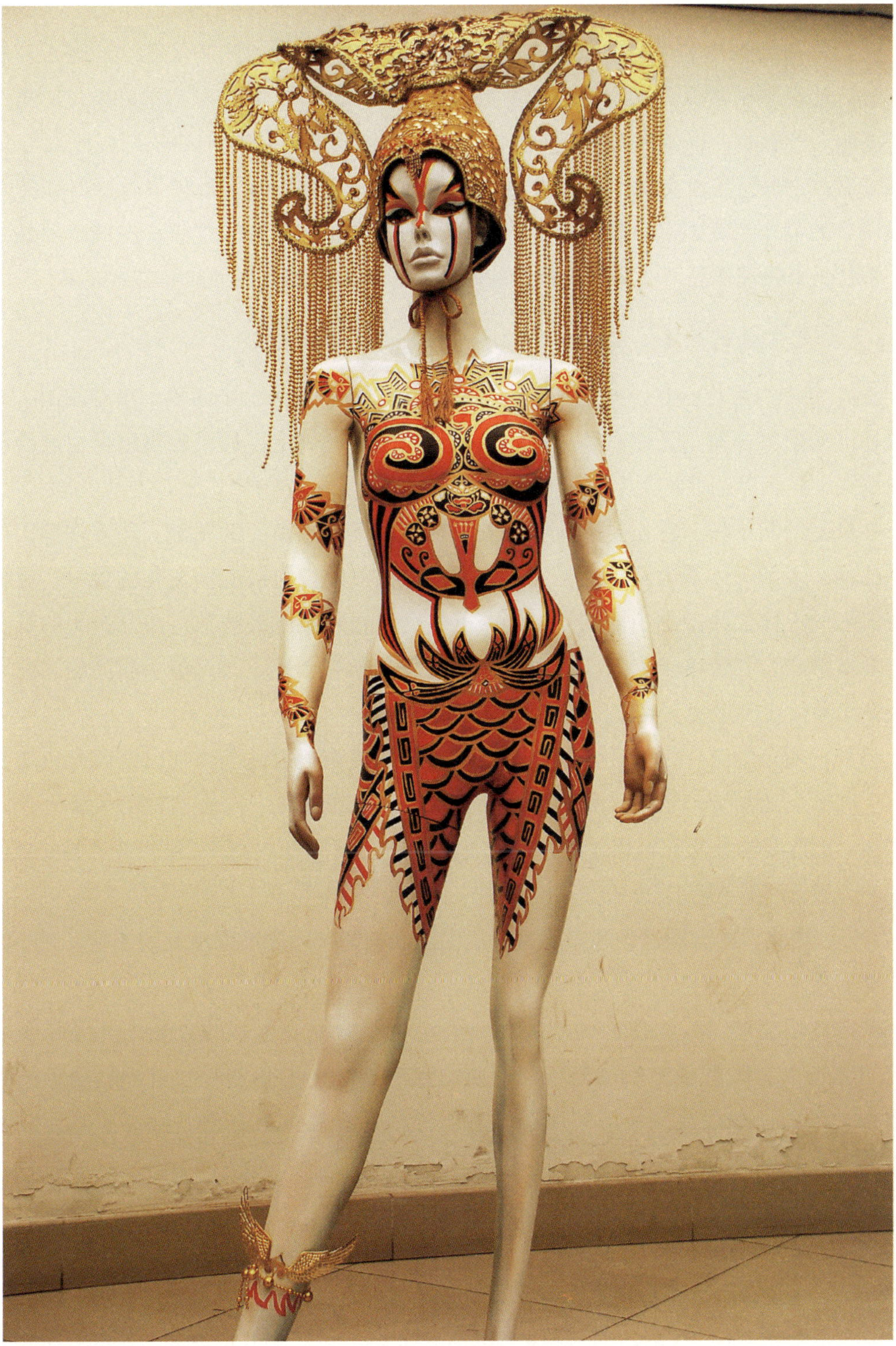

图5-13　日月同辉熠星清

作者　赵雪云

5. 梦幻妆的表现形式

梦幻妆和绘画艺术、文学艺术一样，都必须是内容与形式的高度统一。有了好的选题和构思，还必须紧紧抓住高超的、如梦似幻的表现形式，才能具有艺术感染力。写实的作品只能叫人体彩绘，不能称为梦幻妆。同时，好的作品应该能使审美的主体(评委与观众)与审美的客体(模特)互相交融、互相沟通、互相适应。在创作时，形象设计师必须持乐观、积极向上的创作态度，以表现积极的人生、光明的未来、美好的理想为主线，要始终围绕真、善、美来表现作品。一些消极颓废的内容会影响作品的表现形式和创作效果。

6. 梦幻化妆的构图

(1)绘制造型小样。在正式创作梦幻妆作品前，先要设计出小面积、小空间的，拿来做参照标准的图案样稿（又称造型小样）。梦幻妆的主题确定以后，应当根据主题绘制出相应的图案小样，为在真实人体上构图奠定基础。

在纸上绘制小样，首先要求造型完美，这是图案效果审美的关键。还要掌握人体画的正确比例，了解人体基本结构，熟悉身体各部分曲线随姿势改变而变化的规律。优雅的姿势与流畅的人体曲线是画小样的第一步，可借助素描时装画的技法，按九个头的身长比例画出基本形状，姿势以半侧面或表现主要面为宜，既有余地，又可展示漂亮的画面，四肢线条要柔和，比例适度，表现出肌肉与皮肤的质感。

另外，颜色的选择是提升作品靓丽程度的另一要素，可适当添加一些荧光色增强视觉效果。在纸上绘制梦幻妆设计小样时，颜色选择的范围较大，与在真实的人体上作画有一定区别，因此要注意色彩不宜过于繁杂，要照顾到色彩在人体上的具体可操作性。

造型设计小样应包括以下几个方面：

1)设计图案。图案的设计和策划是表达主题的关键，既要准确地反映主题，又不能拘泥于实物形式。

2)用色及说明。根据作品内容的需要确定相应的主要色彩的色相、纯度和明度的搭配。用色可以大胆夸张，风格迥异，不要拘泥于传统，不同色彩及搭配表现不同的情感和效果，因此，必须注意色彩的和谐、对比、互补及视觉与心理效应。同时还要写出用色说明。

例如，用一朵牡丹花或出水芙蓉构思一位纯洁女神，女神可全部以银色为主，衬托女神给黑暗带来光明与美丽，根据主题或构思不同，口唇除用各种大胆的色彩外，还经常用白色、黑色来表现其冷艳或新潮，用色无统一规范。

3)编制小样说明。小样说明是根据创作图案小样编制出的必要的文字说明。小样说明应当说明作品的内涵，内涵越丰富，作品越有品位，因此，一个好的梦幻妆作品可以反映设计者和化妆师一定的精神境界和思想内涵。

编制梦幻妆小样说明十分重要，它是作者创作构思的一个重要组成部分。编制小样说明时，应按照一定比例关系和构图要求，对作品的每一个设计构思、步骤及具体环节都作出详尽的解说，包括创作意图、主题思想、构图的大小、图案的疏密、线条的虚实、用色的寓意和色彩冷暖搭配技巧、妆面涂画勾描技巧、发型发式和服饰配饰搭配技巧、道具材料材质的选择和制作要点、布景制作说明等。小样说明越具体详尽，可操作性就越强，在模特人体上具体实施时就越简单明了。

(2)构图。构图是根据主题的需要和模特的个体客观条件，把造型小样的全部内容在模特人体上具体实施放大的过程。包括设计图案的大小、疏密和线条的虚实处理等。图案要有一定的空间感，做到疏密有序，切忌画得过满。

1)图案的大小。梦幻妆是一种观赏性强的艺术类化妆，主要在舞台上或比赛现场展示，与观众有一定的距离，图案的大小要考虑观众的视觉效果，使观众理解作者的构思。因此，图案线条不可太细小，以免观众看不清楚；要求绘画的线条可以随着肌肉骨骼线条的移动而伸展；同时在图案的设计上也要进行小面积图案的点缀，使整体造型丰满而细腻。

2)图案的疏密。梦幻妆是一种写意的人体彩绘，图案布局一定要有空间感，在构图中要做到疏密有序。既要展现出作品的意境，又要与人体的生理特点相吻合。避免造成视觉紧张，或出现色块堆积、杂乱无序的视觉效果。

3)线条的虚实。梦幻妆追求的是一种如梦如幻、虚幻缥渺的视觉效果。线条虚实的勾勒与描绘要有张有弛，清晰的线条要实而均匀，要有力度；模糊的线条要虚，显得柔和飘逸，表现出一种朦胧梦幻感。

4)晕色。色彩是表现梦幻妆主题的重要因素。它使作品主题鲜明，具有活力。色彩的晕染决定着图案的丰满程度，晕染得当不但使作品显得有美感，在作品内涵的表达上也起着十分重要的作用。晕染处理是否得当反映着设计创作者的造型技巧和功底(见图5-14、图5-15)。

图5-14　人体彩绘的正面

作者　商丛丛

图5-15 人体彩绘的背面
作者 商丛丛

在图5-14、图5-15中，作者力图表达一种对古典神话传说与脸谱艺术的传承与创新，但正面由于构图太密反而让人不知所云；而背面由于构图繁简得当、疏密有致，主题鲜明，活灵活现。

5)巧妙简洁的背景搭配。在梦幻化妆设计中，还应当有一些背景效果。但应注意简洁和陪衬的作用，不要让一些令人眼花缭乱的背景破坏视觉效果，给人繁杂而混乱的感觉，抢了主题的风采。那么，究竟该怎样处理背景效果呢？应当以背景来衬托主题，因主题而展开不同的表现空间。譬如表现环保、地球、宇宙的主题，抒发宽广博大的胸怀，可以衬以舒缓、朦胧的简洁背景，色彩柔和淡雅，甚至可以做大面积的渲染；有的作品表现科幻、恐怖、夸张的主题，抽象而前卫，那么背景图案就可以利用简洁的线条去勾勒出想象的空间，给人以强烈的视觉冲击，加强审美主体对主题的深刻印象。但是无论主题如何，背景的色彩或图案的视觉效果都不能强于模特本身，否则就会主次颠倒，造成喧宾夺主的结果。有人说："如果没有十足的把握，那么背景图案越简单越好，不要给自己设置陷阱。"这句话是很有道理的。譬如图5-16(见图5-16)，若只有装扮好的模特，其气势就会差许多。此款造型加上了脚下的荷花与背后高高飞翔的仙鹤，整体构图气势就会增强许多。

7. 梦幻化妆的基本技法

梦幻妆与人体彩绘所用技法基本相同，一般有两种技法：

(1)晕染法。用颜色在人体上晕染，使其相互交错或融合，这是人体彩绘化妆的一种重要的表现手法。通常需要借助较宽的笔或化妆海绵使颜色产生扩散效果。选用的化妆粉底不同，晕染法也有所不同。油质底色（戏剧油彩）多用于面部，表现力强，但不宜用于人体，由于油质颜料较油腻，不易晾干，常会把彩绘的人体弄脏弄花；可溶性水粉底色则很适合人体的化妆，优点是易干，清洗容易，表现力也不错。值得注意的是，水粉底色应用水溶性颜料描绘，否则就无法晕染。

(2)线条法。通过线条的色彩、形态、组合、走向等来表达主题。

图5-16　从来魂系高寒处

作者　张妍

线条法通常与晕染法相结合，形成晕染与线条虚实的有机组合，互相衬托，呈现丰富的感染力。

梦幻化妆从创作设计到操作完成是一个复杂的过程。从图案的设计到道具、服饰的制作、搭配，都需要形象设计师有良好的专业技术和较强的适应能力。

(3)妆面设计。这是梦幻妆的基础工程。梦幻妆要求妆型夸张而不脱离美化人的形象的目的，配色丰富而不杂乱，妆色洁净，利用个体特点强化个性美，妆型特点明朗，一旦决定，不要轻易更改，以免给化妆造成困难。

(4)打底色。底色的选择要视皮肤和图案的颜色而定。根据肤色选择适当颜色的粉条或粉底霜。涂底色的范围不应局限于脸部，要扩大到颈部、臂部及其他所有裸露部位。然后均匀地拍透明蜜粉，减少粉底的油光感。

(5)描绘图案。根据精心设计好的图案小样，用画笔在皮肤上先描绘出轮廓线，然后再用需要的色彩填满，绘制出一幅栩栩如生的图画。最后以各种装饰品，如银粉、金粉、亮珠，来点缀妆面。梦幻妆比普通化妆需要更多的绘画技巧、创造力和想象力，用色和阴影控制也更讲究。因而要求形象设计师必须具有高超的艺术造诣、深厚的绘画功力和丰富的操作经验。

(6)卸妆。由于梦幻妆所使用的化妆颜料对模特皮肤的刺激较大，所以化妆前应全身涂抹隔离霜，妆后应及时用卸妆油卸妆。

(7)彩绘颜料。人体彩绘或梦幻化妆所需颜料大致有以下几种：

1)戏剧油彩。戏剧油彩无毒、色泽艳丽、价格便宜，使用也比较广泛。因其含有大量油分，不易晾干，一般只能用于面部彩绘。若大面积用于人体，极易“花”妆，导致彩绘失败，且不易卸妆。

2)丙烯颜料。丙烯颜料应选用无毒类的，其优点与戏剧油彩类似，色泽艳丽，价格也较便宜，使用也比较广泛。但缺点是不能长时间带妆，因其基本不含油分，一旦干燥，极易开裂，导致彩绘失败；丙烯颜料的卸妆比较简单，因其所含油分极少，用普通的沐浴露就可清洗干净。

3)人体彩绘专用颜料。人体彩绘颜料是一种特殊的植物染料。在皮肤上着色描绘没有烧灼感，着色后一般一至两周时间就会自然褪色。但因其可能引起皮肤炎症，现在已不常使用。

4)水溶性颜料。水溶性颜料极易涂抹，延展性好，色泽艳丽，使用方便，用清水即可卸妆，是近年刚流行起来的彩绘颜料。但其对人体皮肤的伤害目前暂无报道，长期做人体彩绘的模特应慎用。

无论是进口还是国产的化妆品，也无论是水溶性、油性还是粉状或间接接触皮肤的材料，只要是对人体无害的化妆品都可以使用，目前流行的植物性体绘喷枪颜料也是不错的选择。但是对色彩的附着力和清洗情况要多做尝试，不要加重模特的负担。

专家认为，人体彩绘所用的颜料含有成分复杂的化学物质，对人体皮肤有害无益，即使每次吸收的量很少，仍会对皮肤造成原发性刺激，引起红肿瘙痒等皮肤过敏现象；而原本患有皮炎、湿疹等病症的病人一旦使用，则会加重病情，此类人员应慎用。

二、面部彩绘解析

1. 面部彩绘造型定义及其表现形式

面部彩绘造型是一种非生活化的形象设计造型技术，又称面部色彩绘画造型艺术。它是或写意、或写实，或两种表现形式相结合的一种人体彩绘类型，是集艺术构思、绘画造型技巧、色彩与化妆、人体美术展示为一体的综合观赏性化妆技术。其表现形式基本与梦幻妆相同：运用绘画造型技巧，对人体面部乃至全身进行构图和绘画，并借助于不遵循常规的材料、道具和手法进行夸张的整体塑造，表现方法奇特，给审美者以丰富的联想和惊奇，以超常的视觉感受给予人深刻印象。面部彩绘可以写实，也可以写意(见图5-17)。

图5-17 漫对苍茫新月冷

作者 李春玲

2. 面部彩绘造型特点

面部彩绘造型的特点是：以面部彩绘造型为主，对模特进行局部乃至全身描画，局部改变或者可以不改变模特的原本形象。主题可以突出，也可以不设立主题；表现方法柔和，以提升模特局部乃至全身造型美感为主，用色可以夸张，不拘泥于模式。面部彩绘主要用于化妆师的技能考核、艺术欣赏和化妆比赛。

3. 面部彩绘造型主题设定

造型主题又称“主题思想”，即作品中蕴含的基本思想。面部彩绘造型主题设定可以参照梦幻妆的主题设定，也可以以写实为主，不设立主题。

图5-18 璀璨银河恋烟霞

作者 李春玲

面部彩绘不论在造型、画面还是色彩上，都需要创作者具有深厚的功底，用以反映主题的思想性和艺术性。从构思开始，到发型、面部和人体皮肤的色彩纹路、妆容技巧、服装、配饰道具等，均要求达到整体高度统一的艺术境界(见图5-18)。

4. 面部彩绘造型主题命名

既然面部彩绘可以写实，不设立主题，因此，也可以不为造型命名。

5. 根据主题绘制小样

绘制小样是为人体构图奠定基础。由于面部彩绘较为简单，可以不设立主题，因此，面部彩绘也可以不绘制小样。

思考题

1. 时尚化妆技法的注意事项有哪些？
2. 影视化妆技法应注意哪些要点？
3. 黑白、彩色摄影妆技法的要点是什么？
4. 舞台综艺妆技法的注意事项有哪些？
5. 角色化妆技法的内容是什么？
6. 演示性晚宴妆技法有哪些？
7. 实用性新娘妆技法有哪些？
8. Cosplay技法应注意哪些要点？
9. 人体彩绘主题命名、彩绘小样、绘画技法应注意哪些要点？
10. 面部彩绘绘画技法的内容是什么？
11. 梦幻妆造型设计的小样说明应包括哪些内容？

第二编

时尚形象设计

第六章 时尚形象设计的构建

本/章/重/点/与/难/点/提/示

一、重点

1. 时尚形象设计概论、定义
2. 时尚形象设计的发展轨迹、发展趋势
3. 时尚形象设计与化妆、发型、服装之间的关系

二、难点

1. 时尚形象设计的意义
2. 时尚形象设计的发展轨迹
3. 时尚形象设计的发展趋势分析

形象设计学所涵盖的范畴十分广泛，几乎包罗万象，大到整个社会的形象设计、城市或环境的形象设计、公司企业或街道的形象设计，小到人物个体的形象塑造，都属于形象设计学的范畴。

将形象设计学与时尚元素，以及化妆、发型、服装，乃至高雅的气质风度、得体的社交礼仪结合起来，则可以得到一套完整的时尚形象设计理念。

我们这套丛书教程定位在人物的整体时尚形象设计造型与全方位包装方面，而这本《时尚形象设计导论》则是这套丛书的纲领性教材，希望通过各种局部造型设计，让学习者整合提高，融会贯通，从而成为每一位时尚形象设计师的必备教材。

本章着重讲述时尚形象设计的基本概念和基本内容，概略讨论与时尚相关的发型、化妆、服饰、社交礼仪和气质风度等全方位形象修饰、装扮的基本概念与设计原则，并对形象设计发展进程中的大量历史资料进行必要的归纳整理，追寻其发展轨迹，试图对时尚形象设计的发展趋势进行大胆预测。

第一节　时尚形象设计学基础理论

形象设计又称为“个体人物的整体包装”或“人物造型设计”，它指一个人在社会或群体心目中所要达到的总体印象；也可以说是社会或者群体对某一个体在某一时段(或某一场合)的外在形象及其内在素质综合认识后形成的总体评价。每个人都希望自己在他人心目中留下美好印象，因此需要努力修饰、装扮、美化自己。社会在进步，现代人的爱美心理和审美观念也在进步，人们已经充分认识到局部装扮是不能提升整体形象的。于是，人们开始从单纯追求外在形体的漂亮向更加注重内在气质的塑造转变；在注重外表的科学美化的同时，越来越重视从头到脚、由表及里的整体包装和全方位的修饰美化；他们更用心于培养自己的内涵修养、气质风度和社交礼仪，更重视以外表的美来传达、展示自己的良好风度，表现自己优雅的气质和高尚的道德情操。随着社会的进步，“求美之心”不仅人皆有之，而且“日益盛之”，越来越多的人在越来越高层次地追求自我价值实现的同时，也越来越重视自我形象的美化。人们逐渐认识到良好的形象设计具有强大穿透力和巨大沟通能力，与时尚流行元素叠加后，在职场生涯、事业生活中具有不可估量的作用。好的形象常常可以起到事半功倍、锦上添花的作用。于是，一门研究形象美化理论和技术技巧与时尚流行元素巧妙结合的学科——“时尚形象设计学”应运而生。

一、基本构建概念

1. 时尚形象设计概念

(1)形象(image)。英语中有偶像、映象等含义。《辞海》中解释为：形体，形状相貌，或是文学艺术中把握现实和表现作家、艺术家的主体思想感情的，区别于科学的一种反映现实的特殊美学手段。形象是对现实生活中各种现象加以艺术概括所创造出来的、负载着一定思想感情内容和审美意义的、富有艺术感染力的具体生动的图画或人物形象。形象设计作品中的形象主要是指人物整体形象，其次也包括社会、自然环境和景物的形象，但本书所要讨论的主要是人物形象设计的范畴。

(2)设计(design)。英语解释为“图案”。《辞海》中解释为：设置、筹划，根据一定的目的要求，预先制订出方案、图样等。

(3)形象设计。又称形象塑造(image-building)，从广泛或宏观意义上说，这是一门二维平面设计与三维及多维立体空间设计相结合的设计艺术，是利用视觉符号研究人的外观与造型的视觉传达艺术。形象设计是现代设计的一部分，以传达为设计目的，通过图形来构思，由化妆、服饰、发型等局部造型技巧来体现。作为人与所属社会间的精神媒介，形象设计属于图像设计的范畴，因此，个体人物形象设计又可称为“人物造型”，也就是对个体人物整体形象的再创造过程。所谓“再创造”，并不是要完全脱离个体人物本身，塑造出一个与其毫不相干的角色形象，而是要发掘个体人物的内在潜质与个性风格，结合外部形象特征，并考虑到当前流行的时尚元素及其特定职业或环境因素的影响，利用各种时尚造型技巧，塑造出尽可能完美的时尚人物形象。

但是，内涵修养和表象的修饰毕竟是一个事物的两个方面。光有内涵还不够，适度地对外表进行修饰包装同等重要。实际上，在人际交往过程中，特别是初次交往时，人们往往通过对外在形象的瞬间直觉来判断一个人的年龄、爱好、层次、身份、地位，并相应地决定对待他的态度。我们可以稍微仔细地观察一下周围，不难发现，凡是不修边幅、邋里邋遢的人，总不如清爽整洁、风度翩翩、潇洒倜傥的人成功机会多。因此，这也是个体形象设计愈来愈受到人们普遍关注和高度重视的原因之一。形象设计不仅要求设计师本人具有一定的审美艺术修养，还要求其知识面广博，有超前意识；不仅要熟练掌握化妆技术、美发技术、服装设计，还要求从内在的风度气质、社交礼仪、文化修养、礼宾常识等各方面进行全方位综合的提升，并用这些设计理念为一个具体人物创作出千姿百态的形象，即所谓“一人千面”，以适应不同环境、不同要求、不同场合、不同层次、不同目的的要求。

特殊意义的形象设计，如影视、舞台人物角色造型的要求略有不同，它要求人物造型必须符合剧情或舞台角色定位的需要，而不是单纯追求表现演员的美丽，这些属于戏剧影视美术形象设计造型范畴，我们在这里不做讨论。

(4)时尚(fashion)。时尚在词典中的解释为：vogue，trend，fashion，fad。“时尚”这个词现在很流行，几乎是一个经常被一些前沿人士挂在嘴边的词汇，并且频繁地出现在报刊媒体上。追求时尚已成为潮流，可时尚究竟是什么呢?

根据百度百科词条中最简单的解释：时尚是指在特定时段内率先由少数人尝试、预期后来将为社会大众所崇尚和仿效的生活样式。简单地说，时尚就是“时间”与“崇尚”的叠加。在这个极简化的字面意义上，时尚已经成为短时期里一些人或上流社会所崇尚的一种特殊生活方式，也就是当时的风尚或一时的习尚，也可称为时髦。时尚涉及生活的各个方面，如衣着打扮、饮食、行为、居住、消费、网络流行语言，甚至情感表达与思考方式等。

时尚与流行不同。简单地说，时尚可以流行，但范围是十分有限的。如果广为流行，那就已经不是时尚了。追求时尚是一门艺术。模仿、从众只是学习时尚的初级阶段，而它的最高境界应该是领会，是传承，是创新，是从一个个的时尚潮流中抽丝剥茧，萃取出其本质和真义来提高自己的审美层次与欣赏品位，打造专属于自己的美丽风格。从这个意义上说，追求时尚不应当是被动地追随，而在于培养理智而熟练地欣赏、驾驭时尚的能力。

时尚带给人的是一种愉悦的心情和优雅、纯粹、品位不凡的感受，赋予人们不同的气质和神韵，能体现其精致不凡的生活品位，并充分展露其个性魅力。

时尚又是循环更替的。每个人追逐各自“细节点缀”的时尚之风依然盛行，流行趋势不断更替，琳琅满目的时尚服装与饰品让人耳目一新。此外，游泳、骑马、打枪、高尔夫、游戏、上网、KTV、旅游、逛街，甚至最新流行的网络语言……这是一种全新的生活方式、生活态度、生活观念，这一切都构成了时尚流行元素的全新领域。

2. 时尚形象设计

我们这里提出的时尚形象设计，是指以人物整体形象为目标，利用各种时尚造型元素，研究人的外观形象与造型的整体视觉传达设计艺术，因此，又可称为人物整体时尚造型设计。在本书中，我们提到的时尚形象设计，均是指以时尚流行元素对人物个体形象进行整体设计包装的全部过程。

为了达到美化自己的目的，就必须研究怎样利用自身条件，将个体的年龄、职业、身高、脸型、肤色、发质、体型、个性、气质风度、言谈举止等因素看作一个整体来构思，再结合设计专业中的造型基本因素，即“形”“色”“韵”及其他时尚美学因素，进行恰到好处的修饰搭配，然后从人体整体美的角度赋予个体生命活力，从而塑造出一个和谐自然的、更富于个性特点的、同时又被公众认可的新的时尚形象来，这就是我们所说的人物时尚形象设计的概念。

简言之，形象设计是一门科学，是专门研究由表及里美化形象的学问；形象设计也是一门技术，它不仅包含发型、化妆、服饰和医学美容等美化形体的技能技巧，也包括风度礼仪、个性气质、审美层次、文化道德修养等美化心灵的方方面面。时尚形象设计不仅要求设计师有驾驭时尚元素的能力，要求领先于时尚前沿，更要求设计师不断提高自身的内在品位、文化知识水平和审美能力。从这个意义来说，设计师的每一个作品都充分展示了设计师本人的审美能力、学识智慧和专业技能。

时尚形象设计不是一种简单的时尚元素的堆砌，而是一门综合性很强的领先于潮流的艺术学科，也是当代都市人特殊的心理需要。因此，时尚形象设计既是一门综合学科、一种设计理念、一种图形构思，也是一种技能实践、一种再创造，它包含着整体时尚形象包装的全部过程；它所涉及的学科范围很广，如美学、色彩学、形象设计学、心理学、伦理学、民俗学、民族学、医学、解剖学、生理学、病理学、护理学、物理学、文学艺术和化工化学等多门学科。

需要说明的是，这里的时尚设计理念不是流行理念。因为流行是可以过时的，而时尚设计理念是要永远走在时尚前列的，要善于利用各种流行元素，让自己的作品永远领先于时尚潮流，永远引导时尚潮流。

二、时尚形象设计与美容术内涵界定

美容(cosmetology)，也称美容术，是指使人容貌变漂亮或者更加美丽的一类行为，也可泛指利用一切手段，追求形体美的完整性实现的行为。广泛意义上的美容，范围可扩展到整个人体的美化，即凡是增进人体美的方法均可被看作是美容术。

美容术的实际内涵包括：

1．容貌与形体的全面完善；

2．美容外科与美容内科的协调应用；

3．外表修饰美与内在气质美的和谐统一等。

因此，研究利用专业治疗或医学整形等手段来修饰、完善或重塑人的容貌与形体的学科，称为皮肤美容学或整形美容学。

形象设计学则不同，它着重研究人体美的特点及其再塑造，研究人体的形态构造与生命过程规律的协调与修饰；不仅要修饰、装扮形体之美，还要修炼提高内在修养素质；不仅要努力锻炼身体，增强生命活力之美，而且要塑造良好的气质风度，增强个性之美。它是以人体美学理论为指导，采用各种方法，旨在完善人体全息美的应用技术学科，属于应用技术范畴。

形象设计是就人物整体而言的一个大概念，它所涵盖的范围十分广泛，而美容学只是其中的一个不可或缺的分支学科。有人把美容理解为形象设计的一个重要组成部分，泛指利用一切美容手段，追求形体最完美的展现的活动，这是十分正确的。

在韩国，形象设计师与美容师就像律师或会计师一样，在社会中具有十分重要的地位。

三、时尚形象设计与化妆内涵界定

化妆(make up)是一门专业的技能艺术，化妆的内涵十分广泛。如同形象设计一样，从广泛或宏观意义上说，化妆也是一门二维平面设计与三维及多维立体空间设计相结合的设计艺术，是研究人的外观与造型的视觉传达设计，是出于礼仪或爱美的原因对形象进行整体美化的手段之一，也是出于形象设计或塑造角色形象的需要对人体进行装扮的手段之一。

时尚化妆是现代形象设计的一部分，通过图形来构思，由造型来体现，仍属于图像设计的范畴。因此，化妆设计又可称为“人物造型”，是一种对人物面部或全身形象的再美化塑造。

时尚化妆是一门科学，专门研究由表及里美化面部形象的学问；时尚化妆也是一门技能，不仅包含医学美容、护肤等形体美化的技能技巧，也包括风度礼仪、个性气质、审美层次、文化道德素养等心灵美化的方方面面。化妆同形象设计一样，既是一门综合学科、一种设计理念、一种图形构思，也是一种技能实践，是对人物整体形象进行再设计创造的一个部分。按照化妆的对象来分，化妆包括生活时尚化妆、影视角色化妆和舞台戏曲形象化妆三大部分。本文主要就生活时尚化妆部分展开阐述和探讨。

四、时尚形象设计与时尚元素的有机构建

随着社会的进步，人们对美的追求已不再是盲目地模仿与追赶潮流，已不再仅仅关注一张脸，而是讲究从发型、化妆、服饰到社交礼仪的整体性修饰，并且更讲究内在的气质风度、文化道德修养、个性风格及其全部生活态度与外部形象的和谐统一。

人们希望利用各种最新的时尚元素，包括流行的服装与饰品、新潮的发型款式和护发用品、时尚的化妆手法与最新的护肤技巧、健美的动态与静态肢体语言，乃至个人的对生活的态度信念、道德欲望、社交礼仪、气质风度、举手投足，通过外表的形美(外在美)、神美(韵美)、质美(内在美)的和谐统一，更充分地展示自己独特的性格特点、个性风采，创造一个属于自己的、有个性特色的、不落俗套的、尽量不与他人雷同的新时尚形象。于是，将形象设计学与时尚元素完美有机地结合起来，可建立一套完整的时尚形象设计理念。

第二节　时尚形象设计的意义

时尚形象设计在社会交往中的作用越来越大，这既是社会物质文明与精神文明高度发展的体现，也是人们心理需求的最高层面——自我价值实现的需要。作为人类的一种新兴文化形态，形象设计的目的是装饰、美化个体形象，提升人体的美感；实际上，美化个体形象也就是美化群体、美化整个社会。我们说时尚形象设计是社会精神文明的需要，是人类文明发展的必然阶段，这正是从大量社会实践中得出的结论。社会进步了，物质生活水

平提高了，人们对美的需求也迅速提升。随着人们对文化的不懈追求，对提高生活质量的不懈追求，时尚形象设计这门年轻的学科将会得到更快的发展，时尚形象设计的知识和技巧将为更多的人所理解、接受和运用。

一、时尚形象设计释义

要全方位、多维度地美化个体，应从不同的局部和不同的层次进行美化。应该先由小局部、大局部到整体；从修饰、矫正缺陷，到增加形体的美感；从形式与内容的结合，到整体美的包装。不管是外形美还是内在气质美，个性美的提升都是不断发展、永无终止的。人类文明的发展在一定程度上可以由形象设计科学的发展所体现。良好的个体外表形象美和生命活力美、时尚造型因素美，以及个体的个性和气质风度美等众多因素的和谐统一、协调互映，构成最完美的整体形象，并取得美化群体、美化社会、美化生活的最终效果，这就是形象设计的意义所在。具体分述如下：

1. 本能的目的

“食色，性也”。爱美，是人类的天性，尤其是女性，从古至今，人们都在为增加自身的美丽而不懈地努力着。注重人物个体形象是为了提高个性美或个体形象美的程度，掩饰或弥补自身形象的缺憾或不足，美好的形象可以更加准确地展现个人的全部魅力，有益于事业、有益于家庭、有益于美化整个社会。

2. 传递信息

自古至今，中国传统教育总是特别重视品德教育，以及心灵、文化的修炼与提升，人们普遍认为“内在美”比“外在美”重要得多。但是在高度重视速度的当今社会，情况已经有了很大的改变。形象设计的信息传递体现着商品和服务的价值观念，这是飞速发展的现代社会独有的信息效应，也是人文价值的具体体现；另外，它还可以体现道德价值，即形象设计作品中内在的精神文化价值，表达一定的道德评价和判断标准。

在人际交往中，人们往往习惯于通过外在形象来判断一个人的年龄、身份、学识、爱好、个性、社会地位等，并根据这些最初得到的信息决定对其的好恶取向，这种判断取向常常与从众心理无关。试想，现代社会生活及商场如同战场，时间就是金钱，人们都在为自己的生活、事业、职场、前途、家庭、孩子等各种压力奔忙，一般不太可能花费宝贵时间去慢慢挖掘或品味另一个人的气质、内涵修养，尤其是对一个初识者。人们如果因为不太重视自己的外部形象而在应聘、社会交际中达不到预期效果，导致一开始就被别人忽略或否定，一次机会的失去就意味着一次机遇的丧失，结果往往造成终身遗憾。因此，社会越是向前发展，人们对自身形象美再塑造的需求欲望将越迫切。

形象美化是一种视觉与心灵的感受，它犹如无声的语言，向他人展示一个完整的自我。事实上，人类对个人形象美化的不懈追求在客观上是推动生产力发展的巨大动力，有利于社会交往，形成和谐的人际关系；主观上是体现自我价值的重要因素之一，可以加强自信心，提高成功率。社会愈发展，分工愈明确，社会人际交往也会愈加频繁，而个人外在形象的美化可以从一开始就给对方留下良好的印象，有助于消除阻碍交往的思想障碍，有助于传递个人想要表达的目的和信息，有助于个体事业的发展和兴旺。

美好形象的获得是要经过修炼的：浓淡适宜的化妆技巧，得体大方的服饰搭配，优雅端庄的举止风度，只有当一个人的“形”“色”“韵”三者和谐统一时，才能更加准确地给对方传达真实的自我信息，其个人的整体形象设计才算是获得了成功。

3. 适应社会需求

21世纪将是生产力飞速发展的时代。随着社交活动的日益频繁，人们对自身形象的重视程度越来越高，要求也会越来越高。今天，市场竞争的激烈化、工作压力的加大，都促使人们尽快地突出自我、展示自我，人们更加需要在整体形象塑造中着重强调个性美的空间，在平常中寻找亮点，在普通中创造新奇，在平凡中突出自我，以便更快地立足于社会。

随着新一代年轻人文化程度的大幅度提升，温饱问题解决以后的小康社会生活质量的提高，富裕群体对物质生活的追求的攀升，以及科技发达带来的众多时尚元素对人们的视觉冲击的增强，形象设计学将得到更快的发展。以时尚元素为前提的形象设计知识和技巧将为更多的人，包括形象设计师、舞美设计师、化妆造型师、美容美发师所接受和运用。我们知道，形象设计学的目的是装饰、美化个体，增加个体的美感，最大限度地发掘本体的潜能，帮助个体找到亮点，培养个体对自身全面素质的洞察力和应用力。只有掌握竞争手段，提高竞争能力，改变陈腐观念，树立人才竞争意识，才能在激烈的竞争中赢得一席之地。

时尚风格的形象设计要求形象设计师具有较高的艺术审美修养、广博的知识面、敏锐的洞察力、丰富的想象力和高超的表现技巧。

二、时尚形象设计作用辨析

时尚形象设计的高难度决定设计师的应用知识面要很广博，几乎涵盖人物整体形象再创造的全部过程。时尚形象设计的作用在于：

1. 掩饰或矫正形体上的缺陷

当形体有畸形或伤残等缺陷时，可以施行必要的整形手术予以矫正。如眼睛大小不

一、多指、多乳、牙齿排列畸形、兔唇、肢体残缺等，矫形手术可以帮助人体恢复正常的形态美丽。当然，对畸形和伤残等体形上的缺陷还可以通过发型设计、化妆设计、服饰设计等技巧，巧妙地予以掩饰或矫正。

2. 改造原形体缺憾以增加其美感

如单眼皮、内双或上眼睑下垂者可切割成双眼皮，塌鼻梁通过隆鼻垫成高鼻梁，扁平胸通过丰胸隆乳术使乳房变得丰满等，这都需要手术或医学整形美容术的干预，如现在流行的“整形美容”“人造美女”“人造美男”等。同时，也可以通过发型设计、化妆设计、服饰色彩设计等增强其美感。例如，选择适当的发型可改变或修饰脸型、体型；通过化妆修饰脸型，增加立体感，使得面部更加靓丽；选择适当的乳罩可使胸部丰满挺拔；选择合适的服装或饰品，通过款式或色彩的变化来改变体型的高矮、胖瘦等。

改造原形体来增加美感所要遵循的原则有：

(1)遵循形式美的原则。努力协调局部与局部、局部与整体、机体与环境、生理与心理等各方面的关系。通过发型设计、化妆设计、服饰设计、仪表仪态的修饰，优化局部的形、色、声、韵、风格等形式美学的诸多因素，并把它们协调有序地组合在一个整体形象之中，力求达到最佳的整体美感效果。

(2)增加生命力之美。在赋予个体形象形式美的同时，更重要的是突出生命活力之美。通过形体的健康挺拔、动姿的协调有力、容貌的端庄靓丽、言行举止的优雅大方、声音的抑扬顿挫，使具有形态美的人体更富于动姿美感与旺盛的生命力。

(3)个性气质的展现。个性气质风格的展现和尽可能完美的包装更是时尚形象设计的意义所在，包装个性已成为现今时代形象设计的主流趋势。个性反映了个体的性格特点，并且是区别于他人的性格特点。突出个性是多数人的愿望——在群体中尽快地突出自我形象，展现自我的优势，希望在公众心目中留下良好的印象，希望受到别人的尊重。形象设计不仅是表现个性，还要以时尚元素为风格，修饰美化个体的个性和气质特点；修饰包装后的个性形象，应当更加恰到好处地展示个体高雅的气质和优雅的风度。

三、时尚形象的设计准则辨析

莎士比亚曾说过：“即使我们沉默不语，我们的服饰与体态也会泄露我们过去的经历。”这是一句富有哲理的经典名言。我们的文化层次和沧桑经历决定了我们的审美能力和审美感受。所以，如何用得体、悦目的形象来表现自身优秀的内在素养，是很多人都面临的问题，也因此，市场呼唤具有较高专业素质的人才来提升国人的整体形象。

1. 时尚形象设计的原则

时尚形象设计应遵循的原则有：

(1)时尚性原则。即紧跟潮流、不落伍原则。试想，一个设计师不具备时尚性，对时尚元素没有很好的把控能力，其作品也会是落伍的，不能称为时尚设计作品。

(2)功能性原则。即目的性原则，指设计时应考虑目的与效用，以功能目的为设计的出发点。

(3)经济性原则。不但是对成本的考虑，对消费者支付能力的预测，重要的是积极尝试在现有条件下，提高作品的实用审美价值。

(4)艺术性原则。是指设计师在设计时应使作品具有较好的审美功能和艺术品位，从而给受众以更好的审美享受、更高的艺术欣赏价值及唯美价值。

(5)主题性原则。是指对设计目的及出发点的把握。现代设计作为人类物质文化的审美创造的一个重要组成部分，其目的是满足人的需求，所以设计活动自始至终必须从人出发，把人的物质和精神方面的需求放在第一要素的位置来考虑。

(6)创新性原则。现代设计作为人类智慧的创造性活动，创新是推动其不断向前发展的动力，是现代设计家的追求。现代设计的创新性原则的基础是传承，目的是个性化创新，这是一个差别化制定策略的过程，是个性化的内涵与独创的表现形式的巧妙统一，因此要显示设计作品的个性和设计的独创性。

2. 学习时尚形象设计初期需要掌握的准则辨析

(1)生活化而非创意化。除了参赛作品和展示作品外，都应该遵循生活化原则。人物形象设计的服务对象是人，人物形象设计一定要紧密地与社会生活相结合，关心生活、热爱生活。经常了解社会各阶层人物的角色特性、生活习惯、兴趣爱好、思想情感，以及在社会交往中待人处世的态度，熟练掌握表现生活中的人物形象的技能，有了这种生活的积累，才能够更好地结合人物的个性特点，进行整体人物形象设计。各方面的生活经验积累越多、越丰富，塑造的人物形象才能越生动、越深刻。当然，我们还应当注意传承问题。学习、模仿前人的经验和教训，都是为了熟练掌握、为了传承，如果在学习的开始就一味地追求创意性，追求不适当的夸张变形、奇异怪诞的造型技巧，我们在以后的人物形象造型设计工作中就会走上歧途。当然，等到我们的学习步入正轨，自己能够熟练掌握各种造型技巧，适度的创意与夸张才是设计造型的重点。

(2)注重基础，不求表面化。在学习中，我们要通过以把握人物肢体动态语言为目标的，对仪容、仪态、仪表等的综合性观察训练，熟练掌握人物造型的基本原理及基础技巧规律，从而为人物形象设计打下扎实的基础。例如在学习服饰造型时，不能孤立地只从服饰装扮的角度学习，应结合服装设计学、材料学、色彩学、服装美学、服装结构学、发型学、化妆学、社交礼仪规范等，深入研究，准确掌握服装的款式、材料特点、整体关系及色彩搭配规律，并反复练习，以提高服装审美和服饰搭配的能力。我们应针对各种不同的体型的特点，运用视错觉原理和形式美法则，结合角色实际，把握和突出不同角色形象所具有的独特魅力点，塑造出符合角色而又高于角色的人物形象。只有在具备了扎实的基本功后，再进入造型设计阶段，才可能得心应手，娴熟地创作出完美的、有深刻内涵的形象，从而摆脱一般人物造型中那种只求花哨热闹，只讲表面效果，而无实际形式美感，空洞乏味，不能与审美者产生共鸣呼应的设计作品的阴影。

(3)规律性而非经验性。人物形象设计是一门视觉艺术，在形象塑造上，有其自身的科学性和规律性。我们在基本概念、基本规律、基本技法乃至工具及用品的使用等方面，要进行深入的考察、学习，在掌握其要领和规律后，才能进一步消化理解、熟练掌握、融会贯通，自由灵活地发挥创造力和想象力。在学习过程中，尤其要重视和积极参与各种实习和项目实训以及各种化妆比赛，积累大量经验,这是我们今后面向社会、面向市场进行创作的基本功。当然，如果过多地强调经验，忽视基础知识的训练，将会受到某些经验的局限，从而裹足不前，这不利于创新，不利于最大限度地发挥想象力、创造力。

(4)技术型向创新型发展。在初期学习时，应熟练掌握较强的技能、技巧。娴熟的基本功是完成整体人物形象设计的基础，应当重视。但是，不能只停留或满足于这一点，人物形象设计专业的最终目的是通过整体人物形象设计创作课，增强创新意识，只有向创新型发展,才能成为时代和市场所需要的思维敏捷的创作型形象设计人才。因此，要通过举一反三来确定创作主题，把人物形象设计的一般规律和自身的创造力有机地结合起来，在前人设计作品的基础上，大胆地展开想象，充分发挥创作潜能，从而取得显著的创新学习效果。

(5)局部型向整体型发展。人物形象设计中的化妆、发型、服装、社交礼仪、气质风度等都是局部修饰，但它们不是简单、孤立存在的，这些由内向外的各个局部因素通过有机结合，最终归纳整合成为整体塑造。譬如化妆，既要考虑模特的脸型五官，也要从整体出发，结合人物的个性气质、角色身份、服装饰品、所处环境等条件来塑造形象。因此，我们要特别注重引导学生学习内容的局部性与整体性的统一。只有根据时尚形象设计专业的实际需要，注重全面发展，注重各种潮流的导向性，注重基础课、专业课、修养课、设计创作课及各种形象设计与化妆比赛的有机结合，并通过连续的项目实践或综合实训，认真总结，才能取得良好的学习效果。

四、关于时尚形象设计的几个必要前提

在学习时尚形象设计前，我们还必须解决以下几个相关问题。

1．求美心理的觉醒

形象设计、美容化妆就其本质而言是人类对自我形象的一种再创造。自然美当然是存在的，但必须由人类来发现、选择、感受、点染及修饰，使之符合人类的审美要求。我们说江山是美的，它浩瀚宽广、博大精深，充满了一种苍凉之美、原始之美、悲壮之美，常常使我们的内心产生强烈的震动和共鸣。从古至今，这种原始美一直具有令人难以想象的震撼力，因此画家要描摹江山，师法造化，可最终仍然出现了“江山如画”的说法，在这里，“画”成了高于江山、评判江山的一种主观标准。由此可见，完全朴素的原始美是需要修饰和完善的。当然，人体美有先天自然美的属性，但比较理想和完美的自然美色总是带有罕见性和易逝性。即使天生是一个美人，如果没有对于自身求美心理的充分觉醒，没有对于自身美的价值的不懈追求，那么很快也会让这种原始美平庸、淡化。因此对于自身美，我们需要一个客观评价和衡量的过程，需要有一次再发现、再创作的过程。不讲美的富裕是低俗的，不讲美的文明是不可想象的，而人世间所有美丽的最高境界恰恰是人类自身。

2．增强自信心

古语云：“女为悦己者容。”说的是女性大多为了自己心爱的人而穿衣打扮，也就是要“悦人”：她的一颦一笑、举手投足，都是为了在心爱的人面前展示自己最美丽、最迷人的部分，展现自己的全部魅力而取悦于他人。而“悦己”则不同，时代进步了，打扮的目的也有了明显的变化。打扮是为了给自己增添更多的自信，让自己时时刻刻有个好心情，使自己可以更好地承担社会与生活赋予我们的重负。但“悦己”不能偏激，不能过分，任何落伍或过激的行为都是不能取悦这个社会的，也是不能长久的，或者说是不能流行的。

那么，究竟应当“悦己”还是“悦人”？笔者认为首先应当是“悦己”，其次才是“悦人”。打扮了，修饰了，让自己在任何场合站出来都是一个充满自信的人，哪怕年龄再大，那一份魅力，那一份自信，那一份气势(也称“风度气质”)，将永远使自己拥有旺盛的生命活力，让别人也被这份活力所感染、所征服，使别人因为自己也变得愉快轻松，甚至容光焕发起来。那么，我们整个社会都会洋溢着一种青春美丽的活力与蓬勃朝气。既取悦了自己，也取悦了别人，取悦了社会，这是最理想的境界。

但是，“悦己”一定要注意时间、地点、场合，注意符合身份、符合年龄，符合角色定位和岗位需求。

3．心理年龄与生理年龄

许多人年龄不大，却暮气沉沉，仿佛不堪忍受生活的重负，未老先衰……这样的人

整天埋怨命运、唉声叹气，长久下去，面部皱纹交错，人未老，心却老了。有些人白发苍苍，年近黄昏，可仔细看来，步履矫健、神采奕奕，晨练、唱歌、打网球、跳舞，他们在积极参与各种社会活动时还会稍加修饰：花白而整齐的头发、清新而淡雅的妆容、得体而高雅的服饰，甚至在举手投足间不经意流露出的那份追求完美的自信魅力，都让人感觉他们越活越年轻，他们的精神与心理年龄一定比实际年龄要小得多。

多年前，国外一份杂志就有报道称，有人把人的心理年龄划分为：15−45岁为青少年期，45−65岁为中年期，65−85岁为较老年，85岁以上才被称为老年人。因此，如果希望保持那份年轻，首先应当从心理上来调整心态，应当经常告诉自己，年龄不是唯一的衡量一个人是否年轻的标准，即使人老了，心也不要老，要永远保持心理上的年轻状态，保持永久旺盛的生命活力。

有人欲留住青春，苦于不得法，甚至有人以为剪一个“娃娃头”，画一个“欧式眉”，涂一点胭脂口红就可以显得年轻……结果反而给人一种不伦不类的感觉。其实，年轻人的美丽是天生的，是上天赐予的恩惠。但就算是年轻人，若不加修饰，想要有气质、有魅力也是很难的。那么我们怎样在这个世界上显示出我们的重要性呢？请注意“先气夺人”这个词，这里的“气”指的是内在气质与风度，指的是以广博的知识面和丰富的社会阅历为底蕴，以智慧、爱心展现我们成熟的魅力。

在中外历史上，能坚持以执着的、锲而不舍的信念与意志，排除一切困难和干扰，并建立起特殊功业的人物向来不多，尤其女性人物更为鲜见。例如，获得国际诺贝尔奖的著名法国物理学家居里夫人和现代护理专业的鼻祖南丁格尔，就是最具代表性的两位伟大女性。她们对人类所作出的杰出贡献，至今还令人赞叹不已，谁又能说她们不美丽？因此无论是年轻人还是老年人，要以高雅的气质、优美的风度、成熟的魅力、广博的爱心取胜，要紧跟社会发展潮流，要在整体形象的端庄优雅、大方得体，学识涵养的渊博，文化底蕴的深厚等方面先气夺人，征服别人，赢得他人的尊敬，这样的美丽才是长久的，这样的魅力才是永恒的。

4. 心理美容与健康

爱美是人类的天性。美丽是一种视觉与心灵的感受，它如无声的语言，向他人展示一个愉悦的形象。

我们知道，面容是心理健康的一面镜子，不良的心理状态会造成容貌的衰老、皱纹的产生。特别是中老年人，每一张脸上都刻着生活的沧桑经历和情感的艰辛历程。一个多愁善感或者性格忧郁的人，他眉宇间、额头以及鼻唇沟、口唇四周的皱纹比一般人要多，且会渐渐趋向于一种忧郁的面容。在无情的岁月中，不管怎样掩饰，曾经有过的欢乐与悲伤总会或多或少地悄然刻在脸庞上……

医学解剖和生理研究发现，我们人类每一平方英寸的皮肤中就有75米长的神经纤维。人的精神状态和心理变化经过神经轴突的传递到达表皮，对皮肤的潜在影响很大。人在恐惧时血管会痉挛，皮肤因供血不足而变得苍白，且易产生皱纹。尤其是精神创伤、心情忧郁等精神压力，一方面会使植物神经紊乱失去平衡而影响皮肤营养，导致皮肤干燥、松弛，失去光泽；另一方面也会因其诱发激素水平失调、内分泌紊乱，从而使皮肤衰老或者出现疾病。不好的心理情绪不仅会加速皮肤皱纹的形成，还会影响面部光泽。人如果长期心情处于压抑状态，往往面色苍白，皮肤灰暗无光泽。况且心理状态不仅影响毛发和皮肤的健康，还会影响形体和容貌之美，当然更能影响人的内在美和气质风度的表达。

精神医学专家经研究还发现，皮肤和毛发的一些疾病，很多时候都是由心理障碍或者精神压力过大引起的，如瘙痒症、慢性荨麻疹、慢性湿疹、神经性皮炎、酒糟鼻、皮脂溢出性皮炎、痤疮、粉刺、少年白发、普通脱发及斑秃等，都是精神压力过大或心理障碍躯体化具体表现的结果。

在实际生活中，心理因素对形体健美的影响也十分突出。研究表明，女性最烦恼的肥胖症与心理状态关系密切；反之，消瘦也同样可能由心理因素引起。

综上所述，经常保持健康、稳定、轻松、愉悦的情绪，对机体可产生良好的影响，不仅可以使人容光焕发、充满青春活力，还使人面容、毛发、皮肤和形体更加美丽，使生理功能更趋于稳定，生理和心理状态和谐统一。

保持身心健康的方法，应数我国中医养身之道最为精辟。中医认为，皮肤作为人体的一个重要组成部分，与身体内部其他器官保持着密切联系，它们通过经络系统联结成一个有机整体，并通过气血津液完成整个机能活动。只有人体的心、肝、脾、肺、肾等功能正常，皮肤才可能健康光泽，充满活力；营养物质充足，皮肤才能显得柔嫩、细腻、滋润、富有弹性。因此，强调健美肌体的内外兼修，由里及表或由表及里就显得尤为重要。所谓“喜伤心、怒伤肝、思伤脾、忧伤肺、恐伤肾”，只有五脏精气充溢，机体才能健康。五脏精气充沛，六腑功能通达，是人体健康的标志，也是皮肤健美的保证。

随着时代的发展，人们返璞归真的愿望更加强烈，对美的追求也趋于朴实自然。以自然方法科学美化形象，将成为形象设计的新时尚。容颜靓丽离不开健康愉悦的身心，让我们以科学的方法、健康的心态、健美的形体去美化社会、美化人生。

第三节　形象设计与化妆技术的溯源

不懈地追求创新、追求完美是人类的本能。审美意识的觉醒是人类进化的产物，也是生产力发展、社会文明进步的标志。形象设计与化妆技术作为人类的一种文化意识形态，早在远古时代就已经存在，而时尚潮流关于评价形象、审视美的标准，古今中外、历朝历代都不尽相同。

一、国外形象设计与化妆技术溯源

《新旧约全书·创世纪》中有这样的记载：起初，当神创造混沌天地时，人类的始祖亚当和夏娃禁不起蛇的诱惑，偷吃了善恶树上的禁果，有了智慧，也有了羞耻感，立刻找来无花果树叶遮住下体……从此，人类开始为遮羞而穿衣戴帽，并且喜欢用各种美丽的物品修饰装扮自己。

传说中的夏娃是美丽动人的：她有花卉的美丽、禽鸟的歌声、霓虹的色彩、羔羊的温柔……

有人说："人类对美的追求是与人类的诞生同步开始的。"从考古工作发现的陪葬品、壁画、雕刻以及生活遗迹中可以得出这样一个结论：关于化妆和化妆品的历史起源几乎可以追溯到有人类存在的时候。

原始社会时期，人们热衷于迷信咒术。为了避邪消灾、祛除疾病，在举行祭祀仪式时，要用五彩颜料装饰自己的眼部和面部。考古学家发现，最早有意识地使用化妆品来装饰自己身体的是古埃及人。他们为了避暑防燥，或者驱赶昆虫、保护生殖器，常常把自己装扮得很怪异，例如用动物油脂涂抹皮肤，同时还在眼圈周围染上红、黄、绿、蓝、黑等五彩染料；他们认为，这些染料不仅可以避邪，还可以预防飞虫侵害。专家研究发现，这些颜料的主要成分中有孔雀石(英文名Malachite，化学分子式$Cu_2CO_3OH_2$)。

孔雀石(见图6-1)是一种含铜的玉料矿物质，其中所含的孔雀石绿呈现绿色、蓝玻璃样光泽或金属光泽，色彩极鲜艳，研成细粉末后可以用来制作颜料，具有良好的杀菌作用。

图6-1　孔雀石[①]

早在公元前2000多年，人类就懂得如何为自己的形象进行设计与化妆了。据考证，人类开始有意识地进行化妆活动的历史，是从使用香料开始的，后来，人们开始把香料与药物结合在一起，直到美化容貌与治疗疾病的功能有机地融合于产品之中。公元前5世纪，古埃及人懂得沐浴后，将加了香料的油脂涂于全身去朝圣，以示虔诚；或将

① 图片引自百度百科"孔雀石"词条。

其涂在尸体上用以防腐。他们从印度北部和阿拉伯南部运来大量芳香性香胶树腊、芳香性植物根部或树皮等原料，用以制造香水和化妆品。时光追溯到古埃及时代，古埃及女王克娄巴特拉用驴乳沐浴使皮肤细腻嫩白，用散沫花染指甲、手掌和嘴唇，史料记载，她至少使用过15种不同的香料。据说，埃及艳后常年用牛奶沐浴，让自己看起来更丰盈动人。为了滋润保养皮肤，古埃及人还在沐浴后用香油、香水或者油膏来涂抹全身皮肤，使皮肤更加洁白细腻，这些活动使当时的化妆艺术达到了高峰。埃及壁画上还出现过有着多彩多姿唇形和唇色的宫女的画像群。据记载，这种最早用于自身保养的化妆起源于巫术，随后才逐渐发展成为人们日常生活中必备的形象设计与化妆活动，进入人们有意识地求美的活动中。

化妆和化妆品改变了女人的一生。据史书记载，古代罗马人和古埃及人特别喜欢先用烟黑涂描眼睫毛，然后再涂上黄白色的天然橡胶浆以美化睫毛。她们从凤仙花里萃取红色染料涂在嘴唇和两颊上，用白铅粉涂抹整个面部，用锑粉涂抹眼睛，还将朱砂(一种含铅和砷的红色化合物)和油膏混合使用涂抹面颊及嘴唇。

古希腊的女性曾经为了追求美丽而付出惨痛的代价：当时使用的白铅粉和朱砂，原料中都含有大量有毒物质，如铅、汞、砷等，这些有毒物质对人体造成了极大的伤害，严重者会因中毒而失去宝贵的生命。可尽管如此，白铅粉和朱砂的使用仍然越来越普遍，并且逐渐成为一种潮流。由此可见人们对美的不懈追求到了何种狂热的地步。

非洲人从天然环境中发现了许多美化容貌的原料，他们充满艺术性的发型精致复杂，别具一格。他们所特有的某些服饰及化妆术，即使以现代眼光来衡量，也还是相当时髦的。如前段时间流行的标新立异的“洞穿唇”始于中古时期的土著，其效果在欧美一片“返璞归真”的呼唤声中愈加流行。大量地在脸上涂抹“妆红”的风气，在欧洲始于中古时期的希腊。当时，希腊女性除将脸、唇涂红外，还在手、脚与臀部上也画上红彩。中古罗马时期，化妆风气比古希腊更为普及，但化妆用品基本与古希腊相同。

中古时期的人们经常用香油来滋润和保养皮肤。妇女喜欢在面颊及嘴唇上涂抹色彩丰富的化妆品，而对眼部却很少进行修饰化妆。文艺复兴时期的流行趋势就不同了，当时，形象的时尚潮流是剃掉眉毛及额前发际线来展示更宽阔、更洁净的前额，特别是女子，剃掉眉毛被认为是智慧的象征。但是人们的面颊和嘴唇却不流行使用较深的化妆色彩，面部几乎没有化妆，即便遇到很重要的场合而必须化妆，其妆色也很淡雅。她们的头发都精心地梳理过，并且佩戴了许多典雅华丽的头饰，以显示其高贵富有。为了配合这些时尚潮流，化妆品行业也有了长足的发展，各种质地精良的化妆品开始盛行。

公元454年左右，古罗马男子不再以大胡须为美，他们开始注重修面。上流社会没有胡须的涂满白粉的脸庞在当时俨然成为一种时尚。这些关于不懈追求形象化妆修饰的信息，在古罗马人留下的很多书籍中都可以看到，这可能就是西方最早的化妆与化妆品方面的典籍了。

16世纪，特别是英王伊丽莎白一世时期(公元1558年至1603年)，敷面膏的使用开始流行，敷面膏即现代美容术中流行的面膜。人们用水果和蔬菜、硼砂、明矾、蛋壳、杏仁、罂粟的籽粒、牛奶、牛油以及面粉等作为原料，混合均匀后，不厌其烦地仔细保护面部和全身皮肤。在欧洲文艺复兴时期的艺术作品中，也有许多描绘古希腊神话美女维纳斯用玫瑰花洗澡的出浴图。

西方化妆术的盛行始于17世纪，最初的目的只是用来遮掩女性天花病人痊瘉后脸上留下的疤痕。17世纪末期，巴黎的妇女中间流行点痣术。点的“痣”可分为红色和黑色两种，用一种加染料的膏体制成。痣可以做成很多种形状，较为多见的有月牙状、星星状、圆点状、花朵状等；痣一般点缀在额头、眉头、鼻子、两颊或唇边，也有点缀在肚脐和两腿内侧的。点痣术的流行为女性形象增加了娇柔妩媚的俏皮风格。

公元1755年至1793年是一个奢侈时期，法国王后玛丽·安东妮帐下有地位的妇女都用草莓汁或牛乳来沐浴，并且使用大量昂贵的化妆品。她们将淀粉磨细做成香粉扑在脸部，嘴唇与面颊则涂抹鲜艳的化妆品，颜色从粉红色到橘黄色。而她们当中最“前卫”的瓦尔戈夫人，则在一次宫廷舞会中率先使用紫色口红，令在场的所有人惊诧不已，却又不得不承认这种紫唇所具有的特殊魅力。

文艺复兴时期，化妆风潮突起，17世纪的法国路易王朝又开始大兴红妆，妇女们脸颊都涂得红如火光，因此有英国妇女到法国后大吃一惊，写信回去说法国女性都疯了，个个面颊如火，“望之不似人脸”。她们用的就是一种以辰砂为主要原料做成的、被称为“维埃鲁依沙”的特别鲜艳的胭脂。文艺复兴时期的人们十分重视外表形象，面纱是必不可少的饰品，特别是上流社会的妇女，出门不精心化妆、不戴面纱，会被认为是不贞的象征，常会遭到非议甚至唾弃；另外，一把镶满了烦琐复杂花边的细柄小阳伞也是她们随身必备的饰物。

由英国诗人理查德于17世纪创造的表示“化妆”的名词“make up”，此时正流行于全欧，成为化妆的定义词。它曾经于19、20世纪消失，但20世纪40年代以后，又在美国好莱坞式化妆风潮的兴起下复出，成为广义的化妆界的泛语。

18世纪初叶，维多利亚女王曾公开宣称，她认为化妆和使用化妆品是不礼貌的，使用化妆品的行为因而被视为粗俗行径，只有戏子和妓女才会使用化妆品。当然，个人的力量是微不足道的，是阻挡不了历史前进的步伐的，也阻挡不了时尚流行潮流。到第二次世界大战前，琳琅满目的化妆品已在西方社会被广泛应用(尽管在纳粹德国被禁止)。18世纪中叶，法国国王路易十四为了追赶时尚潮流，居然剃光了美丽的金色卷发，戴上了当时非常时髦的假发套，脸上还涂抹着五颜六色的香粉，一时间，王公贵族纷纷效仿。而女性则喜欢用小块的丝织花布来修饰脸部或掩饰缺陷。女性的眉毛不仅经过刻意整理，她们还在眼皮上涂抹一种具有强光泽的物质，以增加眼部轮廓的立体感。当时的人们喜欢穿着极为华贵的服饰，佩戴假发或缀有蕾丝花边的各式软帽，喷洒香味浓烈的香水，驾驶六匹马拉的豪华马车盛装出行，从而引发了个人时尚形象的一次新的革命。

19世纪末“新艺术运动”盛行于欧洲，这是唯美主义、工艺美术运动等观念综合汇聚而产生的一种新的形象化妆风格，比如将很多藤蔓植物图案和长长的弯曲线条装饰在大量的纺织图案中，或精致地描绘在面部。女性发型、服饰的外形轮廓开始趋向柔和和轻巧。那时女性的头发习惯从中间向两边高高梳起，束成一束束圈轮状的披肩长发卷；她们还非常重视帽子的修饰，通常帽子都比较大，常常有软硬之分，上面缀满了色彩艳丽的羽毛、花朵、缎带等饰品。至于化妆，她们通常喜欢剃光原来的眉毛，代之以用碳粉和黑色染料描画出的黑黑细细弯弯的高挑眉；面部敷粉也尽可能简单地涂白。

19世纪末20世纪初，巴黎最著名的服饰设计师波烈设计倡导的呈直线造型的“蜡烛女裙”问世。这种女裙综合了希腊罗马裙袍、中国旗袍、日本和服、阿拉伯长裙和印度纱丽的特点，颇具东方风格，一面世即被妇女们普遍接受，立即风靡整个欧洲。波烈为了完善这种直线型的、秀美而简洁的服饰，还配套设计了一种小窄沿的圆顶帽子，代替原有的烦琐复杂、过于累赘的宽边大沿帽。女性服装开始呈现出简洁、和谐、古典且具有浓郁东方异域情调的趋势。这种简洁的趋势把女性从服饰的桎梏中彻底解放了出来。服装“适用、简洁、朴素、淡雅、活泼和年轻”的设计原则是建立在较高层次的形象审美观点的基础上的，体现了现代服饰设计的特点和发展趋势。服装的变化也带动了化妆的变化。化妆色彩开始丰富艳丽，女性们开始特别注重眼部化妆：描黑双眉、卷翘睫毛、拉长眼角等；丰富多彩的眼影、假睫毛、睫毛膏开始流行。“电烫夹”“火烫钳”等美发烫发机械工具的发明，使女子发型中的卷发成为时尚；染发剂的发明使头发色彩也开始趋于丰富，染发成为时尚，茶褐色、棕褐色、酒红色被认为是最时髦的发色，白发染黑当然是极为普通的事情。

20世纪二三十年代是时装与化妆艺术完美结合的年代。由于第一次世界大战风云刚过，人类重创未平，战争从根本上改变了人们的生活方式和观念意识。美国学者赫洛克的《服装心理学》中有这样一段描述：“一般说来，战争时代（时尚）总是走向极端，特别是妇女服装。由于战争牺牲了很多男人，战后男人缺少，所以女人想结婚就必须超过别的有同样需求的女人。此外，和平宣言一公布，欢乐代替了过去的忧郁，而且往往达到了歇斯底里的发狂程度。”大战以后，女装的设计开始出现丰富多彩的多元化式样，并且比任何时期都更加大胆。化妆更是成为时尚，女性中流行性感妩媚的风格，化妆的描画重点开始向唇部转移：一双鼓突厚重的双唇成为时尚，并且开始流行宽阔性感的唇形，色彩也趋向于大红、深红、紫红、橙红等艳丽风格。

东方人对形象美化的注重也有相当悠久的历史。公元601年，高丽僧把口红引入日本。当时的日本女子为了使口红抹得更浓重红艳一些，常常在涂口红之前先在唇上涂上一层薄墨，然后再涂上口红。这种化妆方法使面部和牙齿的白皙与口唇的殷红形成对比，给人一种强烈的视觉冲击。

日本艺伎的形象塑造更是独具风格。在日本，艺伎们用碾碎的红花花瓣做成口红，用来涂抹眉毛、眼线和嘴唇，同时用一种比相扑力士用的发蜡更软的蜡充当粉底；白色的颜料和粉用来涂面部和背部，再用胭脂勾勒眼窝和鼻子。歌舞伎(艺伎学徒)在出师典礼上，还用黑色染料把牙齿涂黑，这堪称一种复杂且颇具特殊民族风格的形象艺术。

20世纪中后期(二战以后)是国际化妆潮流与化妆品大发展时期。1989年，美国从海藻中提炼出一种可以延缓衰老的元素，并且将其添加在乳液中，成功制成了一种抗衰老乳液。由于这种成分的提取需要花费大量的人力，所以乳液的价格非常昂贵，然而消息不胫而走，上流社会的女人们奔走相告，甚至不顾自己上流社会的身份而早早地排在发布会的门外。发布会一开始，所有的化妆品就被一抢而光，美国社会称这次事件为“海藻风暴”。虽然后来并没有调查资料显示这种神奇的乳液到底给人们带来了多么大的“福利”，但仅仅是其在女性之间产生的巨大影响力就已经足以表明女人对于化妆与化妆品的神奇功效是推崇有加的。

其实，男性对于形象的重视并不亚于女性，他们对胡子更是特别重视，因为胡子自古以来就被视为权力的象征。在古代的波斯和欧洲，对于胡子的处理方法种类繁多，包括染色、涂油、卷曲、梳剪、拉长，甚至涂上金粉。睡觉前，先将胡子涂上香油，再戴上胡子袋作为保护。据说澳大利亚巴兰纳市的市长有一把和身体一样长的胡子，称誉一时。1956年9月28日，他去开会，登上楼梯时，不慎踩在自己的胡子上，滚下楼梯而亡，成为吉尼斯世界纪录中第一个为了胡子而“牺牲”的名人，其胡子现在还保存在该市的博物馆中。

二、中国古代形象设计与化妆技术溯源

中华民族文化历史渊源流长。在古老的东方神话中，我们的远祖——女娲是很美的，她有黑发、美目、皓齿、红润的面庞和健康的体魄。

我们的祖先在山顶洞人时期，就已经开始懂得将雕刻得十分精致美观的石珠、蚶壳、砾石，或者狐、獾、鹿等动物的骨头、牙齿佩戴在自己的身上作为饰品。这从考古学家在山顶洞人的遗址中发现的大量以赤铁矿末染红的各种石、骨、贝壳类装饰品中可以得到证实。早在商周时期的甲骨文中就有“沐”“浴” 等字样，《说文解字》中这样解释：“‘沐’，洗面也。”“浴”的字形像人在盆中用水洗澡的样子，我国南方部分地区称“沐浴”为“妆洗”。晋代张华的《博物志》载有“禹选粉”“纣烧铅锡作粉”“周文王敷粉以饰面”等故事，都真实地记录了化妆与帝王及时尚潮流之间的密切联系，表现出人

类追求美丽的迫切愿望。

1．关于化妆技术及化妆品

从大量的文献记载以及形象资料来看，古代妇女化妆，往往是脂粉并用，单以胭脂修饰面容的比较少见，具体做法可分为三种：

(1)在化妆之前先将胭脂与铅粉调和，使之变成檀红——即粉红色，然后直接抹于面颊。因其在敷面以前已经被调和成一种颜色，所以色彩比较统一，整个面部的敷色比较均匀，能给人以庄重、文静之感，所以多用于成年女性。

(2)先抹白粉，再涂胭脂，胭脂的位置往往集中在两腮，所以双颊多呈红色，而额头、鼻子以及下颌则露出白粉的本色来。中国古代传统绘画技法中有“三白”之说，就是根据这种化妆方法而来的(实物可见唐寅的绘画，里面大多数女性都是这样化妆的)。从图像来看，这种妆式常用于青年，历史书中的“桃花妆”一词，即现代时尚化妆中的“桃花妆型”，就指这种妆式。

(3)先在面部涂抹一层胭脂，然后用白粉轻轻罩之。用色的程度不一，名称也不同，浓艳者称“酒晕妆”，稍浅一些称“飞霞妆”。

据调查，现代戏曲化妆中的“青衣”“花旦”至今沿用这种“酒晕妆”化妆技法。只是材料中的白粉已经换成了现代极易推抹的“铅粉”，而胭脂也直接改用戏剧油彩中的大红色，定妆后再用普通戏曲胭脂加强妆面效果。

我国古代化妆的鼎盛时期当数唐代。唐代以丰满为美，代表是杨贵妃。当时，杨贵妃就已经懂得用花钿(见图6-2)贴金的方法来遮盖脸上的缺陷，这一方法在唐代妇女中盛行一时。

当时的化妆术更是名目繁多：黄额妆、催妆、红妆、醉妆、晓妆、泪妆、桃花妆、仙娥

图6-2　唐朝花钿式样图例[①]

① 李秀莲.中国化妆史概说[M].北京：中国纺织出版社，2000：55.

妆、血晕妆等，在民间也十分流行。六朝时期，妇女的额间或额角涂黄或戴花为饰，直到唐代仍很流行。李商隐的《蝶》中有“寿阳公主嫁时妆，八字宫眉捧额黄”。另外，六朝民歌《木兰诗》“当窗理云鬓，对镜贴花黄”，初唐诗人卢照邻《长安古意》“纤纤初月上鸦黄”中的花黄、鸦黄都是指黄额妆。

欧阳修有一首很著名的《诉衷情》：“清晨帘幕卷轻霜，呵手试梅妆，都缘自有离恨，故画作远山长。”其中“呵手试梅妆”，即指梅花妆。《太平御览》中称：“宋武帝女寿阳公主一日卧于含章殿下。梅花落公主额上，成五出之花，拂之不去，香气袭人。皇后留之，自后有梅花妆，后人多效之。”据说，这就是“梅花妆”的来历。

杜甫的《丽人行》中有一段对杨玉环姐妹形象的整体描述：“态浓意远淑且真，肌理细腻骨肉匀。绣罗衣裳照暮春，蹙金孔雀银麒麟。头上何所有？翠微㔩叶垂鬓唇；背后何所见？珠压腰衱稳称身。”诗中说杨玉环姐妹姿色艳丽，意态高远，举止大方，肌肤细腻，肥瘦适中；绫罗衣衫上面有金银线绣的孔雀与麒麟，在暮春烟景中闪耀着华美的光彩；两鬓戴着翠玉花环饰物，缀有珍珠的后襟非常合身。

唐代佚名所作的《唐人弈棋图》描绘了以贵族妇女对弈为主题的生活场面。画中妇女满头高髻，簪花耀顶，眉作倒八字晕饰，面色红润，丰肌肥体；上穿绯底蓝花袄，并有白纱披肩，下着绿花罗裙。画作生动地再现了当时的这种倒八字眉形及红妆的特点，是典型的“曲眉丰颊”“肌胜于骨”的唐代妆容(见图6-3)。

图6-3　《唐人弈棋图》[1]

当时，女子衣着鲜艳，面妆也是艳如霞光的赭面妆，这是典型的盛唐时期流行的女子面妆。妆容以白粉打底，两腮涂抹得非常红，犹如现代戏曲中的青衣，好像两抹红霞附在脸蛋上；嘴唇也涂得很红，娇艳欲滴；眉形画成整体较粗、末稍开叉的“分稍眉”，还

① 国家文物局.中国文物精华大辞典[M].上海：上海辞书出版社.北京：商务印书馆，1996：139.

图6-4　时世妆①

有一种又粗又短，形如春蚕出茧的"出茧眉"；整体形象显得眉黑、面赭、唇红，是一种大胆开放的妆面。

唐朝元和年以后，开始流行"时世妆"。由于受吐蕃服饰、化妆的影响，出现了"啼妆"、"泪妆"(时世妆的一种)，因其"状似悲啼者"而名，顾名思义，就是把妆化得像哭泣一样，当时称"时世妆"(见图6-4)。诗人白居易曾在《时世妆》一诗中详细形容道："时世妆，时世妆，出自城中传四方。时世流行无远近，腮不施朱面无粉。乌膏注唇唇似泥，双眉画作八字低。妍媸黑白失本态，妆成近似含悲啼。"

这种妆面流行于唐代长安城的妇女中，是自当时的西北少数民族传来的。其特点是两腮不施红粉，只以黑色的膏涂在唇上，两眉画作"八字形"，头梳圆环椎髻，面有悲啼之状。这种梳妆尤为当时的贵族妇女所喜爱崇尚，直至五代，宋代开始少见。这种妆有故作惺惺态之嫌，不仅无甚美感，而且给人一种怪异的感觉，所以很快就不流行了。

2．关于画眉

据考证，画眉之风起于战国，其风行的历史可以追溯到秦王朝时期。《事物记源》记载了"秦始皇宫中悉红妆翠眉"的说法，很好地说明了秦王朝时已经盛行修画眉毛、涂脂抹粉了。

用于画眉的材料开始是柳枝烧焦后碾成的粉，用法是直接涂在眉毛上。从文献记载来看，最早的画眉材料是"黛"。黛是一种青黑色颜料矿物，也称"石黛"。描画前必须先将石黛放在石砚上磨碾，使之成为粉末，然后加水调和。磨石黛的石砚在汉墓里多有发现，说明这种化妆品在汉代就已经投入使用了。除了石黛，还有铜黛、青雀头黛和螺子

① 图片引自百度百科"时世妆"词条。

黛。铜黛是一种铜锈状的化学物质；青雀头黛是一种深灰色的画眉材料，在南北朝时期由西域传入；至于螺子黛则是隋唐时妇女的画眉材料，出产于波斯国，使用时蘸水即可，无须研磨，因为它的模样及制作过程和书画用的墨锭相似，所以也被称为“石墨”，或称“画眉墨”。

唐代妇女曾经把眉毛剃光并涂上螺子黛，而在之前的汉朝妇女中更是盛行剃去眉毛，以画眉代之。《盐铁论》中有“博得黛青者众”一说，其中的黛也是指画眉的青黑色。

据传唐明皇有“眉癖”，他曾经吩咐宫廷画工画“十眉图”，该图流传至今。到了盛唐时期，流行把眉毛画得阔而短，形如桂叶或蛾翅。元稹诗云“莫画长眉画短眉”，李贺诗中也说“新桂如蛾眉”。为了使阔眉画得不呆板，妇女们又在画眉时使眉毛边缘处的颜色向外均匀地晕散，并称其为“晕眉”。还有一种画法是把眉毛画得很细，称为“细眉”，故白居易的《上阳白发人》中有“青黛点眉眉细长”之句，他在《长恨歌》中还形容美人“芙蓉如面柳如眉”(见图6-5)。

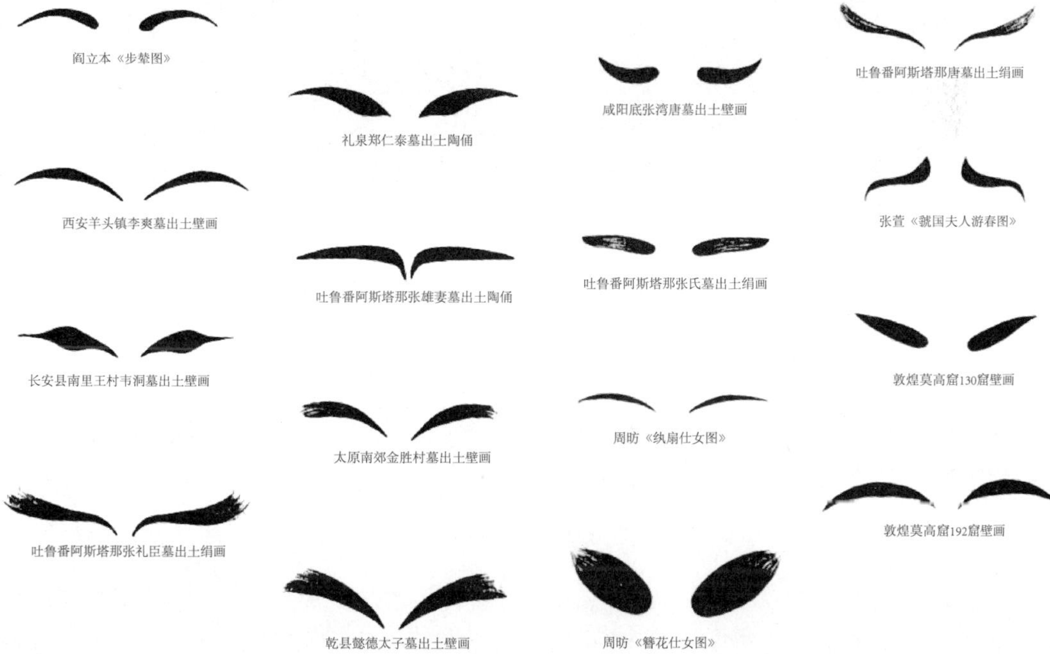

图6-5 唐朝妇女流行的眉式①

宋朝晏几道的《六么令》中有这样的形容：“晚来翠眉宫样，巧把远山学。”这是说把眉毛画成长长弯弯青青的样子，像远山一样秀丽。后来又发展出用翠绿色画眉，且在宫廷中也很流行。《米庄台记》中记载：“魏武帝令宫人画青黛眉、连头眉，一画连心甚长，人谓之仙娥妆。”这种翠眉的流行反而令用黑色描眉成了新鲜事。《中华古今注》中

① 李秀莲.中国化妆史概说[M].北京：中国纺织出版社，2000：60.

说杨贵妃“作白妆黑眉”，当时的人将此认作新的化妆方式，并称其为“新妆”。难怪徐凝在诗中描写道：“一旦新妆抛旧样，六宫争画黑烟眉。”

图6-6中头插牡丹花、短眉倒八字的仕女，更显妩媚与富丽(见图6-6)。

图6-6　唐 周昉《簪花仕女图》[①]

到了宋代，画眉墨的使用更加广泛，妇女们已经很少再使用石黛了。关于画眉墨的制作方法，宋人笔记中也有叙述，例如《事林广记》中说：“真麻油一盏，多着灯心搓紧，将油盏置器水中焚之，覆以小器，令烟凝上，随得扫下。预于三日前，用脑麝别浸少油，倾入烟内和调匀，其墨可逾漆。一法旋剪麻油灯花，用尤佳。”这种以烟薰灰作为原料的画眉材料，到了宋末元初，被美其名曰“画眉集香圆”。元代之后，宫廷女子的画眉之黛已经全部选用京西门头沟区斋堂特产的眉石，明清也是如此。

直至20世纪20年代初，随着欧洲文化的东传，我国妇女的化妆品才发生了一系列的变化。画眉材料，尤其是杆状的眉笔和经过化学调制的黑色油脂(眉膏)或眉粉，由于使用简便又易于携带，一直沿用到今天。

3. 关于敷粉

春秋战国时期就有关于“粉黛”的记载。据称，最古老的“粉”是用来涂面的，分为红、白两种，一种是周代盛行的将米粉研碎，加入香料制成的，这也是《说文解

① 国家文物局.中国文物精华大辞典[M].上海：上海辞书出版社.北京：商务印书馆，1996：136.

字》中古“粉”字以米为偏旁的缘故；另一种妆粉是将白铅熔化成糊状制成的面脂，俗称“胡粉”。

除了单纯的米粉、铅粉以外，古代妇女的妆粉还有不少品种，如在魏晋南北朝时期，宫人段巧笑以米粉、胡粉掺入葵花子汁，合成“紫粉”；唐代宫中以细粟米制成“迎蝶粉”；在宋代，则有以石膏、滑石、蚌粉、蜡脂、麝香壳及益母草等材料调和而成的“玉女桃花粉”；在明代，则有用白色茉莉花仁提炼而成的“珍珠茉莉粉”以及用玉簪花合胡粉制成玉簪之状的“玉簪粉”；清代有以珍珠加工而成的“珠粉”以及用滑石等细石研磨而成的“石粉”等。还有以产地出名的各类粉，如浙江的“杭州粉”(也称官粉)、荆州的“范阳粉”、河北的“定粉”、桂林的“桂粉”等。粉的颜色也由原来的白色增加为多种颜色，并掺入了各种名贵香料，使其具有更迷人的魅力。近半个世纪以来，随着考古工作的深入开展，大批妆粉实物相继出土，有的盛在精致的钵内，有的安放在丝绸包里，最有特色的是福建福州出土的南宋妆粉，被制成了特定形状的粉块，有圆形、方形、四边形、八角形和葵瓣形等，上面还压印着凸凹有致的梅花、兰花或者荷花图样，其精致美观程度令人惊叹！

据唐书记载，唐明皇每年赏给杨贵妃姐妹的脂粉费高达百万两！对于敷粉的方法，清初戏剧家李渔的见解颇为独到，他认为当时妇女搽粉“大有趋炎附势之态，美者用之，愈增其美”，“白者可使再白”，“黑上加之以白，是欲故显其黑”，鲜明地道出了化妆与审美的关系。更值得深思的是，古人还把敷粉等化妆方式同道德修养联系在一起，指出美化容貌应与自我修身养性结合起来，如东汉蔡邕认为：“揽照拭面则思其心之洁也，敷粉则思其心之和也，加粉则思其心之鲜也，泽发则思其心之顺也，用栉则思其心之理也，立髻则思其心之正也，摄鬓则思其心之整也。”这种观点不仅颇有见地，而且寓意深刻。

汉朝时期，化妆技术与化妆品的使用更广泛。据称，东汉梁冀的妻子孙寿会制备各种各样的“妆媚”(化妆品)，称绝一时。

还有一种“紫粉”，由紫茉莉籽碾磨成粉。清代名著《红楼梦》中宝玉给平儿的“轻、红、白、香四样俱美”的妆粉，就是以这种紫茉莉花籽的粉为原料做的。

4. 关于胭脂

胭脂是古代妇女化妆时常常使用的化妆品。历代典籍中有关“胭脂”二字的写法很多，如“焉支”“烟支”“鲜支”“燕支”“燕脂”“阏氏”等。据文献记载，早在公元前一千多年的商朝末期，妇女就已经开始使用“燕支”了。如马缟的《中华古今注》云：“盖起自纣，以红兰花汁凝作胭脂。以燕地所生，故曰燕脂，涂之作桃花状。”人们将燕地盛产的红蓝花叶、花瓣捣烂取汁，凝结成脂，再用来敷面(见图6-7、图6-8)。

图6-7　红蓝花

图6-8　红蓝花瓣

“阏氏”这个名称是匈奴人对宫廷妇女的一种称呼，原指贵族正妻。因为这些贵族妇女常用“阏氏”化妆，修饰脸面，所以“阏氏”成了她们的代称。

韩非子在《显学篇》中写道：“故善毛嫱、西施之美，无益吾面；用脂泽粉黛，则倍其初。”到了汉代，便有了“妆点”“粉妆”“妆饰”等关于化妆的专门术语。

据说胭脂传入中原与张骞出使西域有关。据《博物志》云：“汉张骞出使西域，得涂林安石国榴种以归。” 据传，张骞在出使西域的途中，经陇西焉支山而将其植物带回，始为中原人所识。汉时是否已开始使用石榴花汁化妆尚不详，但至唐已相当普遍。正如《北户录》所云：“石榴花堪作烟支。代国公主，睿宗女也，少尝作烟支，弃籽于阶，后乃丛生成树，花实敷芬。”即可证明。

晋人习凿齿在《与燕王书》中说：“山下有红蓝花，足下先知不？北方采红蓝，取其花，染绯、黄；该取其英鲜者作烟肢，妇人将用为颜色。吾少时再三遇见烟肢，今日始视红蓝，后当为足下致其种。匈奴名妻作‘阏氏’，言其可爱如烟肢也。”此段话有两点值得注意：一是至少在晋时，作为化妆技术之一的胭脂已被引进中原，但作为原料的红蓝花尚未在中原种植；二是正因为红蓝花有如此高的经济价值(可吃，能用，治病，又助妆容)，所以匈奴人以此植物既名山，又名妻，可以想见，这种植物对匈奴人的社会生活的影响是多么重大，故当汉武帝三次与匈奴大战，迫使匈奴远遁而放弃陇西时，他们唱出了一阕流传至今的悲歌，歌云：“失我祁连山，使我六畜不蕃息；失我焉支山，使我嫁妇无颜色。”

由于胭脂的推广流行，汉代以后，妇女作红妆者与日俱增，且这种化妆术经久不衰。

5. 关于口红

口红，“唇脂以丹作之,像唇赤也”。古代称口红为口脂、唇脂。口脂为朱赤色，涂在嘴唇上，可以增加口唇的鲜艳度，给人健康、年轻、充满活力的印象，所以自古以来就受到女性的喜爱。这种喜爱的程度可以从《唐书·百官志》中看到，书中记：“腊日献口脂、面脂、头膏及衣香囊，赐北门学士，口脂盛以碧缕牙筒。”这里写到用雕花象牙筒来盛口脂，可见口红在诸多化妆品中有着多么高贵的地位！

古时许多描写口红的记载中，都曾经提到“朱砂”(见图6-9)。朱砂又名丹，一作“渥丹”，《诗经》中的《秦风·终南》篇有“颜如渥丹”句；《邶风·简兮》篇中，也有“赫如渥赭”句；汉代刘熙在《释名》中进一步说明：“唇脂以丹作之，像唇赤也。”可见朱砂妆颜与饰唇的功用。从朱砂最早见于《诗经》，直至《释名》也有对它的定义，参考近年考古学者在江苏海州和湖南长沙的汉墓中出土的盛放在漆器奁具中的油质朱砂膏，以及北魏人贾思勰在《齐民要术》中对朱砂唇脂制作方法的介绍，可以推想，在相当长的一段历史时期内，朱砂是女性饰容的主要原料之一。

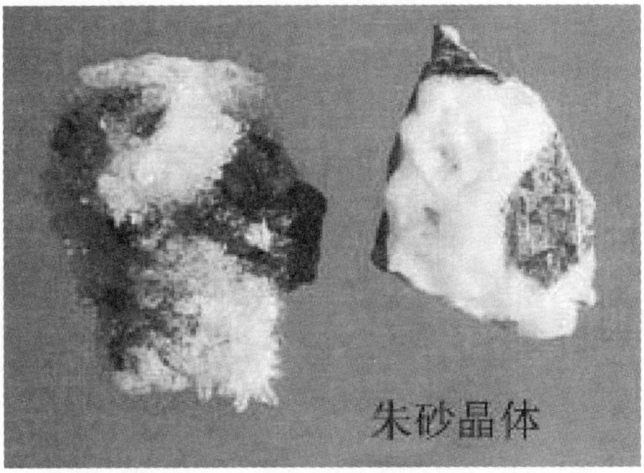

图6-9　朱砂[①]

口红化妆的方式很多，中国习惯以嘴小为美，即“樱桃小口一点点”。正如唐朝诗人岑参在《醉戏窦子美人》中所说：“朱唇一点桃花殷。”在图6-10中，樱桃小口、面颊花钿都描画得十分传神。

图6-10　《李贤墓观鸟捕蝉图》[②]

① 图片引自百度百科“朱砂”词条。

② 国家文物局.中国文物精华大辞典[M].上海：上海辞书出版社.北京：商务印书馆，1996：133.

唐玄宗的女儿永乐公主就曾自制了多种化妆品，为此还专门开辟了一个种植各种香料、香花的园圃。其中仅供制胭脂、口红的植物就达二三十种，表明我国唐代制口红的技术已趋于完善并且多样化了。

唐宋时还流行用檀色点唇，檀色就是浅绛色。北宋词人秦观在《南歌子》中歌道："揉蓝衫子杏黄裙，独倚玉阑，无语点檀唇。"这种口红的颜色直到现代还在流行着。

当然，无论是朱赤色还是檀色，都应根据个体的不同特点、不同条件来适当加以选择使用，千万不能以奇异怪诞的颜色为美。

《红楼梦》第四十四回中有一段关于胭脂的描写，说得非常形象：这种胭脂"也不是一张，却是一个小小的白玉盒子，里面盛着一盒，如玫瑰膏子一样。宝玉笑道：'铺子里卖的不干净，颜色也薄，这是上好的胭脂拧出汁子来，淘澄净了，配了花露蒸成的，只要细簪子上挑上一点儿，抹在唇上就足够了；用一点水化开，抹在手心里，就足够拍脸的了。'平儿依言妆饰，果然鲜艳异常，且又甜香满颊。"

6. 关于洗漱用品

化妆技术的外延十分广泛。《诗经 · 卫风 · 伯兮》亦云："自伯之东，首如飞蓬。岂无膏沐？谁适为容！"这里所谓的"膏""沐"，就是当时妇女用来润泽头发的一种化妆护肤程序。战国后期的《韩非子 · 显学》中也载有："故善毛嫱、西施之美，无益吾面；用脂泽粉黛，则倍其初。""脂以染唇，泽以染发，粉以敷面，黛以画眉。"此文虽非专门介绍化妆技术的文献，但可说明我国在战国时期就对整体形象以及化妆技术十分重视，已发明制作了一些简单的化妆品，且这些化妆品成了女性生活中的必需品。

唐代以后，化妆技术日渐提高，孙思邈在《千金翼方》中说："面脂手膏，衣香澡豆，仕人贵胜，皆是所要。"可见其应用已十分普遍。按照唐代的风俗，每到腊日，君主还要赏赐臣下头膏、面脂、口脂、澡豆等美容护肤品。

据资料显示，我国学者通过对敦煌壁画进行考察，在晚唐196窟西壁第一次发现了刷牙的画面，上面的牙刷是用柳枝做成的。据考证，这是世界上最早的牙刷和刷牙行为。以此推算，它已经有1100余年的历史了。至于古人用什么来做牙膏，从壁画中恐怕难以找到答案，还有待我们去发掘研究，至少这项史料说明洗漱用化妆品在我国由来已久。

(1)洗头。肥皂(胰子)出现前，我们的祖先常将木槿叶在竹箩里搓汁，用过滤出的一种黏黏的、绿绿的液体洗头，很有洗了发又上了护发素的味道。南方没有木槿，人们就用皂角树叶搓汁过滤后洗头发、洗衣服，也有很好的清洁效果，洗过的头发发丝柔顺滑腻，特别光亮。后来据说鲁班师傅发明了刨子，人们还会用刨子刨下来的刨花泡成水洗头，也有极好的洗发、护发效果。直到今天，为了解决戏曲化妆中用来"打片子"的假发又干又涩的问题，人们还是沿用将泡桐树的刨花泡成水的方法，挤出一些透明滑腻的液体，既可使假发顺滑又有定型效果，用来打片子，效果极好，且至今在戏曲化妆中还没有找到可以代替刨花水的材料。

(2)梳头。因为以前有个传说，一年只能在七月七这天洗一次头，所以古人头上易长虱子或头屑过多，于是除了梳子以外，古人还发明了篦子。篦子的梳齿极密，可以篦出这些虫子或杂物。但篦子齿太细，特别是女性头发长，难免头发与头发缠绕打结，篦起来会很痛，现代人已很少使用。

梳头的用品可参见《红楼梦》里面的"卖油娘子水梳头"和关于史湘云的"这鸭头不是那丫头，头上那讨桂花油"，可见那时候大户人家是用专门的梳头油梳头的，但小户人家用不起头油，所以不常见。民间大部分人家用一种刨花泡在水里，一天泡下来，水黏黏滑滑的，拿来梳头，有顺发和定型的作用。这种刨花是从木槿树枝上刨下来的，在以前走街串巷的货郎的担子里，是必不可少的货品之一，与针头线脑一样重要。

7. 关于服饰

服饰是时代的产物，表现出时代的印记和审美倾向。明代大家李渔在《闲情偶寄》中对于女子服饰，有过这样一段精辟论述："妇人之衣，不贵精而贵洁，不贵丽而贵雅，不贵与家相称，而贵与貌相宜。"(李渔《闲情偶寄》卷三《声容部·衣衫》)强调人与服饰的和谐，服饰搭配的协调之美。

(1)服饰色彩。说到服饰，应当从色彩说起。

服饰研究名家黄强先生在认真汇集总结了古代文献中关于服装色彩的论述后，得出结论："在中国古代，社会非常重视色彩的社会影响力和象征作用。殷代尚白，周代尚赤，秦代尚黑，汉代尚红，魏代尚黄。自此，黄色渐渐成了帝王的象征。"他还指出："色彩意识的增强和以色彩来营造美的生活的做法，表明了中国古人的主观能动性……并与国力强盛、生活安定有最直接的关系。它与时代精神以及文明进程有着密切的关联：时代造就了色彩特点，文明推进了色彩体系的形成。"

中国古代社会十分重视色彩的变异，当然，那时候的色彩与国家政权更替密切相关，蕴含着更多的政治、政体、历史和文化内涵信息。在中国历史上，以颜色作为政治的象征由来已久，帝王承天革命，必改正朔，易服色，把服色视为攸关国体、国运的大事；对不同人、不同场合下采用何种颜色设立了专门的规定，形成了一套完整的颜色等级制度。颜色崇尚最大的应用是服饰"表贵贱，辨等别"的功能，虽说单一颜色崇尚自汉代以后就基本不存在了，但颜色的"表贵贱"作用却一直持续到清王朝终结。大体上，黄色为帝王之最高统治者专用，非特许不得擅用；朱紫之色为尊，所谓"满朝朱紫贵，不是养蚕人"；青色为低级官员所用，所谓"座中泣下谁最多，江州司马青衫湿"；白色、黑色为平民、小吏所用，故古人称百姓为"白衣""白丁"，称小吏为"皂吏"等。

(2)服饰式样。据资料考证，尧舜禹时代，人们的生活非常简朴。古书说尧“茅茨不翦，采椽不斫，粝粢之食，藜藿之羹，冬日麑裘，夏日葛衣”，也就是说，他住的是用没有修剪过的茅草芦苇、没有刨光过的椽子盖起来的简陋房子，吃的是粗粮，喝的是野菜汤，冬着兽皮，夏披麻衣。

同时期的氐人的服饰也有自己的特点，“尚青、绛及白色，善织殊缕布，喜穿麻布衣”。

夏是我国历史上的第一个朝代，其服饰已经带有鲜明的宗教色彩。当时确立的上衣下裳的形制和玄衣黄裳的服色是很有讲究的：上衣代表天，因为天在未明时为玄色，玄者黑也，故上衣用玄色；下裳象征地，土地为黄色，故下裳用黄色。另外，夏朝还建立了一套以帝王的祭服——冕服为中心的服饰制度，冕服的形式、色彩、纹样均源于对天地的尊崇和对乾坤秩序的追求。

商朝的服饰有了大幅度的发展。商周时代的服饰主要是上身穿“衣”，衣领开向右边；下身穿“裳”，裳就是裙；在腰部束一条宽边的腰带，肚围前再加一条像裙一样的“韨”，用来遮蔽膝盖，所以又叫“蔽膝”。据考证，商朝服饰至少有12种式样：交领右衽短衣是高级权贵的衣着；交领长袖有华饰大衣，衣长及足踝，配以宽腰带，上窄下宽形如蔽(遮盖)膝，鞋履，头戴冕形冠卷，是高级贵妇之服式(见图6-11、图6-12)。

图6-11　商汤真像[①]

图6-12　商朝服饰[②]

周朝以封建制度建国，以严密的阶级制度来巩固帝国统治，制定了一套详尽周密的礼仪来规范社会、安定天下。这一时期的服装已经成为阶级的标志，因此服装制度是立政的基础之一，凡是比较高级的染织品、刺绣品的分配都受奴隶主控制。

春秋战国时期，“冠弁衣裳，黼黻文章，雕琢刻镂皆有等差”。法家韩非子则在否定天命鬼神的同时，提倡服装要“崇尚自然，反对修饰”(见图6-13)。从图片中可以看出，商与秦的服饰款式大抵相同，除色彩不同外，只是商服稍长，在腰部束着宽边的腰带，

① 图片引自百度百科“商朝”词条。

② 同上。

肚围前再加一条“韨”；而秦服则稍短，以长腰带束袍。

由于纺织技术的改进，战国以后，服装由上衣下裳的形式演变为连身的长衣。

秦始皇规定男服服饰的大礼服是上衣下裳，同为黑色祭服，并规定衣色以黑为最上，又规定三品以上的官员着绿袍，一般庶人着白袍。在女服服饰方面，秦始皇喜欢宫中嫔妃穿着漂亮，以华丽为上。

图6-13　秦朝服饰①

汉代流行的服装则以连身的袍为主，样式以大袖为多，袖身宽大部分为“袂”，袖口紧小部分为“祛”。从肩部直筒下垂到脚踝的长袍，是汉代人典型的穿着。至于民间的百姓，有的会穿着比较短的袍子，长度大约是遮住小腿，以便于劳作。

秦汉隋唐时期是中国服色发展的一个重要阶段，不仅阴阳五行思想渗入到了服色思想中，当时最鲜明的特点是双轨制：在大的祭祀场合，人们穿汉人的传统衣服；而在平时，唐人的常服是胡服(即鲜卑装)，但服装仍以袍为典型服装样式，分为曲裾和直裾两种，袖也有长短两种样式。

汉代社会，政治安定、国力强盛、经济繁荣，人民生活富裕，穿衣风气也趋向华丽。中国完整的服装服饰制度就是在汉朝确立的。汉代染织工艺、刺绣工艺和金属工艺发展较快，推动了服装装饰的变化。

“唐代是中国民族大融合的鼎盛时期，文化兼容并蓄，广纳各民族之精华，呈现出开放、包容、博大的特质，因此唐代也是中国服饰尤其是妇女服饰发展的一个巅峰。”②

唐代女装概括来说有两个特点，一是兼收并蓄，吸收了西域等少数民族服饰的特点，借鉴了中外文化交流时传入的国外服饰的款式与风格；二是开放性，注重女性服饰的性感特征。妇女不仅盛行穿裙，而且裙、衫、帔统一，还出现了袒胸露臂的形象(见前文图6-3、图6-4、图6-6)。这为“粉胸半掩疑暗雪”，“坐时衣带萦纤草，行即裙裾扫落梅”做出了更形象的解释。

中晚唐时期，服装中的华夏传统审美观点得到了加强，人们开始崇尚复古，从以显示女子身材为主逐步恢复到秦汉时期宽衣大袖、飘逸如仙的风格，服式越来越肥，这种风格定型的影响一直持续到晚唐后期。华夏女装的基本理念，即宽松、随体、肥大，在后来自

① 图片引自百度百科“秦朝”词条。

② 黄强.中国服饰画史[M].天津：百花文艺出版社，2007：79.

然也成了礼教的要求，即柔和自然，无形无欲。

中晚唐女装华丽大气，一般类似于礼服，她们里面直接穿抹胸——抹胸原本是内衣，在唐代和裙子结合成了一体，不系腰带，宽松自然，这也是中晚唐女装向古代礼仪服饰复古过渡的进一步证明。这种款式的礼服一层叠一层，层数繁多，厚重拖摆，穿起来很麻烦，行动起来也很是不便。

时至宋朝，从王朝初年的简朴逐渐过渡到王朝末年的奢侈，一方面展示了社会经济发展的影响，另一方面也说明了统治阶级的日益腐朽。宋代的服饰特点明显地反映出少数民族的影响力。宋朝时常有较新奇的冠帽、衣裳以至鞋履，不时有“服妖”的指责，正好说明宋代的服饰处于一个不断变化的过程中，有着鲜明的时代特征。朱熹在谈到宋代服饰的渊源时明确指出：“今世之服，大抵皆胡服，如上领衫、靴鞋之类，先王冠服扫地尽矣。中国衣冠之乱，自晋五胡，后来遂相承袭。唐接隋，隋接周，周接元魏，大抵皆胡服。”(《朱子语类》)其实这种影响力是长期以来民族交往和民族融合的结果，民族之间的文化交流起到了丰富人们物质和文化生活的作用。

元统一中国后，地域空前辽阔，在交际过程中，服饰技术进一步提高。元代服饰的特点是缕金丝绸织物大量应用，“纱、罗、绞、縠，无不加金”。元人把这种金光闪闪的织金锦叫作“纳石失”，意即波斯金锦，是最华贵的衣料。质孙衣，又叫一色衣，上衣连下裳，衣式紧窄，下裳较短，有精粗之分。元代贵族妇女一般穿貂皮袍。这种袍比较宽大，上多左衽，袖口较窄，袍长曳地。有的女袍用大红织金、吉贝锦、蒙茸加工制成，极尽华贵。

明装与唐装相比，主要特点是衣裙比例明显倒置，原来的上衣短、下裳长，逐渐拉长上装，缩短露裙的长度，衣领也从宋代的对领转变成以圆领为主。明代女装上衣是三领窄袖，身长三尺有余，露裙二三寸，即所谓“花冠裙袄，大袖圆领”，当时在扬州流行一时。

明朝服饰在明代初年用色偏浅淡，崇祯时期提倡白色裙，裙边有一寸、二寸绣边。明初裙宽为六幅，明末时发展为八幅、十幅。裙褶十分盛行，有细密褶纹，也有大褶纹。褶纹装饰十分讲究。有一种彩条裙，每条选用一种颜色缎，每条色缎上绣出花鸟纹饰，带边镶以金线可成为独立的条带，将数条这样的彩条拼合在腰带上，就成为彩条飘舞的裙子，因此取名“凤尾裙”。有的还将整块缎料手工做成细褶纹，取名“百褶裙”。还有一种二十四褶裙取名“玉裙”等。

明代还有一种特殊式样的帔子，由于其形美如彩霞，故得名“霞帔”。这种帔子出现在南北朝时期，隋唐时期得此名，宋代将它列入礼服行列之中，明代已经普遍使用。它的形状宛如一条长长的彩色挂带，每条霞帔宽三寸二分，长五尺七寸，佩戴时绕过脖颈，披挂在胸前，由于下端垂有金或玉石的坠子，因此显得挺拔高贵。明代男装以方巾圆领为代表形式，儒生所着儒衫与当今京剧舞台上书生的服饰极为相似。其特点是宽袖、皂(黑)色缘边、青圆领、皂绦软巾垂带。

据史料记载，儒家传统观念中“存天理，去人欲”的思想禁锢，在一千多年前的唐代、六七百年前的明代就已经被打破。对于服饰的性感意识，适当的开放、甚至暴露的另类性感服饰，古代女性早就运用得非常巧妙了。

到了清代，男子服装主要有袍服、褂、袄、衫、裤等。当时的马蹄袖是游牧民族最显著的特征。清代妇女服饰分为满汉二式，初期还保留各自的原有形制，后在相互影响之下都有了明显的变化。汉族妇女服饰经过不断的演变，终于形成一代特色：凡后妃命妇，用凤冠、霞帔。普通妇女除婚嫁及入殓时可“借穿”一下这种服饰外，其他场合均以披风、袄裙作为礼服。而满族女装一般是窄而瘦长的袍衫(旗袍)，穿时大多要在外面加件坎肩。

时至近代，服装不论款式、色彩均有了很大的变化，服装色彩开始注重多样性、流行性、寓意性，款式开始注重实用性、便利性、时尚性，材料也向功能性和舒适性发展。

20世纪末至今，在一些时尚青年中开始流行新汉服潮流，他们试图追寻历史悠久的民族服饰文化轨迹，寻找一种古老的民族传承理念。

8．关于形象设计的其他

(1)关于人物形象设计。中国古代文学宝库典籍《诗经》《礼记》《论语》《史记》《战国策》中，大量运用了比拟的手法，对人物形象都有过生动的描述。例如《诗经》中的《卫风·硕人》第二章：“手如柔荑，肤如凝脂，领如蝤蛴，齿如瓠犀。螓首蛾眉，巧笑倩兮，美目盼兮。”这是赞美春秋时卫庄公夫人庄姜的诗，描写庄姜初嫁到卫国时的美丽形象。诗中用柔荑(嫩茅)、凝脂(油脂)、蝤蛴(天牛虫)、瓠犀(葫芦子)来比拟庄姜洁白的手指、滑润的肌肤、细长的颈项、洁白而整齐的牙齿；然后概括地写“螓首蛾眉”，形容庄姜的前额方正而宽广，像夏天的蝉儿，眉毛弯曲而细长，像蚕蛾头上的触须；最后又写出她那最传神的明眸皓齿，嫣然一笑。“巧笑倩兮，美目盼兮”，口角边荡漾着含情微笑，她那双美丽的眼睛黑白分明。将庄姜美丽的形象容貌和姿态刻画得十分细腻(见图6-14)。

图6-14 古风歌舞[①]

大诗人李商隐有一首《无题》诗：“八岁偷照

① 诗经·东门之枌：上册 [M]//裴溥言.中国历代经典宝库.北京：中国友谊出版公司，2012：399.

镜，长眉已能画。十岁去踏青，芙蓉作裙衩。十二学弹筝，银甲不曾卸。十四藏六亲，悬知犹未嫁。十五泣春风，背面秋千下。”这首诗通过对一位少女的年龄特征进行描写，细致地表现出一个逐渐成长的少女的形象变化和心理变化。

其他如东汉古诗《焦仲卿妻》：“十三能织素，十四学裁衣，十五弹箜篌，十六诵诗书。”一开头就用了4个数字来写刘兰芝的形象美好，资质聪颖，才德兼备。此诗节奏鲜明，音调和谐，颇有情趣。

宋玉在《登徒子好色赋》中描画了一个理想中的美女形象：“增之一分则太长，减之一分则太短；著粉则太白，施朱则太赤；眉如翠羽，肌如白雪；腰如束素，齿若含贝。”这可能是古代最早的、较为完整的对女性形象的设计了。

儒家杰出的代表人物孔子对人物形象做过这样的设计：“质胜文则野，文胜质则史，文质彬彬，然后君子。”——一个玉树临风、倜傥儒雅的谦谦君子形象跃然纸上。儒家弟子曾子也主张“君子所贵乎道者三：动容貌，斯远暴慢矣；正颜色，斯近信矣；出辞气，斯远鄙倍矣”。这段话是说，曾子主张君子重视的“道”有三个方面：使自己的容貌庄重严肃，这样可以避免粗暴、放肆；使自己的脸色庄重和蔼，这样就接近于诚信；使自己说话的言辞和语气谨慎小心，这样就可以避免粗野和背理。这些精辟论述，千百年来，影响着世世代代的华夏儿女。

《楚辞 · 九歌 · 东皇太一》有诗句“抚长剑兮玉珥，璆锵鸣兮琳琅”；《诗经》中有诗句“玉之锁兮，充耳诱莹，充耳诱矣”。这说明当时就已经有很多人将锁(美玉)镶在剑上、佩在衣上或挂在耳上作为装饰品了。

据史书记载，女子耳上穿物，本来是一些少数民族惩治一些所谓的“轻淫好色”之徒的手段。我国在汉代以前民间就有以增加形象美感为目的的戴耳环的风俗，有一种腰鼓型的耳环，名为“耳珰”，其戴法与现代不同，是从耳垂直接横插进去，露出两端。之后便发展成为现在的耳坠或耳环。据传，汉帝为表示对后妃赵飞燕的宠爱，特许飞燕耳上戴饰物，以增加女性妩媚动人之美感。

南北朝时盛行把五色绸缎或金银箔片做成面饰，即女性贴附在额上、眉间、两颊、鬓旁的装饰品，又称花钿、面花，可用来弥补脸上的缺陷或增加美感。

《晋书 · 魏咏之传》记载了一则晋国宰相魏咏之的故事，“咏之生而兔缺”(先天性唇裂)，他很苦恼，为此甚至曾产生“残丑如此，用活何为”的轻生念头。然而就在魏咏之18岁时，一位专职“治唇”的名医“割而补之”，不久魏咏之的唇果然修补完好，他当上了该国的宰相。康熙二十七年间，琉球国派魏士哲医师西渡我国福州，向名医黄会友学习唇裂修补术，后专门给日本皇室人员做美容整形。

我国古代形象造型的鼎盛时期应数唐代。唐代以丰满为美，其代表是杨贵妃。当时杨贵妃就已经懂得用贴金的方法来弥补脸上的缺陷，这一方法在唐代妇女中盛行一时。图6–10中头插牡丹花、脸颊贴花钿的仕女，更显妩媚与富丽。

白居易《长恨歌》中的“云鬓花颜金步摇，芙蓉帐暖度春宵”“花钿委地无人收，翠翘金雀玉搔头”四句诗中，就有步摇、花钿、翠翘、金雀、玉搔头五件妇女头饰。步摇是妇女发髻上的饰物，用银丝穿上珠宝作花枝状插在发髻上，行走时，花枝随步履颤动摇摆，可以增加女性形象的妩媚娇态，这不能不说是中国古代形象设计史上的一次创新。

杜甫《丽人行》中有一段对杨玉环姐妹形象的整体描述：“态浓意远淑且真，肌理细腻骨肉匀。绣罗衣裳照暮春，蹙金孔雀银麒麟。头上何所有？翠微㔩叶垂鬓唇。背后何所见？珠压腰衱稳称身。”诗中说杨玉环姐妹姿色艳丽，意态高远，举止大方，肌肤细腻，肥瘦适中；绫罗衣衫上面有金银线绣的孔雀与麒麟，在暮春烟景中闪耀着华美的光彩；两鬓戴着翠玉花环饰物，缀有珍珠的后襟非常合身。

据记载，唐代已可以做人工“酒窝”，唐诗中就有“眉间翠钿深”“当面施圆靥”的佳句。徐陵的《玉台新咏序》中也有“北地燕脂，偏开两靥”的赞语，靥即“酒窝”“笑窝”。所谓“当面施圆靥”，开始是以某种化妆品打造“两颊点状靥”，之后则使用“造圆靥”手术等技术实现。从这些古代诗歌或历史资料的记载中，我们可以了解到中国古代劳动人民对于形象艺术的重视程度和进行形象塑造的一些技术情况。

据考证，唐代那些爱画时世妆的女子，她们的身份一定是极高贵的，她们的姿态一定是从容而优雅的：有的持扇，有的捧器，有的抱琴，有的对镜，有的刺绣，有的独坐，有的倚桐……虽然姿态不同，但哀怨神态相似，如同唐代著名诗人白居易在《时世妆》一诗中写道：“时世妆，时世妆，出自城中传四方。时世流行无远近，腮不施朱面无粉。乌膏注唇唇似泥，双眉画作八字低。妍媸黑白失本态，妆成尽似含悲啼。圆鬟无鬓堆髻样，斜红不晕赭面状。昔闻被发伊川中，辛有见之知有戎。元和妆梳君记取，髻堆面赭非华风。”

(2)关于陋俗。宋朝开始出现的缠足陋俗，说明了当时统治阶级价值观念的腐朽和妇女地位的低下。

(3)关于发型头饰。汉代很重视发式的修饰，有所谓“城中兴高髻，髻高七寸”的说法。从长沙马王堆出土的女尸的发式上可以看到，汉代女子已经会用假发和玉簪、白花、步摇等来盘制发髻，作为装饰。由此可以推测，早在汉代，女子发式的造型艺术和用于装饰发型的饰品艺术就已经相当完善了。

说到发型，不能不特别提及元代的蒙古族男子发式。那时，上自皇帝下至百姓，都是“婆焦”发式，它像汉族儿童留的“三搭头”，即在头顶正中交叉剃出两条直线，然后把脑后四分之一的头发剃去，正面四分之一剃去或剪成不同的样式，有尖角形、寿桃形，覆盖在前额，把左右两侧的头发编成辫子，披在肩上。

元代妇女头饰也堪称一绝。贵族妇女一般戴皮帽，穿貂皮袍。元代最有特色的女帽是姑姑冠，也叫做故故、固罟、顾姑、固姑等，外形上宽下窄，像一个倒过来的瓷花瓶。它通常用铁丝和桦木制成骨架，外用皮、纸、绒、绢等裱糊，再加上金箔珠花等各种饰物。这是皇后、妃子、大臣妻子戴的贵冠。

(4)关于等级制度。饰以禽兽纹样来区分官员等级的方法发源于女皇武则天时期。在此之前的官服多采用印绶制和品色制，以佩饰的数量和服装的颜色等来区分等级。武则天把饰有动物纹样的绣袍赐给文武官员，以此作为品级官位的区别。这种创意一改以往不同等级朝服的形象，使人一看便知其身份地位。

清代官服是形象设计历史中最完美、最有特点的服饰之一。我国明代官员、清代文武官员穿着补服，这类服饰的前胸和后背正中均缀饰一块方形(或圆形)的绣有飞禽或走兽的图案的“补丁”，称“补子”，不同的图案代表不同的官阶。“补子”后因丝绣的技巧、染工的技法之高超成了艺术珍品。至清朝早期，只有武官为补服制，而补子可随意缀织于朝衣、短褂、皮褂、马褂之上。到了顺治九年后，补服的制作有了改变，几乎全盘承袭了明朝的定制，只有个别纹样有所删改。各级官员补服均为石青色，款式也一致，为圆领、对襟、平袖过肘、身长过膝，区别仅在于补子形状和纹样的不同(见图6-15)。

具体的清朝官员的补子情况如下：

文官的补子图案均为飞禽。文官一至九品的图案依次为：一品仙鹤，二品锦鸡，三品孔雀，四品云雁，五品白鹇，六品鹭鸶，七品㶉鶒，八品鹌鹑，九品蓝雀。

武官的补子图案均为走兽。武官一至九品的图案依次为：一品麒麟，二品狮子，三品豹，四品虎，五品熊罴，六品彪，七、八品犀牛，九品海马。

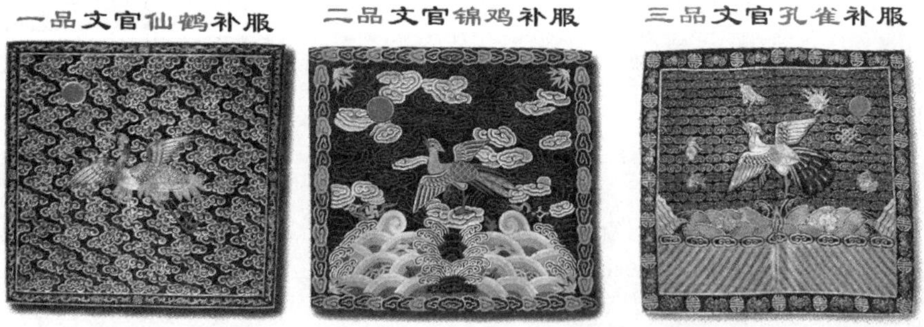

四品文官云雁补服

五品文官白鹇补服

六品文官鹭鸶补服

七品文官鸂鶒补服

八品文官鹌鹑补服

九品文官蓝雀补服

一品武职麒麟补服

二品武职狮子补服

三品武职豹补服

四品武职虎补服

五品武职熊罴补服

六品武职彪补服

七八品武职犀牛补服

九品武职海马补服

图6-15　系列　清代官员的补子

三、近代形象设计的崛起与发展

时至近代，形象设计更是成为人类时尚文明的一个重要标志。这一时期是人类科技飞速发展、日新月异的时期，也是人类自身素质和文化水平迅速提升的时期。随着人们消费观念的不断成熟，理性消费日渐成为主导因素，因此流行的概念也发生了根本改变，现代人们更加重视内在素质的外显化。无论是设计师还是消费者，个性化和自我表现已成为具有绝对优势的因素，以往那种一有流行就蜂拥而上的、众人以同一面貌出现的流行热、发烧友时代已经过去，取而代之的是冷静的多种风格和各类时尚潮流的并存。

据说早在20世纪20年代，中国名校南开大学就非常注意校风的培养和学生的整体形象的塑造。当时南开的校风是“面必净，发必理，衣必整，纽必结；头容正，肩容宽，背容直；气象勿傲，勿暴，勿怠；颜色宜和，宜静，宜庄”。南开大学当时的校领导不仅注意学生外在形象的塑造和优化，更注意学生个性气质及心理修养的培养和提高，其对学校校风及学生个体形象的重视程度可见一斑，堪称形象设计的典范。

至于领导者个人形象，在任何国家，这种个人形象已不仅为其个人所有，还标志着一个国家和民族发展的水平，标志着一个国家的文明程度。形象效应已成为在国际政治斗争、市场竞争和实力较量中取胜的重要筹码。据说美国前总统克林顿被弹劾时，其中有一条罪状就是挥霍浪费：有一次，为了接见外宾，他特意乘军用飞机临时降落纽约，去找他的发型师做头发，一起一降耗资几十万美元，这也从另一个侧面表现出克林顿任总统时对自我形象的注重程度。

我国国家领导人很早就对形象设计非常重视。在新中国的第一代领导人中，周恩来总理端庄儒雅的气质风度是举世瞩目的。据说，有一次，外贸人员出国，服装质量有些问题，有人认为凑合一下就行了，可总理特别过问，认为这关乎新中国的形象，不能马虎，显然他已经自觉地将个人形象、服饰风貌视为一个国家民族的整体形象代表。然而，当他以总理的身份到少数民族地区视察时，却入乡随俗，穿上了少数民族服装，以示对少数民族的尊重。值得注意的是，周恩来总理对个人形象与服饰的严谨作风要求有一个前提，即他是以仁慈克己、节俭朴素为底蕴的。作为泱泱大国的总理，不摆架子、平易谦和的大家风度不仅征服了他的人民，也在国际外交界赢得了高度赞誉，征服了全世界。新一代党和国家领导人在参与国内外重大活动时，也十分注重自身形象的设计，并把个人形象与国家、民族的形象紧密地联系在一起。

可见，整体形象设计与化妆技术的密不可分已成为人类时尚文明高度发展的一个重要标志。随着人类文明的进步及社会经济的迅速发展，人们的生活质量日益提高，科技进步带动着时尚潮流元素的不断创新，我们相信，时尚形象设计这一年轻的学科，必将引领整个社会的新时尚、新潮流、新风貌。而形象设计的发展历史，对我们进一步学习和研究、传承与创新有着重要的积极作用。

第四节　时尚形象设计的发展轨迹与走向预测

一、时尚形象设计的发展轨迹

如前所述，形象设计是与化妆、发型乃至服装的审美观念，以及化妆品技术同步发展的。循着中外古代形象设计的发展轨迹不难看出，国家愈富强，人民愈是安居乐业，科技进步、发展愈快，形象设计与化妆造型技术的发展也愈兴旺发达。

1. 时尚形象设计的现状

现代专业形象修饰的内容是多方面的。外在美如发型、化妆、服饰及医学美容(包括整形美容和专业美容)都属于形体修饰和美化范畴，而良好的行为举止、风度气质的塑造则属于心灵美(内在美)的范畴。随着文明的进步，修饰自身形象已成为人类文明生活的一项重要内容；各种形象设计工作室的兴起，化妆与化妆品行业、服装行业、美容美发行业的蓬勃发展，充分显示了现代人审美品位的提高和对完善自我形象的强烈渴求，这对专业形象设计造型师也提出了更高的要求。

21世纪是国际性时尚化妆变化较大、发展较快的时期。现代发型和化妆日趋时尚化、多样化、个性化，更富有时代气息；现代美容护肤的概念已不再局限于面部，人们使用的护肤化妆品更加先进高档；科学的全身皮肤保健和形体的塑造(例如SPA水疗、大肠水疗、仪器水疗、美胸美体、健身跳操等）开始兴起。人们充分利用现代高科技手段(例如整形美容、激光美容、纳米技术、光子嫩肤、电磁波胖脸改瘦脸、低能量激光减肥、特殊缝合Aptos线除皱术、“三维立体美容”、基因和细胞营养新技术、美容疗肤新技术，还有细胞移植、胚胎干细胞生命素、藏医学、苗医学美容等)和越来越先进的美容仪器，加上营养性、药物性护肤品，结合生活美容按摩手法，辅以中医美容、针灸美容、足疗、全身保健按摩、矫形体疗、美容膳食、美容保健品等，在护理全身皮肤和促进身体健康及形体美丽等方面建立起了全面的美容体系，这发展成了一门皮肤科学、医学、营养学、化妆学、化妆品学、美容美发、色彩美学、服装设计等学科相交叉融合的专业边缘学科，服务内容扩大为护肤、美容、面部皮肤疾病的防治、延缓皮肤衰老、去皱、减肥、健胸、全身性美容美体等多项功能。

与此同时，人们对化妆设计、服饰设计也更加重视。例如化妆设计，主要分为两类：(1)影视舞台化妆；(2)时尚化妆造型(影楼化妆应该归属于时尚类)。分工愈加细致明确，却又交叉互补。

至于服装服饰，不仅是服饰的色彩、款式、质地、做工等方面千姿百态、变化多端，而且人们也更重视其流行趋向、服装的个性色彩效果和力图传达的心理效应；人们越来越喜欢追求美丽、豪华昂贵的饰物，对饰物的品质和做工要求也越来越高，既追求品质款式、装饰效果和健康效应，也有返璞归真的趋向，更青睐于金、银、钻石、珠宝玉器等做工精细、质地精良、装饰效果比较强的饰品。

2. 追求整体美感的现代时尚形象设计

心灵的美化改变了人们的审美观念，现代人更重视自我形象从内而外的整体美感的修饰与包装。除追求形象的协调和谐之外，还十分重视个性的包装能否突出自己高雅的气质、良好的风度，能否充分展示自身完美的内心世界，他们还追求独特个性的显现等。随着温饱问题的改善，人们通过对外表形象的修饰和再塑造，通过对自我良好气质风度的提升，不断追求整体美感和审美的视觉享受，希望不断完善自身，充分展示个性与内在素质及外在形象的和谐美好。

毕竟，要在人面部的方寸之地施展才华是一件很困难的事情，就算是整个人体，也不过是一个2-3立方米之间的小小“用武之地”。就在我们仔细考虑怎样画好每一个妆型的同时，时尚形象设计正在加快步伐，追赶甚至试图引领时尚潮流。形象设计已经不仅仅是各种工作室与各个演艺场合的配套技能，它还在广告杂志封面、综艺晚会、化妆大赛等各种公开场合，甚至是各种高档社交场所中频频亮相，渗透于每一个爱美人士的生活中。

很难想象，一个单纯的时尚妆面能够引起大众的共鸣并风靡一时，它一定是与发型、服装乃至模特的展示力分不开的。就像一首流行歌曲，一定是曲调旋律或歌词中有拨动我们心弦的元素，才能引起我们心灵的强烈震撼，触动人们心灵深处最柔软的地方，才能迅速流传开来，成为时尚元素的一个部分。

有位哲人说过：“有时，人们不得不去重复一个亘古不变、已成为一大堆事实的结论。”是的，重复过去是为了指导未来。人是爱美的动物，当人类有了意识，便有了对美锲而不舍的追求。随着人类文明的进步及社会经济的迅速发展，人们的生活质量日益提高，各种时尚流行元素不断涌现，古为今用、洋为中用、推陈出新、传承创新已经成为社会新的时尚潮流，人们以前所未有的热情参与到这一热潮之中。

因此，对国内外与形象设计相关的历史进行必要的梳理，由其几千年的发生、发展轨迹及进程，寻觅、发现、总结其发展规律，并预测今后形象设计理念与题材的发展走向，显得愈加重要。

3．时尚形象设计的发展轨迹

(1)中外古代形象设计的发展是与化妆技术、化妆品技术的提高同步进行的。

(2)纵观历史，愈是太平盛世，人们安居乐业，追求美便愈是社会时尚，化妆技术便愈是兴盛，愈是有长足的发展。

(3)人的形象，特别是面部或眼部的化妆，只是一个在方寸之地任意施展、尽情挥洒的行为艺术，形象与妆型的万般变化说到底只是一个不断循环往复的借鉴、传承与创新的过程。

(4)众所周知，现代人的消费观念在不断成熟，理性消费正逐步成为主导因素，因此流行的概念也在发生着根本改变，现代人已经由重视内涵素质的提高逐步过渡到关注外在形象的包装，人们更加重视内在素质的外显化。无论是设计师还是爱美的时尚人群，个性化和自我展现已成为具有绝对优势的主流，以往那种一有流行就蜂拥而上、众人以同一面貌出现的流行热、发烧友时代已经过去，取而代之的是更加重视自我个性的修炼与彰显，以及多种个性风格和时尚潮流、流行元素并存的冷静的风格。

(5)中国传统形象化妆常凭借色彩的次序变化来追求情韵的表达，在次序程式化的表达中彰显情韵。经历漫长岁月的传承后，这种追求更显得成熟老练。现代的时尚化妆潮流在色彩情韵上试图追求三种表达方式：

1)以同类色的调和与妆色、发色、服色的高度统一，来营造甜美、柔和、温情、儒雅的氛围或高贵情趣。

2)以互补色对比搭配与黑白色衬托五彩缤纷的眼影，用颜色不同的大色块、高调的纯色(如红、蓝、绿)来表现喧闹、欢快、吉祥的浓郁气氛。

3)以单纯简约的某一色系，经过色彩晕染或利用微妙的色差变化表现清净、透明、素雅、内敛、私密的含蓄韵味。

二、时尚形象设计与化妆造型理念的走向预测分析

鉴于对上述形象设计背景资料所体现的发展轨迹进行综合分析，笔者大胆预测，今后数年内，我国流行的时尚形象设计造型主题题材与流行色彩表现手法的走向如下：

1．追求古典雅致形象妆型与现代时尚元素的融合，在传承与学习中追求延续和创新。

例如，用传统质朴的中国红搭配黑与白，奢华却不迷情，高贵而不娇宠，在过去与未来间游离；桃粉色搭配粉紫和深棕，暧昧而高雅，柔和又张扬；还有中国所独有的龙凤图案、山水水墨画，还有各种戏曲造型和脸谱造型艺术，也应该是各种影视作品、形象设计化妆比赛、广告展示、经典样板时尚潮流造型元素的借鉴源泉。

2．追求梦幻感觉与现代时尚元素的融合，在古灵精怪与神秘中追求张扬和个性。

张韶涵一曲《隐形的翅膀》唱出了多少人的梦想和希望。让梦幻展开想象的翅膀，多

少年的准备与蓄积，只为那一刻惊世勃发，咀嚼精灵的魔法咒语，让激情在纯粹的世界里尽情挥洒。对于个性的追求，对于梦幻与神秘、极富个性色彩的形象的展示，追求张扬的个性与梦幻般的激情体验，甚至涵盖了穿越古今与转世轮回的重温与渴望，应该为时尚形象设计与化妆造型打开又一个梦幻空间。

3．追求平等、和平、仁爱与现代时尚元素的融合，在和谐理念与唯美主旋律中追求快乐和激情。

中山先生的至理名言“自由、平等、博爱”已历经近一个世纪的风雨考验。而现在，这一理念正逐渐成为全世界人民向往的主旋律。设计师常常以温暖亲切的橘红色、深棕色或褐色表达自己对于仁爱的诠释；用真诚的心灵感受生命，善待每一份真爱；和平、仁爱、温暖、亲切的人性化造型理念，将成为21世纪中叶的主题。人们渴望接近彼此，渴望理解，渴望包容和沟通。

4．追求想象中的宇宙太空的未知世界与现代时尚元素的融合，在科幻与憧憬中寄托梦想、渴望、理解和温情。

太空的神秘、静谧、悠远令人神往。自有历史记载以来，人类对太空的探索从未停止。对于未知世界的遐想，对于神秘世界的好奇，尤其是人们在现实生活中的不如意，这些因素交错更替，使人们把关注的视觉重点渐次转移到星际与想象的未知世界。极具金属质感的银与灰是这一旋律的主基调。表现宇宙的博大精深，现实世界与空灵遥远的题材应该是时尚形象造型中一支别开生面的生力军。

5．追求人与自然的和谐及其与现代时尚流行的融合，在对自然的忏悔和希望中追求博大深邃与永恒。

人，生活于天地之间，与自然万物和谐共存，生命与空气、水、山川河流、陆地海洋等息息相关。远离功利是非，远离邪恶争斗，伸展双臂，拥抱生命，回归自然，在大自然中深呼吸，释放内心早已沉寂的欲望、打开尘封已久的质朴原香，是现代人梦寐以求的生活。草原、海洋、黄土地的颜色，简单而真挚；或沉静、安宁、环保、祥和的氛围，或五彩缤纷、朝气蓬勃的热烈，将简约与实用主义优雅地和盘托出，这一题材将愈来愈深入地展现人们返璞归真的愿望。

我们相信，随着科技文化的普及与进步，随着人类审美观念与意识的更新，我们对美与时尚的追求也将更加迫切。时尚形象设计与化妆造型这朵古老的人体文化艺术奇葩，在时尚潮流的推动下，必将绽放出更加艳丽夺目的光彩。

第五节　专业时尚形象设计师的修养

一、定义

1. 形象设计师

2004年8月19日，中国劳动和社会保障部首次举行“新职业发布会”，形象设计师被列为新发布的国家职业工种之一。其职业定义为：运用各种设计方法，对人的整体形象进行再塑造的人员。

根据百度百科词条的解释，形象设计师这一职业诞生于欧美，国内自20世纪80年代末以来，也开始出现形象设计人员。他们一般是从美容、化妆、服装设计等职业中衍生而来，从业余到专业，从擅长一门到注重整体，以整体风格为起点为顾客打造最适合个人的外在形象。目标顾客包括模特、公关等有社交需求的人群和广大爱美人士。

2. 化妆师

根据1999年5月国家劳动部和社会保障部、国家质量技术监督局和国家统计局共同颁布的《中华人民共和国国家职业分类大典》划分，化妆师属于国家职业分类中第2大类“专业技术人员”中第10类“文学艺术工作人员”中第5小类“电影电视制作及舞台专业人员”中的第8个职业(工种)。《大典》在该职业的相关说明中，将化妆师的职业定义为主要是指“从事影视、舞台演出等演员造型设计并完成造型工作的人员”，属于艺术范畴。

化妆师职业与属于“社区和居民服务类”职业(工种)的美容美发师比较，虽然在内容上有交叉部分，但在性质上有很大区别。

根据百度百科词条的解释，化妆师是指有一定的美术基础和丰富造型能力，能为造型对象塑造外在形象和美的心灵，有良好的专业技能和精湛的化妆技术，热衷于化妆造型，具有魔幻般的服饰搭配能力、较强的语言表达能力及亲和力，具有许多大型走秀化妆造型及平面造型经验的人员。

在法国、我国台湾等一些国家和地区，化妆师职业被归入手工业行业。因此，专业的化妆师职业技能培训在技能考核、专业与课程设置、训练手法等方面有着自己的特殊之处。

尤其是进入21世纪以来，艺术生活化、生活艺术化的趋势日趋明显，一方面，人们在追求感性美的同时也非常注重形式美、时尚美、个性美与知性美的统一；另一方面，时尚化妆的多样性应用特点也越来越明显，专业化妆已经不再局限于艺术表演范畴，它扩展到了商业摄影(婚纱摄影及写真照等)、体育表演、广告制作、影视生产、舞台设计、音乐制作、时尚模特包装、服装服饰设计、期刊封面设计、化妆产品形象代言、公众人物形象设计、明星私人化妆师培养等众多领域。进入21世纪后，化妆师已经成为新兴的、时尚的通用职业工种，热爱化妆这一职业的人也日益增多。就像驾驶技术一样，时尚化妆也将很快成为人们的一种生活技能；而专业化妆，随着科学技术日臻完善，也将取得飞速发展。

3. 专业形象造型师

这里，我们已经提出了一个新的职业理念：专业形象造型师。笔者认为，专业形象造型师应当区别于形象设计师或化妆师等狭隘的职业职称，他们应该具备多种设计能力，如化妆与塑形能力、特效化妆造型能力、时尚与古典发型设计与造型能力、毛发制作能力，服装设计与制作能力、道具设计与制作能力等。换言之，形象设计造型师应更注重技能的实践性，注重整体形象的塑造，注重知识面的广博，注重传承与创新能力的拓展。

时代在发展，社会在进步，许多职业工种已经发生了很大的变化，以往发型和服装专业分工太细的局面已经不能适应现实社会的实际需求。21世纪的今天，社会需要各方面技能都具备的多面手来适应现今这种快节奏的生活，我们设计师也需要改变观念，需要全面提升素质，需要增加文化底蕴，厚积薄发。我们不仅应该是设计师，还应该是化妆师、发型师、服装师；不仅要会设计，会动手做，还要懂得社交礼仪，懂得体态语，懂得社会习俗和风土人情——这就是专业形象设计造型师。

二、专业形象设计师的素质修养

要想成为一名称职的专业形象设计师，需要持之以恒地刻苦练习，需要实践、实践、再实践的锲而不舍的精神，才能使自己的作品日臻完美。须知不断地实践是学好专业技能的必经之路。另外，除了要有深厚的文化底蕴和丰富的学识外，还需要具备对造型工作的热爱和执着，对造型技能有真诚的求知激情和探索欲望，同时还要了解服装、化妆、发型、化妆品学(化妆品的成分及用途)、人体解剖学、皮肤生理病理学等相关知识。我们要开阔自己的视野，扩展自己的兴趣爱好，努力成为具备多方面文化修养的人。我们在进行创造性思维活动的同时，不仅要有深厚的专业知识基础，还要有专业外的科学知识，只有不断地更新自己的知识库存，才能拥有与时代同步、与时尚并驾齐驱的专业知识，有良好的专业理论修养和广泛的知识面。

1. 文化底蕴

文化底蕴的意义：

(1)人类社会的现代化进程是人类史上文化积累的延续和拓展，是人类文明演化的进步，是一场社会文化的大变革；(2)设计具有良好的认识和引导功能，能够以各类生动形象的媒体文化方式潜移默化地对社会大众的思想观念、思维方式、生活方式和行为方式产生影响，使之转变和更新；(3)具有强烈的美感力量，可以推动审美观念的提升，有利于提高作者的设计品位。

因此，一个专业形象设计师的文化底蕴是十分重要的。形象设计师需要有不断学习、不断进取的精神，要有紧跟时代与时尚潮流的设计观念。不仅应当经常收集一些自己或他人比较好的造型照片资料，丰富自己的妆型宝库，还要经常学习一些世界上比较先进的时尚造型元素的创作方法，了解世界时尚潮流及其走向。

使自己的造型风格紧跟时尚，这是设计师艺术生命的源泉。我们的形象设计师应该思维开阔，眼光敏锐，不故步自封，不断调整自己的思维定势，要做到与时代同步，保持设计活力，有良好的创造性思维能力。

对人类学、伦理学、美学、化学、素描、绘画、雕塑以及外语等相关课程知识的学习，甚至是中外古典神话、童话、科幻、科技前沿知识等，都可以在知识面和文化底蕴以及审美观念的积累上为专业形象设计师整体素质的提高助一臂之力。

2. 专业设计才能

设计的本质就是创造，所以形象设计师应当具有设计才能。有很高的专业设计能力和审美修养，这是相当重要的，这两项内容也是衡量设计师基本专业技能的重要标尺。专业设计能力是成为专业设计师的首要条件，整体艺术修养的高低直接或间接关系到设计作品的水平高低，在某些关键时刻甚至可以成为决定胜负的重要因素。

3. 创造性思维

时尚形象设计不是纯科学，也不是纯艺术，是科学、艺术、文化、经济的高度融合，是多种学科交叉的综合学科。我们应该懂得如何利用各种时尚元素进行创造性设计，因此文化素养、专业知识和跨专业的学识造诣都是必要的条件，但这些知识本身不是创作。我们要创作的是一个个鲜活的、具有独特个性的生命，这本身就要求我们具有灵活丰富的想象力与跳跃抽象的空间思维。设计的本质在于创造，这个本质决定了形象设计师是一个创造性很强的职业，决定了设计师必须具备的素质和品格，即创作力的重要性。

创造性思维决定了设计师必须具备想象力，这是不依据眼前的知觉对象或设计对象而产生的想象。科学发现，重大设计发明及艺术形象的塑造，都是想象的结果。设计师必须具备良好的思维想象能力，否则，作品就会枯燥、乏味，不能引起审美主体的共鸣，也就失去了生命力。

实际上，一个好的灵感的产生，是设计师长期的实践经验和知识储备积累最终得以集中应用的结果。而创造性思维是利用新的思维角度、程序和方法来处理各种情况与问题，从而产生新成果的思维过程。创造性思维不是独立的思维类型，而是渗透在人的各种思维活动、思维形式中，是逻辑思维、形象思维、直觉思维和灵感思维等的综合运用，它更具备能动性和探索性，更能引起审美主体的认知和认同。

在设计学领域，创造性思维有五个显著特征，这些特征，我们在时尚形象设计中也可以借鉴。

(1)独创性。独创性是指作品经独立创作产生并具有非模仿性（非抄袭性）和差异性。它要求设计者不仅要独创新意，还要敢于自我否定，打破自我框架，以期再萌发新的设计构想。

(2)连动性。连动性指作品的连续性、延续性，即这种动作是否可以延续下去或产生持久影响。创造性思维的过程离不开繁多的推理、想象、联想、直觉等思维活动过程。

(3)多向性。多向性指一个作品能指向多个发展目标。层次性是指同一目标要由小到大，由浅入深；阶段性是针对目标的时间跨度来说的，如技能方面可以分阶段完成，而创造精神、合作意识、动作能力等的形成则需要长期培养。

(4)跨越性。跨越性是比较美学的根本属性。其作品具有跨越作品本身的美学效果，但这些美学现象不能任性而为，应同时具备连动性和可比性效果。

(5)综合性。指相对于单一性而言，具备将各类学科特点综合概括出新的内容丰富的作品，并体现出综合提高的能力。因为不具有固有的作品，所以才能综合考虑，任意组合。

创造性思维需要人们做出艰苦的脑力劳动。一项创造性思维成果的取得，往往要经过长期的探索、刻苦的钻研，甚至多次的挫折之后才能实现。

4. 事业心与社会责任感

我们在从事时尚形象设计职业时，还要有充分的思想准备，要有为达到一定的艺术水准而努力的精神，应当树立一种坚定的信念，须知坚韧不拔的精神和才能是同样重要的。良好的精神品格、强烈的事业心和高度的社会责任心既是设计师的个人行为，也是社会行为，只要为社会服务，就要承担所产生的社会影响。因此，设计师一定要注重社会伦理道德，对社会有高度的责任感。

5. 群体意识

时尚形象设计师要有良好的群体意识和协调能力。现代时尚设计涉及多种学科，必须调动多方面的智慧和技能，才能有效地进行设计工作。设计方案完成后，协调各方面的认知加以调整修改，才能使时尚形象设计作品更加完美。

6．应用、制作工具的能力

“工欲善其事，必先利其器”，一套完整的得心应手的内外景造型工具，以及自己动手制作所需零件的能力是必不可少的。

7．树立服务意识

时尚形象设计师还要树立服务意识，要有良好的职业道德，遵循形象设计师职业行为准则。

三、形象设计师的职业行为准则

时尚形象设计师的职业行为准则，是指设计师在形象设计工作中所应遵循的、与其职业活动相适应的行为规范和行为准则。

1．不断巩固职业理想

人的职业道德行为是在其思想支配下进行的，树立怎样的职业理想，在很大程度上会影响其工作质量和工作水平。比如说，一名化妆师如果不喜欢自己的职业，产生厌烦情绪，很难想象他还会认真钻研技术、不断吸取新的知识和信息，并且在创作作品或为化妆对象服务的过程中给他人创造美丽。随之而来的，很可能是对设计对象的漫不经心，或者服务不到位。相反，如果他树立了正确的职业信念，热爱形象设计事业，就会热情接待顾客，不断钻研各种造型技艺，使顾客在接受服务的过程中不仅得到形象的改观，得到美的享受，还可以从精神上得到提升，在心理上得到满足。

坚定的职业理想可以从以下几方面来培养：

(1)遵守国家颁布的各种法律法规。坚持诚信公正、服务用户、恪尽职守、勤勉好学、改革创新、追求卓越的职业道德和精神。

(2)遵循国家和社会对政治文明、精神文明的各项要求。将个人利益、企业利益与国家利益、社会利益紧密地结合起来。

(3)力争成为本行业的能者和强者。在业务上勤学苦练，对知识和信息广泛吸取，紧跟时尚潮流，勇于创新，努力成为一名专业行家。

(4)尊重客户或模特。坚持“以人为本”的理念，服务大众，坚持社会公德，精益求精，努力满足顾客需求，创造最大价值。

(5)结合本职工作，争取早日成才。能够正确认识形象设计师的自身价值，在设计与创作工作岗位上成为受人尊敬的人才。

(6)持之以恒。职业理想贵在持之以恒，要将造型技能提高到自己的事业的高度来认识，立下大志。造型师志向高远不但能促进自身素质的不断提高，而且将推进我国形象设计整体事业潮流的迅猛发展。

2．时尚形象设计师的良好品德

时尚形象设计师除了要自觉遵守有关法律法规和规章制度以外，还需要不断加强自身修养，以德正已、以德敬业、以德悦人，使自己成为真正的创造美丽的使者。形象设计师永远要记住“把爱心献给人类，把美丽撒向人间”的誓言，努力工作，刻苦钻研。

形象设计师应培养良好的品德，主要体现在以下几个方面：

(1)爱岗敬业　(2)团结协作　(3)志存高远

(4)诚实可信　(5)宽以待人　(6)遵纪守法

一位化妆师前辈——英国的文森特 · J-R．基欧经常重复这样一句话：“没有充分的思想准备和缺乏自信心是进不了化妆这个行业的。”这是一个竞争激烈的行业，不管你是否愿意，你随时都有可能在更富有才能的人面前败下阵来。因此他说：“杰出的化妆大师靠的是坚持不懈的探索、钻研以及出色的工作以保持自己卓越的地位。才能是标志，而工作则是动力——与国籍、性别或是其他因素无关。”

思考题

1．简述时尚形象设计的定义。

2．简述时尚形象设计的意义。

3．简述形象设计与化妆、发型、服装、化妆品的发展轨迹。

4．试论美容术与形象设计的异同。

5．简述现代时尚造型的现状。

6．怎样提高专业形象设计师的修养？

7．简述专业形象设计师的行为准则。

8．请画出5款唐代妇女流行眉形。

9．名词解释：时世妆、十眉图、补子、时尚形象设计、化妆师。

第七章 时尚形象设计的美学基础

本/章/重/点/与/难/点/提/示

一、重点

1. 形象设计的美学概念及原则
2. 人体形式美法则
3. 形象设计学中的色彩理论
4. 三大构成

二、难点

1. 形象设计理论中的美与审美
2. 审美内容与整体审美观
3. 色彩原理
4. 人体形式美法则与人体造型艺术标准
5. 三大构成

时尚形象设计的全部目的和意义，就是对个体形象从局部到整体进行全方位的包装与修饰，因此要学习形象设计，首先要懂得发现美和欣赏美，加强对审美意识、审美感受、审美情趣和审美能力的培养，这样才能使所塑造的形象作品充分展现出视觉美感效果。

增加个体的美感，首先在于推崇自然，这是总的原则。抛开自然美，盲目追求人工雕琢的美，犹如“东施效颦”，是庸俗可笑的，肯定得不到最佳美学效果。当然，自然美又必须超越传统，大胆创新，用现代修饰技巧和时尚元素，以现有的美学技能作为基础，结合形象设计中的T.P.O原则、形式美法则及色彩原理，综合起来，灵活运用，并与人体生命活力美及个性气质美有机地融合、协调，使之统一在一个完整的个体内，使现代时尚形象设计学得以飞速发展，使整体形象造型的创作进入最佳状态，勇于探索，拓展创新，以期创作出更多具有审美价值的优秀作品。对这些内容，本章将逐一进行讨论。

第一节　时尚形象设计的美学基本原则

“美”具有时代性、民族性，甚至鲜明的主观性特征。纵观历史，各个时代、各个地区对美的需求与标准是不一样的。希腊古典主义认为，美就是事物各部分的秩序和比例。新柏拉图主义和理性主义者认为，美即完善，他们认为一件事物如果符合其特有的形态结构而达到它适宜的内在目的，这就叫作美。苏格拉底认为，美即有用或有益的、合乎目的的事物。英国的经验主义者认为,美即快感、愉悦，他们提出广义的美不是事物的属性，它只存在于观赏者的心里；美感只是一种心理感受，美的特征是事物的巧妙秩序和结构使心灵感到快乐和满足。而马克思主义的美学理论则强调，美的本质是人和自然的协调统一，是主观意识和客观事物在实践中的协调统一。

一、人体审美

1．美

美学(aesthetics),源于希腊文aisthesis，原意指用感官去感知。《辞海》中将美学解释为研究人对现实的审美关系和审美意识的学科。美相对于丑而存在，美的含义十分广泛。一层含义是表示感官愉快的强形式。从词源学来看，美起源于“羊大为美”，原始人认为羊长得肥大就是美，因为肥大的羊与人的生存需要和感性需要有直接关系。古代人认为肥大的羊能满足人们的饱食之欲，也就是说凡是能给人以感官愉快的物和事，统称为美的事物。另一层含义是表示伦理判断的弱形式，常用于对人的行为道德方面的肯定。《史记·吴太伯世家》记载：“见舞《大武》者，曰：‘美哉！周之盛也，其若此乎！’”美，泛指味、色、声、态的美好，即让人产生愉悦、赞美情绪的一切事物。美是社会实践的产物。人们在改造世界的社会实践过程中，丰富地展示人的本质力量，实现人自身需求的目的，使人的本质潜能成为具体的形象，从而产生了美。由于美无处不在，表现形式各不相同，因而有自然美、社会美、艺术美、环境美、生命活力美等不同的形态。它们共同组成了美感的源泉，并随着社会实践的进步而不断发展和完善。

2．审美

伏尔泰在《西方美学家论美和美感》中说："要用'美'这个词来称呼一件东西，这件东西就必须引起你的惊赞与快乐。"[①]凡是美的事物，总是以具体鲜明的、可感知的形象表现出来。美感，指对美的感受，即人对于美的事物的主观感受、体验与评价。人是审美的主体，是构成审美意识的基础和核心，是创造美、评价美和感受美的心理基础。美感是客观事物美的属性被人的感觉器官所接受，通过神经传导网络系统输送给大脑，经过大脑的综合分析所产生的一种反射情感或感觉，它往往带有直觉性、愉悦性和主观情感认知等因素。

因此，审美从实质上指的是人(审美主体)对客观事物或人(审美客体)的评价。审美活动存在于创作美、欣赏美和评价美的实践活动的全过程中，特别是创造和把握艺术形象的实践活动中。审美活动是构建人对生存现实的审美需求，满足人的精神愿望的实践性和心理感受的过程，是感性的、直觉的、无目的的；同时，又是理性的、思维的、有客观社会功利性的。这种两面性同形象思维是分不开的，它带有强烈的感情色彩，直接诉诸感性的形象。审美意识是审美的情感、认知和能力的总和，是一种个性化的情感反应，具有逻辑思维无法说明的丰富性与多样性。审美包括审美修养、审美感受、审美情趣、审美观念、审美能力和审美理想等范畴。客观事物的美或丑是审美的现实基础，也是审美的客体，没有事物的美丑差别，当然也就谈不上审美。

3．人体审美

人体的美是人类进化的产物，又是人对自身的认识、肯定和评价。把人体作为审美的客体(审美对象)，使人体成为创作和鉴赏的对象(源泉或载体)，将人体的美或丑作为审美对象和现实基础加以审视和评判，可称为人体审美。

人体审美是时尚形象设计的首要任务，造型作品也因此将审美感受提升到了一个新的领域高度，它使人体本身作为审美客体有了新的价值，并且也对人类遗传、优生和形体美化起着积极作用。扬长避短、扬美避丑、真实自然是人类一种本能的、必然的、正常的审美心理导向，也是形象设计所必须遵循的一贯原则。

二、时尚形象设计与美学内涵界定

1．美的含义

在美学范围内，美应有三个层次的含义：

① 北京大学哲学系美学教研室. 西方美学家论美和美感[M]. 北京：商务印书馆，1980：124.

(1)专指审美对象。即专指审美客体，也指那些能使人得到审美愉悦感受的可供欣赏的对象。

(2)说明美的性质。关于美的性质有两派对立的观点，即主观论和客观论。主观论者认为审美对象是由人的主观审美感受和审美态度创造出来的，美和审美是一回事；客观论则认为审美对象是美的一种客观存在的形式，它不会因为审美主体的认知而改变其本质属性，或者说事物能不能成为审美对象，最终还是要由事物本身的性质来决定。柏拉图早在《大希庇阿斯篇》中就指出："当时的美学并不研究什么东西是美的，什么东西不是美的，而是研究有些东西美或不美的原因或因素所在。"直至当代，关于美的本质的探讨仍然超越不了柏拉图提出的这一范围。柏拉图在《古希腊罗马哲学》中说："我不能不这样想：假如在美本身之外，还有其他美的东西，那么这些美的东西之所以美，就只能是因为它们具有了美本身。"也就是说，"美"是一种客观存在的现实，即柏拉图所说的"美本身"。

(3)指美的本质。美学专家认为美具有客观社会性和形象性两个基本特征。客观社会性是指美是一种已经客观存在的事物，是人在社会生活中的产物，是不依赖人们的主观感受而存在的，是不可回避的事实；形象性是说无论是自然界的山清水秀、蓝天白云，还是社会生活中人们的阳刚雄壮或儒雅气质，或是艺术上的诗词歌赋、名曲名画等，其本质已经体现了美的形象或美好的意境，人们能强烈地感受到这种美丽或美好，并与其产生强烈的共鸣。法国哲学家狄德罗在《论美》中说："只要哪儿有美，就会有人们强烈地感觉到它。"这正是由美的形象性所决定的。前两年国内外有些地方开展的所谓"人造美女""人造美男"大赛以及各种影视、化妆大赛，正是反映了人们渴望改善、美化自身形体和容貌的强烈愿望。

狄德罗说："在所有的叫作美的事物所具有的许多共同属性中，我们究竟选择哪一个性质来用美作为它的符号呢？哪一个？我看，很显然，只有这样一个性质才合格：有了它就使得所有这些事物都美，它的多寡(假如它有多寡之分)就使得这些事物在美上有多寡之别，没有它，这些事物就失其之美。"①

2．美的基本形态

美有自然美、社会美和艺术美等多种基本形态，其中，自然美和社会美又属于生活美。生活美是一种现实生活中客观存在的美的基本形态，艺术美则是生活美中的某种事物或物质的集中反映、提炼、升华或再创造。自然美是自然界的某种具体事物所体现的美，既有其自然属性，也与人们的社会生活紧密相连，因此既具有其社会属性，又能表达社会生活中美的基本形态。

① 吴世常．美学资料集[M]．河南：河南人民出版社，1983：91．

例如，在诗句“大漠孤烟直，长河落日圆”中，沙漠的一望无际留给人悲壮苍凉的印象；崇山峻岭的雄浑壮丽令人心旷神怡；海天一色的波澜壮阔又给人忘却一切烦恼的兴奋。宋代画家郭熙说：“春山淡冶而如笑，夏山苍翠而如滴，秋山明净而如妆，冬山惨淡而如睡。”句中的“笑”“滴”“妆”“睡”均是社会生活中的客观社会现象和实际存在的事物形态，被用作形容自然界实际存在的高山峻岭、四季美好景象的点睛之笔，更具有一种震撼人心的精练美感。自然美以其形式取胜，一般以其形状、韵味、颜色、声音、线条等表现形式被人们所欣赏和接受。

社会美是社会事物所体现的美，既包括人在社会生活实践中所创造出来的事物，也包括人的自身美感。人是社会生活的主体，人的美感是社会美的核心，要增添社会美，关键在于增加每个人作为社会一分子的自身美感，包括人的外在形象美和内在心灵美及气质美，只有作为这个社会生活中每一分子的个人的美感增加了，我们的整体社会美的层次也就必然会得到提升。

艺术美则不同。艺术美是经过艺术加工后形成的，既来源于生活又高于生活的，个性化和具体可感知的艺术形象的凝炼与提升。艺术美作品的创作过程中倾注着艺术家的自我情感喜好和审美理想的表达，艺术形象注重突出表现所需角色形式的完美性。当然，艺术作品在很大程度上也是以形式美的形式来表达的，我们在这里暂不作讨论。

3．美感

美感有两种含义：广义的美感即“审美意识”；狭义的美感专指见到美的感觉，亦称审美感受。审美感受是客观事物美的属性被人的感觉器官所感知与接受，通过神经触突上传至大脑中相应的感觉神经中枢而产生的一种特殊感觉，即美的感受或心理愉悦感。美感在审美实践中产生与发展，它的基本心理因素有感觉、知觉、表象、联想、情感、思维、意志、升华等。美感的基本特点是：

(1)客观制约性与主观能动性的协调统一；

(2)形象的直觉性与理智性的协调统一；

(3)个人主观的非功利性、愉悦性与社会的客观功利性的协调统一；

(4)差异性与共同性的协调统一。

人类的审美感受是一个蕴藏着理性内容的、为人类所特有的极为复杂的心理活动过程，它包含着情感和个体对美的认知能力和感受能力等因素。例如美感的愉悦性离不开人的情感因素同审美对象的呼应或共鸣，就算是同一作品，在同一审美主体的情绪有不同波动的情况下，其所能引起的呼应或共鸣也是不同的。在审美活动中，作为审美主体的人始终处于丰富的情感状态之中，或对审美客体欣然接受、欢迎响应，或断然拒绝、反应冷淡，人们的态度总是会二者必取其一。

客观美的事物通过人们的感官感受，触发情感的联想及共鸣，并使人的心灵产生呼应或升华及兴奋或愉悦，从而产生美的感受。

4. 审美观

爱美是人类一种必然的、正常的心理状态。不同时代、不同社会、不同阶层受到不同主流文化的影响，在每个历史时期的审美观也就会有很大不同。通常所讲的审美观是人们在审美活动中评判美丑所持的一贯的稳定看法和态度。审美观是人主观的意识，是客观事物在人们头脑中的具体反映，所以客观现实中美的事物是审美观形成的物质基础，社会实践是人们正确审美观形成的必然过程。不同的人，由于其文化层次和社会生活阅历不同，审美观也可以有很大差异。

那么什么样的审美观是正确的呢?

黑格尔在《美学》一书中说过："美的要素可分为两种，一种是内在的，即美的内容；另一种是外在的，即美的实质内容借以显现出意蕴和特性的东西。"任何美的事物都是一定的内容和形式的高度和谐统一。有时美的内容也会比较隐晦、曲折，个人所能认识的深度和获得的体验往往不尽相同，而美的形式则直接作用于感官，易为人们所感知。

具体应用在形象设计创作的过程中，虽然美的形式与内容是互相依存和制约的两个方面，它们统一于事物美之中，但美的内容应该是决定性因素，美的形式必须适应内容，为内容服务。然而在美的形式与内容的关系中，形式并非纯粹是消极、被动的因素，它能反作用于内容。当形式符合内容时，形式能更好地表现内容；反之，当形式不适合内容时，又将损害甚至破坏美的内容。所以，只看形式不看内容，或者只看内容不看形式，都不是科学审美观；只看一点不看全面，只看局部不看整体，也不能正确把握美的实质。只有保证局部与整体、形式与内容的和谐协调，兼顾统一，才是全面的、正确的、科学的审美观，即整体审美观。

5. 人体整体审美观

我们已经知道，人既是审美的主体，又是审美的客体。

作为主体时，他应该具有敏锐的感知能力和认知能力，能对客体对象的美的实质或特征作出敏锐的观察与判断，并具有一定的意象生成能力和形象创造能力。对审美主体来说，审美对象(即审美客体)的存在是第一性的，没有一定可感知的美的事物作为欣赏对象，主体感受和主观体验就会失去依据。

当人体作为审美客体时，要努力地对其进行从局部到整体的全方位的修饰美化，提高其美学价值，不仅使人体形象成为被欣赏的客体，也使审美主体在对人物形象的审美中获得最佳审美感受；同时自身形象又是别人审美的客体，让自身的美也给别人带来良好的审美感受，使自身的形象在别人的心目中留下良好的印象。

基于整体造型审美的要求，形象设计造型师应切实地从整体的角度对人物形象进行全方位的设计与包装，设计师不仅要从面部化妆着手，还应当从发型、服饰、社交礼仪、个性气质风度等方面，对每一个局部都进行精心设计、修饰定位；应当从形式到内容、从外表到内在，塑造一个全新的、整体的角色形象，这便是我们人体美的整体审美观，也是形象设计工作所要达到的目的。

三、人体审美的基本内涵

形象设计中人体审美的基本内涵可从以下几个方面来把握：

1．集形式美于一身

客观事物与艺术作品在表现形式上的美称为形式美，形式美是人们最普遍、最直接感受到的一种美。因此，形象设计首先应当做到集形式美于一身。

艺术形式美，是指艺术作品的形式构成诸因素(形状、色彩、线条、语言、动作等)按一定的法则组合出来的审美特征。它是美的形式的某些共同特征，也是形式美法则。

人体的美首先体现于身体的形态、构造，体现于身体外表的体态、肤色、声音、韵律、线条、色彩等诸因素，体现其符合形式美学原则的和谐统一的组合。人体就其本身而言，左右对称、比例均衡、体态匀称、动作协调优美，亦即具备了形体的均衡、匀称的形态美；人体又是一个和谐、统一的整体，人体的局部与整体、局部与局部，机体与环境，生理与心理等，各种对应关系是协调、和谐、统一的，这高度体现了人体的整体美感。形象设计的目的就是挖掘、协调、扩大这种整体美感。当然，在欣赏美、创造美的过程中，既不能否定形式美的法则，也不能离开其本质内容(如气质风度、文化素养等)而片面强调形式美。我们在提倡集形式美于一身的同时，也必须强调全息美，这样才能创作出美的作品。

2．以生命活力美为核心

只有健康的生命才能赐予人体健康美感。生命是一种形态结构与功能活动相协调的、合乎目的的、和谐统一的状态。人的生命活力美是人体形式美的许多内容中最富有特殊和决定性意义的因素，是人的全面本质的高度显现。人的生命活力美具有以下特征：能使皮肤、血液、肌肉、毛发等有机材料与心灵、情感、思维、伦理、道德情操等社会性要素相维系、相组合，这是一种高层次的美的特质的体现。人体的形态结构和功能活动是在鲜活顽强的生命进程中逐渐发展和完善的。因此，以生命活力美为核心，构建整个人体的全息美，这是我们形象设计师的首要宗旨。

健康的人体具有充沛的精力及蓬勃旺盛的生命活力，表现为体态优美、肌肉发达、皮肤细腻、脸色红润、目光炯炯有神、坐立挺拔、步履矫健、动作灵活、神态自然。健康为人体增添了艳丽的色彩，人又因生命的鲜活而灵动，充满着一种优美的动感、一种积极向上的生命动力，这种动力极大地增强了人体美感。相反，一旦生命活力离开人体，肌体就会变得丑陋可憎，没有丝毫美感可言。形象设计的重要任务就是将这种生命活力美体现出来并发扬光大。

譬如形象设计事业中的化妆技术，化妆要表现出细腻清透的皮肤质感、光泽圆润的造型效果，这样的妆面才能具有积极向上的意义，也是被我们所认可的美的作品。其实，这也是化妆界常说的“一个基面妆画好了，整个妆型就成功了一半”的精髓所在。

3. 存在的形式、内容与美感效应的和谐统一

人体美是以活生生的血肉、情感、伦理道德和生命活力为基本内容的，自然形成的，有机的，具有社会属性的美的形式。其存在的形式和内容可以通过直觉，也可以通过社会伦理范围内的综合效应，使人产生一种富有生命力的和谐统一的美感。

不论怎样的造型设计，不论是存在形式还是实际内容，都应该与角色的美感或丑恶效应产生共鸣，产生强烈的情绪互动欲望，产生强烈的视觉冲击力，这样的形象设计造型效果才具有存在价值，才会被大多数人所接受，也才会具有强大的艺术感染力和生命力。

4. 富有个性

不仅仅是不同民族、不同地区、不同时代或社会，即使是在同一个群体中，人都应当是极富个性的，有很大差别的。人们的生活经历、社会阅历、处世经验、所处环境、所承受的精神压力各不相同，即使是同一个人，在不同阶段、不同场合、不同环境、不同健康状态下，个人的情绪、心境也会有很大差异，对待事物的心理感受也会不尽相同，于是便形成了个人独特的、丰富多样的审美感受。

其实，人们在追求形体美、气质风度美的同时，为了区别于他人，实际上已经开始追求自我个性和自我价值的完美显现。我们要杜绝“千人一面”的造型效果，提倡“一人千面”的艺术创造性，必须有属于自己的东西，必须在传承的基础上有所创新，去其糟粕、取其精华，在尊重历史的前提下，加上时尚元素和时尚风格，形成自己的独特个性风格，这才是一名好的形象设计师。当然，这里所说的传承与创新，不仅仅指时尚形象设计和时尚化妆造型，影视舞台化妆也应该列入此范畴。

四、自然审美观

1. 自然与自然审美观

人类起源于自然，带着最原始的自然美属性。在人类文明大步前进的今天，人们越

来越厌恶虚假做作、装饰性太强的修饰，越来越重视返璞归真、崇尚自然、敬畏自然的自然审美观。在社会实践中，我们不断完善自己的审美意识：公正地看待自己，审视自己的美；公正地看待别人，给别人以美的评价，并在这一过程中逐渐形成最初的原始自然审美观。因此，自然审美观是人类对一切自然美、原始美的客观情感评价，它带有原始的、朴素的、与自然生活息息相关的个人情感因素的色彩。

自然美是指客观存在的美的事物，如高山流水、雪岭冰川、日月彩霞、碧波林涛、花香鸟语，包括原始的裸露人体所呈现的曲线起伏等。自然界的各种事物所具有的各种色彩、声音和形状，都是客观的自然的物质属性，它们本来并不具备美与不美的区别。美只是相对于主体印象或感受而言的，它产生于自然与人的相互关系中客观存在的事物，当原来与人敌对的事物或自然现象变为与人休戚相关的、对人有益的对象时，人类才有了对自然、对现象的美感体验，自然才成为人类的审美对象，于是便有了不加雕琢与修饰的自然美，因此也有了自然审美观。

目前时尚化妆界所竭力推崇的本色化妆、裸妆、铜色化妆等妆型，就是在这样的自然审美观下产生的，因为它极力想要表现的是一种本我精神，带有一种自然美属性，即这个人物还是我本人，并没有变成他人，但是比我原来的形象有了大幅度提升，所以更具有自然审美价值。

2. 人体自然美

在世间一切事物中，人是万物之灵，人体是最完美和谐的，是世间最美好的审美客体。从躯体到生命，从思维到灵魂，从一颦一笑、举手投足到仪表仪态、气质风度，无不体现出无限美好。人体在正常状态下的形式结构、生理功能和心理过程的协调匀称与和谐统一，是人体的自然美与社会自然美的和谐统一。人体的自然美即人体的自然因素是人体美的基础：富有韵律的躯体曲线是一种自然美，人体在正常状态下的曲线起伏、生理与心理状态的协调和统一等自然因素是人体美的基础，人的体型富于造型美和曲线美；人的肤色在一定光线作用下富于色调与光泽的变幻美和阴柔美；人举手投足间的姿态的千变万化，动态与静态皆蕴含着无限的美感。

人体自然美既体现于容貌和身体的各部分，也体现在生理与心理特征中，即所谓人体美的量感与质感。量感指审美主体对审美客体的轻重、大小、疏密、胖瘦等量的感觉；质感指对审美客体的皮肤细腻、软硬、柔和、光滑等程度的质的感受，是一种通过视觉捕捉到的、以触觉为主的物质特性感受。在形象造型设计中，通过不同的表现手段，表现出人体所具有的上述物质特性。人体质感不同于用手去触摸人体所得到的感觉，而是一种较高层次的美感意识，用视觉比用触觉更能捕捉到形态的神韵变化。

人体作为审美的客体，无疑具有以下美的特征：

(1)人体结构的和谐与统一。人体结构具有和谐统一的整体美。人体的局部与局部、局部与整体，机体与环境，躯体与生理，躯体与心理等对应关系既和谐又协调统一。

(2)人体结构与形态。人体结构以正中线为基准，左右基本对称，比例均衡，体态匀称，动作协调，缺一不可。

(3)生命活力。人体是生命的载体，生命赋予人体生命的活力，只有生命才能赋予人体真正的美丽。

(4)全息美。“全息”一词源于激光物理学。张其亮教授主编的《医学美容学》对全息论的概念作了如下诠释：“全息，在生命科学中的引入，促进了人体全息观的形成和人体全息诊疗学的诞生。人体全息律包括两个内容，一是体表的特殊部分等于整个身体的缩影；二是机体各器官之间，机体与宇宙之间均息息相关……‘容貌全息律’是容貌美学中其他各种特征的核心，它似乎在各种特征中处于支配的地位。例如，容貌的比例美是人体其他部位比例美的全息‘缩影’；容貌的动态美是人体其他部位动态美的全息‘缩影’；容貌的轮廓、凹凸度美是人的整体形象美和气质美的全息‘缩影’。总之，美的全息律支配和主宰着各种美的规律于人的容貌中，这就是‘容貌美是人体美的一面镜子’的理论根据。”①

生物全息律揭示了生物体结构和功能的局部与整体、局部与局部的全息对应规律，这种规律在人体的自然美和化妆造型方面有着重要意义。人体自然美还在于它的全息美，就是说人体作为生物个体，其大系统与各个小系统之间存在着全息对应关系，各部位在不同程度或不同层次上成了整体的缩影。例如，我们可以将构成人体的心、肝、脾、肺、肾等脏器，看成是人体这个全息系统中的各个全息元素；或者在五行全息系统中，金、木、水、火、土便是五行这个全息系统中的各个全息元素。

人体在自然界的一环套一环的多层次系统中，在茫茫宇宙间，始终处于中介地位，并具有最精确的全息相关度。无论人体的何种美感，都包含直接显性的具体感知因素、间接抽象的理性因素及潜伏在意识中未被激活的隐性因素。这三种因素在审美主体的头脑里融汇交错，形成既有模糊性又有全息性的心理反应。在审美过程中，美感的全息性始终和机体生命的全息性同步合一，正是这种同步合一构成了人体全息美，而这种全息美正是我们矫形化妆的主要依据和宗旨。

① 张其亮.医学美容学[M].上海：上海科学技术出版社，1996：55.

下面是人体自然美各部分的名称(见图7-1)：

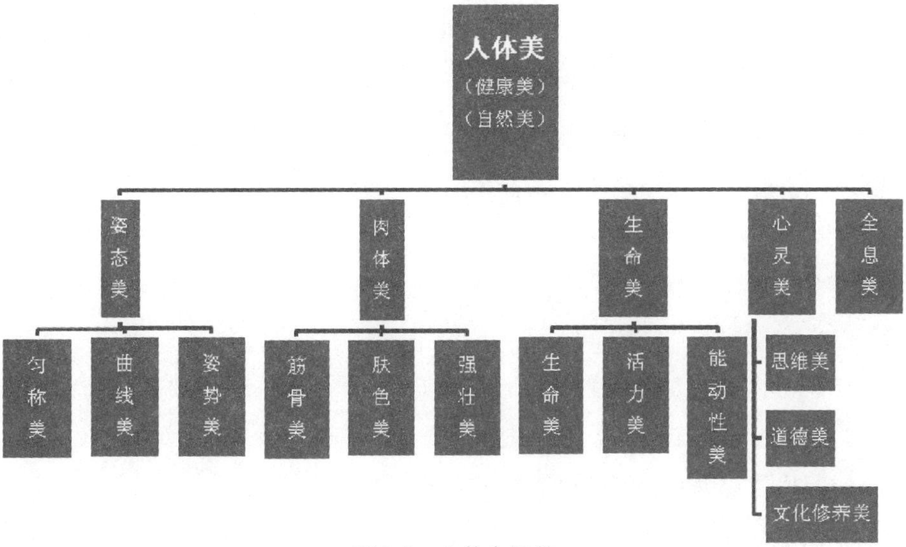

图7-1　人体自然美

3．推崇自然、挖掘与展示人体自然美

推崇自然就是要突出地展现自然美的优势，协调局部，从而体现整体的自然美感，充分挖掘与展示人体的自然之美，这是形象化妆造型设计的总目标或总原则。无论是时尚化妆设计、发型设计、服饰选择还是社交礼仪、风度气质等形象设计，都必须以推崇自然、美化整体形象为总的原则，一切美化局部的造型设计都必须服从这个大原则。

因此，形象设计师必须懂得发型、服装、色彩、社交礼仪等多方面知识，只有知识面丰富开阔，造型才会得心应手。切忌虚情假意、矫揉造作、东施效颦、原搬照套，这样做只会使人厌恶。因为这样的作品永远只是他人的东西，永远不会表现出自己的风格，充其量也只是一个临摹作品或者抄袭作品。

五、整体形象塑造

1．整体形象塑造的含义

整体形象塑造可以理解为全方位包装。它泛指利用一切美化手段和现代修饰方法，结合最新时尚流行元素，追求人体美的完整性、协调性和时尚性的实现，达到外表修饰美与内在气质美的统一；也可以说通过美容外科(整形)、美容内科(治疗)、美容护理，加上化妆修饰技法的协调统一应用，力图实现容貌与形体的全面完善，达到最佳的美学效果，不管是自我审美还是审视他人，均能获得最佳的审美效果。

2. 遵循形式美法则

人物形象设计的包装内容是否全面，是否协调，是否成功，要看包装的方方面面是否符合各项美学规律。综上所述，时尚形象设计要遵循形式美法则，要符合下列要求：

(1)人体的整体或局部的高矮、宽窄，整体与局部或局部与局部之间的长宽等尺寸的比例关系，要符合或接近黄金分割律；或者利用一切技巧与手段，达到这种视觉效果(其实是一种视错觉效果)。

(2)体型姿势、左右差别及弯曲度等更能体现人体的曲线美，或者至少达到前面的视觉效果。

(3)充分体现形体的质感美与量感美，如皮肤的光泽度，肤色及肌理的透明细腻程度、柔软感觉、弹性强弱、条纹、斑点及皮肤颜色深浅白皙等。这一点十分重要。

(4)体表的起伏曲线等外貌特征更能赋予人美感或性感。

(5)运动中的形体变化与动作，即所谓动态美应当和谐，充满美感。动态美不仅涉及化妆、衣着、首饰是否雅致考究，而且涉及待人接物、言语谈吐、社交礼仪方面是否文雅得体、自然流畅，以及动姿与静姿是否优雅大方（例如举止姿态是否优美适度等）。这就要求设计师将这些因素考虑周到，从而塑造出一个和谐的整体形象，必要时甚至要对模特进行形体方面的训练。

(6)从整体效果出发，加强审美主体对人体全息美的认同感，绝不可以以局部美感代替整体美感。例如，一双本来很美的丹凤眼，配合其脸型原本整体效果很好，却硬要通过手术改成流行的双眼皮，结果适得其反，反而不美。因此，建议我们的化妆师、形象设计师、整形医师、发型师、色彩顾问、服饰设计师等，都应该学习审美和整体形象造型设计，都应该服从形象造型的整体需要或时尚化妆及角色需要，都应该强调整体效果的和谐与统一，这也是本书所竭力倡导的宗旨。

3. 整体修饰、整体包装

人体形式美的上述诸因素，通过现代形象修饰的各种技巧，可以达到遮掩其缺点、突出其优点或优势的效果，尤其是通过社会交际中所表现出来的礼貌礼仪、举手投足中对自身仪态风度的美化，展示个性气质风度的优势，使个体处于外在美与内在美和谐统一的最佳状态，从而使自己自信心增强，获得他人的尊重和爱戴，给别人以最佳审美感受，也为群体的美化做出努力。

只有全方位包装才能使人体获得和谐的整体美，才能充分挖掘人体各方面的美学潜能并加以科学的协调组合，让自然美得以充分展现，使人体从质到量，从线条、形态、色彩、神韵到品位，从立体到平面，从动态到静态，从气质风度到言谈举止，从才华、智慧、理智到思维方式，从文化、道德修养到待人接物，任何方面都体现出美、洋溢着美、渲染着美，让个体形象给别人、给群体、给社会以最佳的美感享受，这也是所有的形象设计师、舞美造型师、化妆师、整形医师、美发师、美容师、服装设计师等都应遵循的基本美学原则。

第二节　形象设计中的色彩美学

学习形象设计，首先要学习美，懂得审美。形象设计的美学设计包括形式美学和色彩美学两大部分。而在色彩美学中，首先要了解的就是色彩。

一、色彩美学基础

我们之所以能够分辨、认识宇宙万物，完全是因为有了光。光是色彩的媒介，没有光就没有色彩。物体因其所受光的强弱和方向不同，就会产生各种变化复杂的色彩。因此，光把物体的实际物理属性(如形状、颜色、性质、大小等)完全地呈现了出来。有时虽然是同一物体，但只要光源的条件与所照射的方向有差异，就会使物体呈现出浓淡深浅各异、远近层次不同的光影组合效果。试想，在一间没有任何光源的漆黑的屋子里，尽管物体是实际存在着的，我们却看不到任何物体。

既然人能感觉到颜色，是光对人的眼睛产生作用的结果，那么也可以说色彩就是人眼接受外界光线刺激而产生的一种感觉。人的眼睛在遇到强光时，最容易感觉到黄色；相反，在微弱光线下，最容易察觉出青色。任何一个人物形象要给人以美感，除了客体本身的形态结构外，光的投射是很重要的因素。只有在光的照射下，人才能看到物体千变万化的色彩。有了光才有色彩，光是色彩之源。例如，化妆后，在强弱不同的光源中，会出现不同的化妆效果；在不同性质的光源下，妆面也会表现出不一样的魅力。这些特殊效果皆是光和色彩以及投影相互作用的结果。在舞台上，导演会利用不同色光光源充分展示剧情想要表达的意境效果、表现演员的出色魅力。我们在做形象设计时，如果能同时考虑到光和投影的效果，我们的设计就会更加出色。

人眼中的感光细胞接收到光线后，就会产生化学反应，接着神经中会产生电脉冲，经神经传给大脑，人就可分辨出不同的颜色(见图7-2)。

我们研究色彩时，必须善于区分大脑中的颜色记忆和通过实际感光细胞的传导途径到达人眼球的光线的物理特性。

研究色彩，特别是时尚形象设计和化妆造型中色彩的应用时，必须考虑光的因素。色

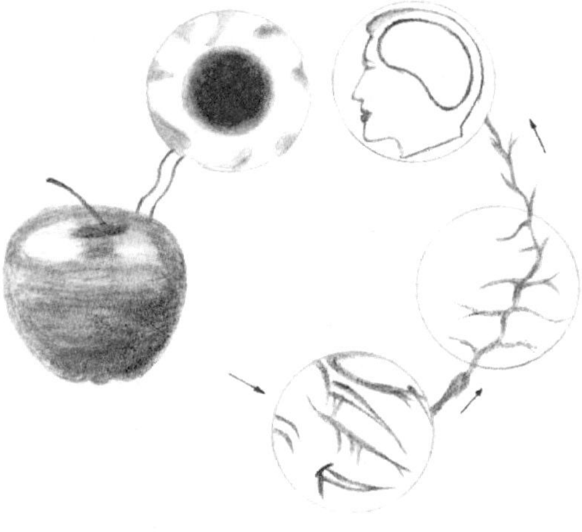

图7-2　感光细胞的传导途径

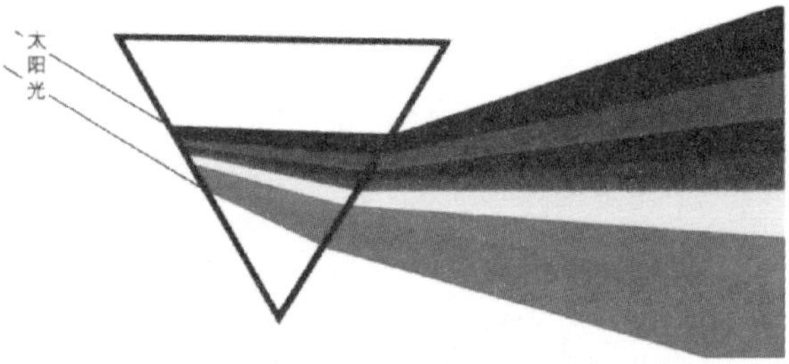

图7-3　经三棱镜解析后产生的光谱色

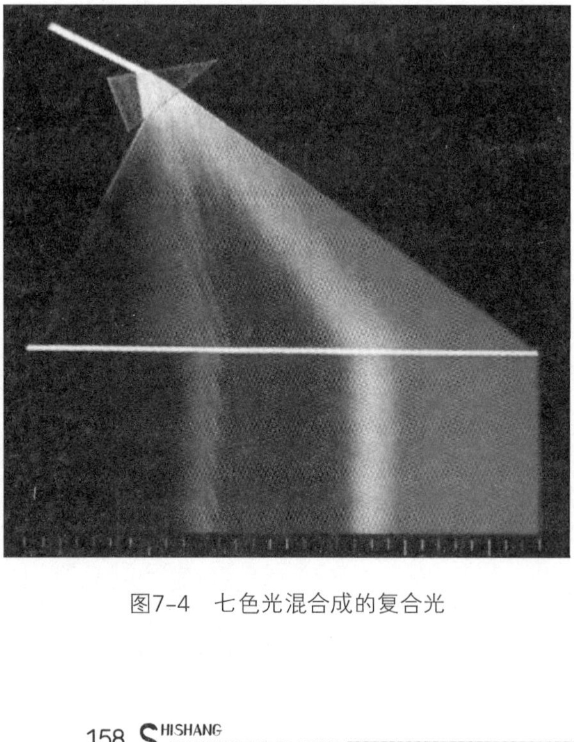

图7-4　七色光混合成的复合光

彩与美学密切相关，色彩是美的重要构成因素，色彩的生理、心理效应，色彩的美感表现力，色彩的科学搭配及其效果审定等都是审美的重要依据。因此，研究色彩的规律、反差及其效果，是形象设计的重要基础。

1. 光源色和物体固有色

19世纪中叶，英国物理学家牛顿发现了色彩光学，他用三棱镜把白色的太阳光分解，得到了颜色光谱。经三棱镜解析后产生的光谱色，依次可分为红、橙、黄、绿、青、蓝、紫。光谱色是一种由七种不同波长的色光组合而成的具有连续性的光带，各种颜色之间可以互相融合、渐次变化；它也是太阳光的基础色，色带光谱中的任何一种色光都不可能再次被分解，这种现象称为“折射”（见图7-3、彩图1）。

如果再用凸透镜将这七色光聚拢起来，则又得到白光，这种由七种不同波长的色光混合而成的白光称为复合光，又称复色光(见图7-4、彩图2)。

光是一种电磁波，380—780毫微米之间的电磁波可使人有色彩感觉。从物理学角度说，一切物体的颜色都是光线照射的结果。物体在有色光线照射下呈现的颜色称为光源色；光源照射到物体，物体的反射光进入人的视觉器官，引起色觉。

与无线电波相似，光的波长测量单位为毫微米(mμ)，其频率以周/秒来表示。人眼能够辨别的可视光波长是400—700 毫微米。在彩虹的光谱中，红色光的波长最长，在600—700毫微米之间，频率最低；蓝色光的波长最短，在

400—500毫微米之间，频率最高；介于两者之间的是绿色光，波长在500—600毫微米之间。

物体色的形成与光源色及物体表面的分子结构有很大关系。正常的人类视觉是通过物体直射或反射的光而感知到色彩的。相同的物体在不同色光光源照射下，将呈现不同的色彩。如一张白纸，在红光照射下呈红色，黄光照射下呈黄色。正午的日光与夕阳照射下的景物也会呈现不同色彩。在同样色光的光源照射下，不同物体由于结构不同也会呈现不同的色彩。如玫瑰花花朵反射红色光，其叶子反射绿色光，是由于花朵和叶子表面的分子结构不同。

过去人们往往把白色阳光下物体呈现的色彩称为物体的“固有色”。在没有掌握色彩的光学原理之前，人们往往误认为物体本身具有某种固定不变的色彩，这种说法是不确切的。当然，物体固有的物理属性是不会因光源不同而改变的。

2. 光谱与色彩的混合

彩色光就像声音一样，缥缈不定，但却是实际存在的，它不过是由光线振动合成的(见图7-5)。

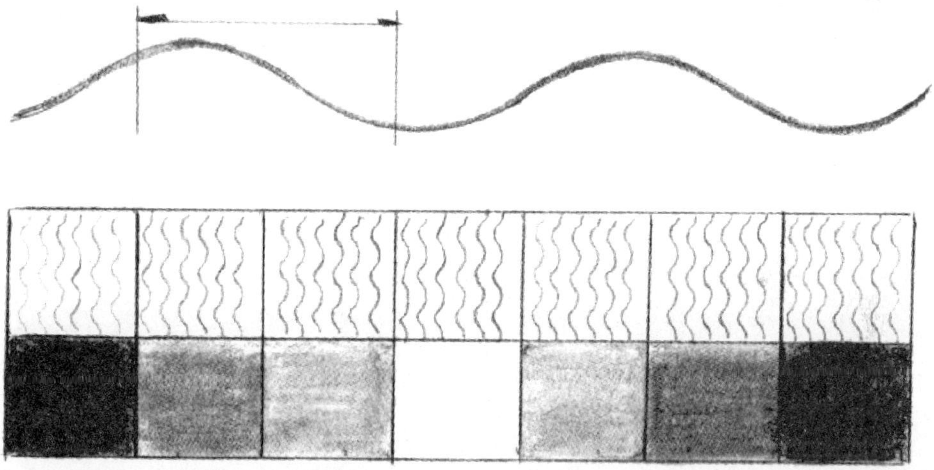

图7-5　光线振动示意图

各色光波又称为光谱。几乎每一种东西的颜色都取决于它所吸收光波的长短，但我们从未看到它吸收的过程，看到的只是它所反射出来的颜色。

色的混合是指在某种色彩中混入另一种色彩，混合之后该色的色相、明度、纯度都会发生变化。色的混合一般分为色光的混合和颜料的混合。

(1)加色混合。光色的混合又称加色混合，色光的三原色是红、绿、蓝，这三种色光相加等于白光。光色混合的特点是：两种以上的光混合在一起，光亮度会提高，混合色的总亮度等于相混各色光的亮度之总和，越加越亮，所以称加色混合。将色光的三原色按不同比例混合，几乎可以得到自然界所有的颜色。例如彩色电视就是用色光的加色混合原理设计出来的。

(2)减色混合。颜料的混合与光色混合正相反。颜料的三原色是红、黄、蓝，这三种颜色相加几乎变成黑色，因此颜料的混合又称减色混合。其特点是两种以上的颜料相加，越相加色彩变得越暗浊，明度、纯度降低，因而称减色混合。所以作画或化妆时，特别是使用那些明度、纯度较高的色彩时，应尽可能少混合其他色彩。根据颜料的减色混合原理，我们在化妆时应尽可能不要在画过的地方反复涂抹，否则妆面会越画越脏。例如彩色电影就是用颜色的减色混合原理设计出来的。

色彩总是要求人们所接触的东西具有一定的趣味性。由于在日常生活中养成的习惯，人们的眼睛对色彩的敏感度很高，例如公路上设置的交通标志，其中黄灯警告、红灯禁行、绿灯通行就是利用了人眼对色彩的敏感度而设计的。

3. 空间混合

(1)色彩的空间混合有下列规律：

1)互补色关系的色彩按一定比例的空间混合，可得到无彩色系的灰和有彩色系的灰。例如红与青绿混合可得到灰、红灰、绿灰；

2)非补色关系的色彩空间混合时，会产生两色的中间色。例如红与青混合，可得到红紫、紫、青紫；

3)有彩色系色与无彩色系色混合时，也会产生两色的中间色。例如红与白混合时，可得到不同程度的浅红；红与灰的混合，得到不同程度的红灰；

4)色彩在空间混合时所得到的新色，其明度相当于混合色的中间明度；

5)色彩并置产生空间混合是有条件的。混合色应是细点或细线，同时要求呈密集状，点与线愈密，混合的效果愈明显。色点的大小必须在一定的视觉距离之外，才能产生混合，一般为1 000倍以外，否则很难达到混合效果。

(2)空间混合有三大特点：

1)近看色彩丰富，远看色调统一，在不同视觉距离中，可以看到不同的色彩效果；

2)色彩有颤动感、闪烁感，适于表现光感，这是印象派画家惯用手法；

3)如果变化各种色彩的比例，少套色可以得到多套色的效果，电子分色印刷就是利用这种原理。

我们说苹果是红的，真正意义是其表面把除红光以外的其余光线都吸收了(见图7-6)。

因为物体反射某一种颜色光线而吸收其余光线，所以它有稳定的色彩(见图7-7)。

图7-6 苹果对光线的吸收和反射

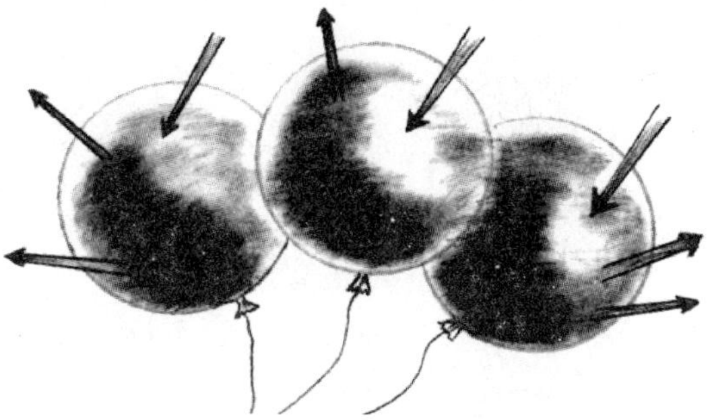

图7-7 光线在气球上形成的反射

白色物体会反射光谱中的全部颜色，黑色则吸收全部颜色(见图7-8)。

各种物体由于本身表面结构和特点不同，色彩显现也不相同。一种颜色色素的分子结构只能吸收一种特别的光线(见图7-9)。质地柔软、表面粗糙的物体，可以对光线产生漫反射，减少物体色彩的变化，现象明显；质地坚韧、表面比较光滑的物体，可以对光线产生全反射，并对人的视觉产生强烈刺激，减弱物体的色彩感觉，现象不明显。随着光线的变化，物体的色彩也在发生变化，强光使物体色彩变浅，色感减弱；弱光使物体色彩变深，色感加强。

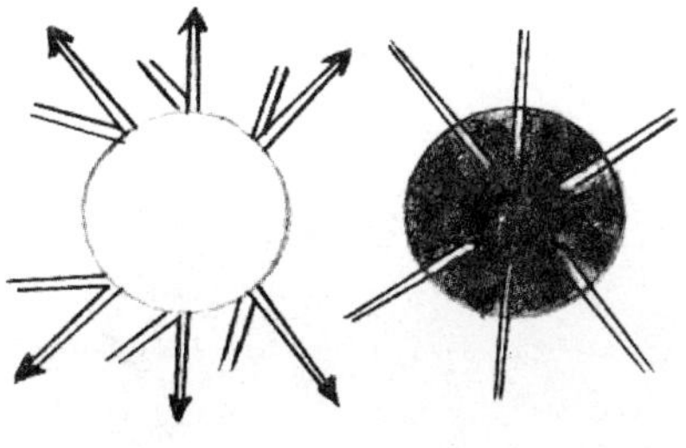

图7-8 黑色与白色吸收或反射光线的不同

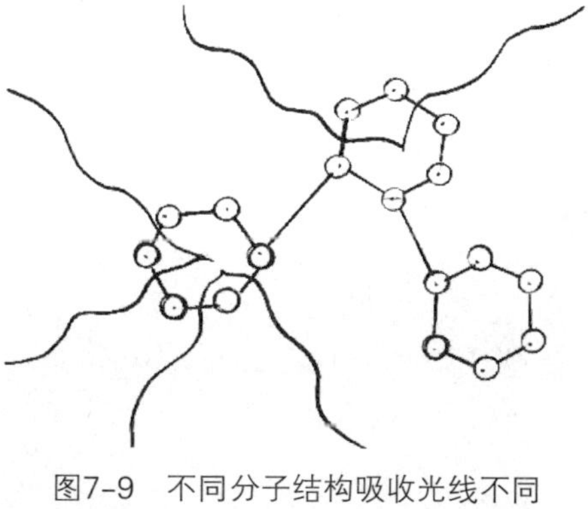

图7-9 不同分子结构吸收光线不同

4. 色彩的属性

关于色彩的研究近代才开始，这是一门以光学发展为基础，研究色彩产生、接受及其应用规律的科学，具有心理学与生理学特性。

色彩可以分为无彩色系和有彩色系两大类。

无彩色系是指黑、灰、白等不同深浅的灰色。

有彩色系是指色带光谱上的红、橙、黄、绿、青、蓝、紫及其衍化产生的带有颜色的色彩，不同明度和纯度的这7种颜色也都属于有色彩系列。

5. 色彩三要素

色彩具有三个属性，色相、明度、纯度，统称为色彩的三要素。

(1)色相。我们已经知道，色相即色彩的相貌，指色彩所呈现的本质的面貌，也是指颜色的光谱波长，又称色别。色相是色彩的首要特征，是色彩彼此之间相互区别的最准确的标准，也是色彩最主要的特征与差别，可以较确切地表示各种颜色的名称和相貌。如红、橙、黄、绿、青、蓝、紫等就是不同波长的色彩被眼睛感知而得到的七种基本色相。每种颜色都有区别于其他颜色的“外貌”，从而在色谱中反映出不同的波长范围。在各色中插入一个或几个中间色，可以得到十几个以至上百个不同的色相，譬如在黄与绿之间，按照光的波长区分，可以区分出百余种不同的色相。当然，在红与蓝、黄与红中间也可以依此类推。

在自然界色彩的微妙差异中辨别出色相的区别，锻炼对于色彩的敏锐、准确的判断能力，对一名时尚形象设计师来说是十分重要的。

事实上，任何黑白灰以外的颜色都有色相的属性，而色相是由原色、间色和复色来构成的，其特征由光源的光谱所决定。

1)原色、间色、复色

①原色。原色又称第一次色(也称母色)，可以用作调配成其他颜色的基本色。色光的三原色和颜料的三原色是不相同的(见图7-10、彩图3)，色光的三原色为红、绿、蓝；颜料的三原色为红、黄、蓝。由于我们在形象设计中主要是在眼影、腮红、服装等方面使用色彩，所以本书着重讲颜料的三原色。

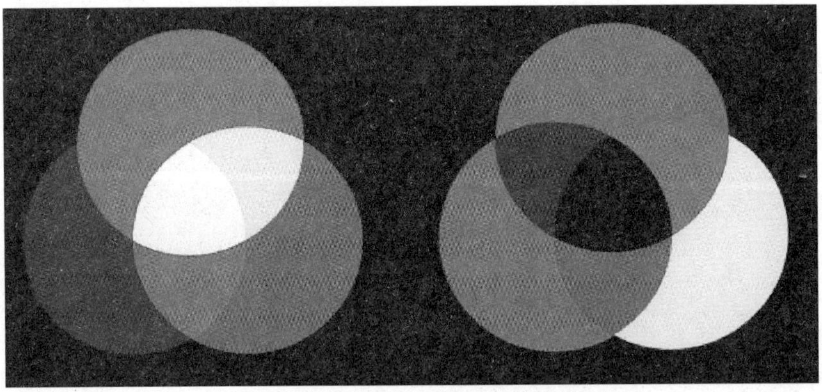

图7-10　光的三原色(左) 与颜料的三原色(右)

②间色。指两种原色等比例混合产生的新颜色，又称第二次色。例如：

红＋黄 ＝ 橙

红＋蓝 ＝ 紫

蓝＋黄 ＝ 绿

如果在调配中变化比例或在原色中再加间色，也就产生了不同的间色色相(见图7-11)。例如：

红＋橙(红＋黄) ＝ 红橙

黄＋橙(红＋黄) ＝ 黄橙

红＋紫(红＋蓝) ＝ 红紫

蓝＋紫(红＋蓝) ＝ 蓝紫

蓝＋绿(黄＋蓝) ＝ 蓝绿

黄＋绿(黄＋蓝) ＝ 黄绿

图7-11　复合色相环

③复色。指两种或两种以上间色相混合后产生的新的颜色，又称第三次色。

例如：

绿(黄＋蓝)＋橙(红＋黄) ＝ 橙绿

紫(红＋蓝)＋绿(黄＋蓝) ＝ 紫绿

橙(红＋黄)＋紫(红＋蓝) ＝ 橙紫

由于颜料三原色等量混合可得到黑灰色，两种间色即包含三原色的成分，所以不同比例的复色混合可以得到不同倾向的灰色。例如，红的比例多一些就呈红灰；黄的比例多就呈黄灰。因此，当化妆需要不同倾向的灰色时可以在调色时改变颜料的比例，也可以用某种原色与补色混合，或用原色与黑色混合，都可调配出不同倾向的灰色。

2)同类色、邻近色、对比色、互补色

①同类色。在色相环上，用任何一种颜色加黑、加白或加灰所形成的色彩，统称为同类色。同类色搭配有稳定、温和的感觉。

②邻近色。在色相环上，左右相邻的、处于30°－60° 之间的两个颜色称为邻近色(见第168页图7-12)。例如：红与黄、蓝与绿、橙与黄等。邻近色的搭配有令人感觉稳定安全、柔和自然的效果。

③对比色。在色相环上，处于120°－150° 两端的任何两种颜色均属于对比色。其颜色搭配应当小心，搭配得当时对比强烈，具有活泼、明快的效果，例如，红与绿的搭配一般被认为是不和谐的，但如果是绿色田野中有星星点点的穿红衣服的人，所谓“万绿丛中一点红”，会令人感到特别显眼而明快。

④互补色。互补色是就一种原色与另外两种原色混合得到的间色之间的关系而言的。互补色用色相环表示更为清楚——在色相环中相距180° 的一对色(或色环中直径两端的颜色)

为互补色。例如黄与紫(红加蓝)、蓝与橙(红加黄)、红与绿(黄加蓝)等。在色彩学上，红色与蓝＋黄形成的绿色为互补色，红色(原色)称为补色，绿色(间色)称为余色，或称红色为绿色的补色，绿色为红色的余色，以此类推。

色光的补色是指两种色光混合得到白光，这两种色光互为补色；在颜料中，凡两色混合得到黑灰色的互为补色。颜料的三原色中的任何一色与其余两原色混合成的间色再混合，都得到黑灰色，它们互为补色。

在互补色中，两色对比明显，相互排斥，视觉对比感觉强烈炫目，有刺激性和冲击力。如果调整好其明度和纯度的对比关系，可以起到相互衬托的作用，有优雅而别致、鲜明而饱满的效果。反之则会显得生硬、低俗、怪异。因此有一些特别的妆面效果可以用互补色搭配。用互补色搭配时，两色中的一种颜色要纯，另一种色要降低纯度或明度，这样会有较好的效果。例如，大面积的绿与小面积的鲜红搭配，夸张而富有个性，表现出一种另类风格；再如蓝色与亮橙色的搭配，有华丽而妖艳的感觉；还有大面积的紫与小面积的亮黄搭配，立体效果突出，具有强烈的质感，这些都是大胆而具有强烈视觉冲击力的搭配方法。

3)无色彩系。黑、白、灰系列的颜色都属于无色彩系。无色彩又称为中性色，是一组感觉中庸而又永远时尚的色彩系列。黑、白、灰系列的颜色与任何颜色搭配，都会产生很和谐的效果。

黑、白、灰与任何颜色相调，都可以提高或降低颜色的明度。任何颜色与黑、白、灰相调，都可以降低自身的鲜艳程度(纯度)。当颜色从颜料盒中取出时，此时的纯度是最高的，只要与黑、白、灰相调，都可以降低颜色的鲜艳程度(纯度)，调的次数越多，其鲜艳程度就越低。因此，在化妆设计中需要调色或多种颜色搭配时，我们应当注意到颜料的这一特性。

(2)明度。明度指色彩的相对强度或亮度，又叫色彩的明亮程度，即色彩的浓淡和深浅。就颜色而言称明亮度，就光色而言则称光度。明亮程度不同会使同一色相产生不同明暗的颜色，光度不同可使同一颜色显现出深浅不同的颜色。不同的颜色，明度是不同的，越浅的颜色，明度越高，反之，越深的颜色，明度越低。例如黄色明度最强，其次是橙、绿、红、青、蓝，紫色明度最弱。

一种颜色由于照射光线强弱不同，会产生明暗强弱不同的变化，例如，红色会产生浅红、红、深红……暗红，可以有很多明暗层次的变化。明度的强弱一般用高、中、低来表示，如在明亮程度上很亮，则可称明度高。

另外，各种色相本身的明度也不是相同的。譬如将各种基本色彩转拍成黑白照片，根据胶片感光程度则可以明显看出来，黄色比红色更亮，红色比紫色更亮。

明度在形象设计造型中有很重要的作用。人物形象的立体感或轮廓的凹凸结构特征主要靠色彩的明度来体现。

(3)纯度。纯度又称色彩的彩度或饱和度，是指色彩本身的纯净清晰程度或鲜艳程度。色彩纯度越高，饱和度越高，颜色越鲜艳；反之，颜色越灰暗，纯度就越低。纯度高的色彩掺白色将会提高它的明度，掺黑色则降低明度，但这都降低了色彩的纯度。在化妆色彩使用上，过多掺入白色，会造成纯度不足、缺乏力量的感觉；如果纯度过高，不注意明度的协调，会产生刺目的感觉。只有纯度适当时，化妆色调才会鲜明、生动、有力、感人。

色相环上的基本色相，在正常强度的光线照射下，色彩纯正、鲜艳。倘若掺入黑色、灰色，或掺入其补色，则色彩的纯度就会发生变化，变得不那么鲜艳。在化妆时倘若想要改变色彩的纯度，就可以采取这种办法。

色彩纯度的强弱一般也采用高、中、低来区分，最纯净的色彩称其纯度高。

(4)色彩三要素的相互关系。

色彩的三个属性不是孤立的，而是相互依存、相互制约的。每一种色彩都具有三个属性。化妆时如果改变了某一色彩的明度，则其色相、纯度都会相应发生变化。例如，黄色掺入一些褐色后，其明度降低，纯度也会降低，色相也变成黄褐色了。

色彩的差别似乎很小，但配上不同的明度和纯度，就会发生显著变化，并且每一种色彩都会巧妙地衍生出无数的近似色来。譬如黄色有柠檬黄、浅黄、金黄、芥末黄、杏黄、土黄、中黄等；蓝色有天蓝、海蓝、灰蓝、浅蓝、宝石蓝、孔雀蓝、深蓝、藏青等；白色有雪白、乳白、米白、青白、粉白、蓝白等；黑色有灰黑、红黑、紫黑、蓝黑、青黑等。

色彩的相互关系是就不透明色彩的相互作用关系而言的，如修饰类化妆品、服装色彩等。色彩的相互作用关系如下：

1)三原色等量混合，或者是三间色等量混合，都会产生极混浊的近似于黑的颜色。

2)两种原色混合产生间色，可降低原色的强度，且间色带有灰色成分。

3)色带中相邻两色混合，可保持原来两种颜色的强度。

4)两种等量间色相混合，产生的新颜色倾向于两色之间共有的原色，如绿和橙相混合，产生带黄色的灰色。

5)两种互补色等量相混，产生倾向于原色的灰色，若加大余色用量，则新颜色倾向于黑色。要保持色彩明度，不灰不脏，应尽量避免互补色相混。

6)互补关系的两种色彩并列时相互衬托，相互提升色相强度，相混时色彩变得混浊。

(5)色彩的其他要素。

1)色调。色调又称色彩的调子。色调是指色彩外观的基本倾向，也是构成色彩统一的主要因素。色调是能以组区分的色彩属性，如红色调、蓝色调或明暗调子等。按色相分类有红色调、蓝色调、绿色调等；按明度分类有亮色调、暗色调、灰色调等；按纯度分类有鲜色调、浊色调等；按感觉分类有冷色调、暖色调等。

2)色度。色度指色调和相对的饱和度，应与色彩的纯度相区别。

3)影调。影调指颜色的层次。

在摄影学中，景物的明暗关系表现为影像上的明暗层次，这种层次是构成影像的基本因素。影调是造型处理、画面构图、烘托气氛、表达情感的重要表现手段。

由于影调的亮暗和反差不同，摄影画面分别以亮暗分为亮调、暗调和中间调，以反差分为硬调、软调和中间调等多种形式。在影片中，这些影调与剧情内容紧密结合，可以形成一个影调的总倾向，即基调。

影调是物体结构、色彩、光线效果的客观再现，也是摄影师创作意图、表现手段运用的结果，光线构成、拍摄角度、取景范围的选择，都是影像影调的构成要素。

在电影电视摄影中，影调的形成与各个化妆造型部门之间有着密切的关系，它是根据作品的题材、类型、情节、片段、人物、美学倾向等综合要求来确定的，并考虑到画面运动时自身的细微变化，以及镜头之间衔接时的色彩、影调和节奏关系。

而在化妆学中，色彩的实际应用是化妆获得成功或者说取得最佳美学效果的关键。物体视觉形象的形成主要取决于物体的形状与色彩。形状是物体的形体外壳，是人辨别物体本质差异的要素之一；色彩则是物体的外衣，是物体情感表征的要素之一，只有将二者巧妙结合并加以实际应用，才能赋予物体巨大的审美魅力。

在返璞归真、崇尚自然的现代美学大趋势之下，淡雅可爱的化妆方式、和谐自然的服饰色彩搭配已成为现代人竭力追求的一种风格。巧妙地运用色彩知识，对个人的特质、肤色等进行理性科学的分析，精心设计化妆妆面并科学运用色彩，充分表现其形体和色彩的美感，通过外在美的设计充分表现其独特的个性风格或气质风度，是时尚形象设计造型师必须掌握的技巧之一。

6. 色彩的科学搭配

在化妆中，色彩选择和搭配是妆面取得最佳效果的重要因素之一。不同的色彩随便凑合在一起会很不协调，只有按一定规律进行搭配才能给人以美感。

色彩搭配应遵循以下规律：

(1)色彩色相对比搭配

色彩色相对比搭配是指色彩按深浅程度对比搭配，又可以分为冷色系对比搭配和暖色系对比搭配。对需要搭配的两个颜色来说，色相搭配愈远，效果愈好；对比色搭配愈近，效果愈好、愈强。色相、明度、纯度分别按一定次序渐变，会产生柔和渐变感。色相单纯的搭配有素雅、恬静的效果；色相较多的搭配显得热闹、花哨；色相对比强烈的搭配有活泼动人之感；色相类似的搭配有稳健单调的效果；冷暖搭配可以使人视觉平衡。因此，所谓暖色搭配和冷色搭配其实是相对的，是由于各种色彩给予人不同的心理感受而产生不同效果。例如，暖色艳丽、醒目，有温暖、膨胀、前进、扩张的感觉，容易使人热情、兴奋、情绪激动；冷色庄重、神秘、冷静，具有收缩、后退、安静、平和的感觉，使人感觉清爽或沮丧。另外，冷色系在暖色的点缀下会显得更加冷艳，例如，冷色系的紫色眼影运用暖色系的亮橙色稍作点缀，则衬托得妆容更加冷艳；同样，暖色在冷色的映衬下也会显得更加温暖，例如，橙红色服装配一条淡绿色纱巾，会使人有热情洋溢的感觉。

(2)色彩明度对比搭配

色彩明度对比搭配指色彩中由明暗程度变化产生的对比搭配效果，又称深浅对比、黑白对比。色彩的层次感和空间关系主要靠色彩的明度对比来表现。因为明度有强弱之分，所以产生的效果是不同的：颜色反差较大时，明度对比强烈，凹凸效果明显，立体感加强，例如黑白搭配；反之，颜色反差较小时，明度对比较弱，凹凸效果不明显，淡雅含蓄，柔和自然，例如淡粉色与淡黄色、浅灰色与乳白色等。

以高明度进行搭配，深浅反差大，有强烈、明亮、壮丽、轻快、优雅、清晰度高的感觉，又称强搭配；以低明度进行搭配，深浅对比反差小，对比效果含蓄，有柔和、舒适、清晰度低、庄严、凝重、阴暗、沉闷的感觉，又称弱搭配。

黑白搭配有沉静、肃穆之感；黑白红之间任意搭配或三者同时搭配都显得美丽，这是一种永恒的美；白与各种纯色搭配，呈清晰、明快之感；白、红搭配有朝气蓬勃、精神向上的感觉。

(3)色彩纯度对比搭配

色彩纯度对比搭配指由色彩纯度差别形成的搭配效果，用以调配艳丽或混浊类型的色调。高纯度而色相疏远的色彩搭配，对比强烈，鲜艳夺目，效果明艳而跳跃，引人注目，但不能令人持久注视；低纯度而色相疏远的色彩搭配，色彩浅淡，柔和模糊，朴素大方，效果含蓄但色彩单一。运用纯度对比搭配时，要分清用色的主次关系，避免产生凌乱、沉闷、单调的效果。

高纯度与低明度的搭配，会使人产生沉重、稳定、坚固、生硬、杂乱、刺激、目眩的感觉，称为硬搭配；低纯度、高明度的搭配，会产生柔和软绵、含混单调的感觉，又称软搭配。

(4)色域搭配

色域搭配分为同类色搭配(微差搭配)、邻近色搭配、互补色搭配、对比色搭配等几种情况。

同类色搭配是指同一色相中不同纯度与明度的色彩的对比搭配，又称为微差搭配。微差搭配时，次要色要接近主色或服从主色。例如深浅不同的褐色搭配可以改变单调的效果。邻近色搭配指色相环中相邻色的搭配，如绿与黄、黄与橙、紫与蓝等。同类色搭配和邻近色搭配效果柔和自然，但有时会使人产生模糊平淡的感觉，适当调整色彩的明度，可以使作品色彩和谐。

另外，色域搭配还包含互补色搭配和对比色搭配等。前面已说过，互补色搭配是指色相环中直径两端的颜色搭配，如红与绿、黄与紫、蓝与橙等。对比色搭配是指三个原色中两个原色之间的对比搭配。这两种搭配对比效果强烈，艳丽而引人注目，比较适合渲染热烈的效果、气氛。但是对比强烈时要注意色彩的和谐。对比搭配时，次要色与主要色相对应，可以通过改变面积、改变明度、改变纯度的手法，达到和谐的目的。

7．色相环

色与色之间有着不断变化的关系，色彩学家将这种关系总结成了我们今天所学到的色相环或色轮，有了色相环或色轮后，色与色之间的混合就易于辨别了。这些色环或色轮也是我们进行面部化妆的影调基础。

色彩学家在研究色彩时设定的色相环各不相同。例如，美国色彩学家孟塞尔的色相环是以红、黄、绿、蓝、紫为基本色相，中间插入间色组成含100个色相的色相环；德国色彩学家奥斯特瓦尔德的色相环由24个色相组成(见图7-12、彩图4)；但笔者认为瑞士著名色彩学家伊顿设计的12色色相环(见图7-13、彩图5)更适用于指导色彩基本知识初学者。

图7-12　24色色相环

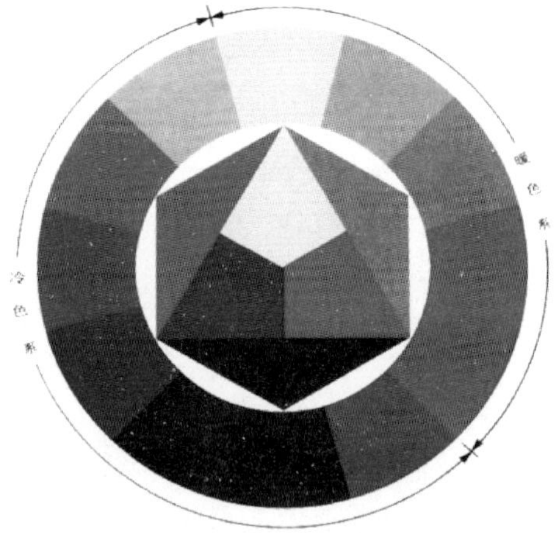

图7-13　12色色相环

二、色彩的视觉感受

色彩具有强大的影响力。色彩的影响力具体表现在：视觉上，能增强形象的欣赏力与感染力；能增强人识别记忆的价值；有刺激感和影响情绪的作用；色彩可以传达意念，表达一定的确切含义。

1. 色彩的视觉感受

各种不同的色彩通过人的视觉器官传入大脑后，将使人在生理上和心理上产生不同的感受和联想。色彩学家和心理学家对此进行了专门的研究，总结了一些基本规律。

(1)对比与同化

客观世界总是存在着各种不同的色彩，我们看到的任何一种色彩，总是和其他色彩一同存在，绝不是单一的色彩。并且由于周围色彩的影响，我们通过注视物体所得到的色彩印象，也会随之不断发生变化。如高山峻岭、大江湖泊在早晨旭日东升下的色彩与在暮色苍茫夕阳下的色彩会留给人完全不同的印象。

周围的亮度高，某一色彩的亮度看起来就会比实际的亮度要低；反之，人则会感到其亮度比实际的要高。例如一块灰色布，在白底上显得明度要低些，而在黑底上则显得明度要高些。色相和纯度也会有这种感觉上的变化，例如，将上面所说的灰色布放在红底上，则灰色中带着绿味；若放在绿底上，则带着红味。一种鲜艳的色彩放在纯度很低的底色上，则这一鲜艳的色彩会显得更鲜艳。总之，在感觉上，各种色彩都会向相反的方向夸张，明度高者更明，明度暗者更暗，鲜艳程度高者更鲜艳，鲜艳程度低者更灰暗。不同的色彩相邻，则倾向于将对方推向自己的补色，这就是对比色产生的夸张效果。我们在梦幻化妆比赛或人体彩绘时常常会利用这种强烈的视觉冲击力，制造夸张的、震撼人心的效果。

在某种情况下，色彩还会在感觉上发生同化现象。例如，在灰底上画黄色的细纹，底色上的灰色调就会略呈黄味；若在灰底上画蓝色细纹，则底色的灰色就略呈蓝味。对比使两种颜色互相排斥，将对方向相反方向推移，而同化则使两种颜色融入到对方中去。在特定的条件下，例如，在较远的距离观看相互交错并且面积很小的黄点和蓝点，就会产生看到绿色的感觉，有人称其为“色彩的空间混合”。著名的法国画家乔治·修拉(Georges Pierre Seurat，1859—1891)就常常用这种方法将纯度较高的各种颜色用小点笔触一起布置在画面上，让观赏者通过自己的视网膜自行混合，所以此法也被称为“视觉混合”。

(2)色彩的前进感与后退感

在旅游时，我们站在高处的山岭上，常会发现一个奇怪的现象：放眼远望，看到远处的山呈现一大块一大块的深蓝色或墨绿色；但慢慢走近这座山时，就会发现山不是蓝色而是深浅不同的绿色；再走近时就会发现，山上被阳光照射的树，朝向阳光处呈一块块黄绿色，被浮云暂时遮蔽处呈深浅不同的绿色，背阴处却又成了墨绿色甚至黑色。例如画家作画时，往往是把远处的山画成深浅不同的墨绿色或黑色，近处的山画成绿色。

实际上，同一背景上面积相同的物体，由于各种色彩的色光波长及相应的折射率不同，它们在视网膜上形成的映象也不同。波长长的暖色光在视网膜内侧成像，所以给人以凸出向前的感觉，称为前进感；波长短的冷色光在视网膜外侧成像，给人以凹进收缩的感觉，称为后退感。因此，在形象设计中，无论是化妆或是服装色，明度较高或暖色系的色彩前进感较强烈，有提亮效果；明度较低或冷色系的色彩后退感较强烈，有阴影色效果。

(3)色彩的冷、暖感

人们根据自己长期和自然界接触的体验，对色彩产生了一些心理联想。如看到红色就会联想到火焰的燃烧、太阳的炙热或鲜血，感觉到温暖、热情或激动；看到蓝色就会联想到大海、天空、河流或冰雪的阴影，感到寒冷或凉爽。

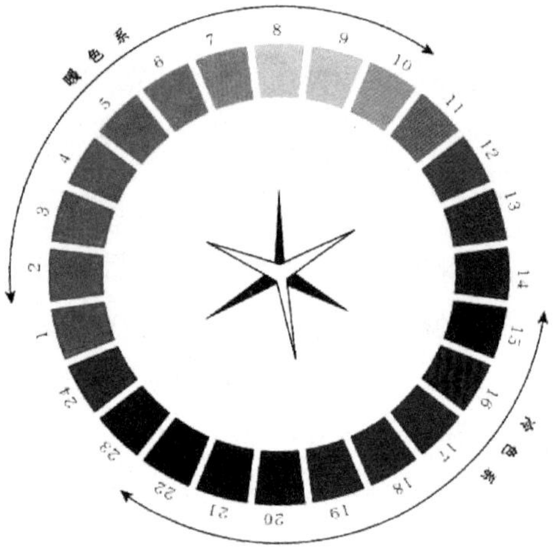

图7-14　色彩的冷暖感

在色相环中，我们根据色彩在日常生活中给人带来的联想与感觉，将其分为冷色系和暖色系两种，或称为冷色调和暖色调(见图7-14、彩图6)。色调的形成不是由某种单一成分决定的，而是由这种颜色中的各个色彩成分的综合作用所表现的。

1)冷色系。色相环中的蓝、紫等使人感觉寒冷的色彩为冷色系。冷色系的范围一般指从蓝色到蓝调绿、蓝调紫等。

2)暖色系。色相环中的红、橙、黄等使人感觉温暖的色彩为暖色系。暖色系的范围一般指从红到黄等。

色相环中的绿及紫附近的色相，不属冷色系也不属暖色系，属于中性色。所以它们可以搭配任何其他系列的颜色。

2. 色彩的软硬感与轻重感

色彩看起来有轻重的感觉，这也与人们在实际生活体验中产生的联想有关。人们看到黑色就会联想到坚硬沉重的钢铁，看到白色就会联想到柔软而轻盈的白云和棉花。因此色彩的软硬感和重量感主要与色调或明度有关。通常明度越高或纯度越高的色彩，感觉越轻、越柔软；而明度越暗、纯度越低的色彩，感觉越重、越坚硬。同明度的色彩则纯度高的感觉轻，纯度低的感觉重。另外，在无彩色系中，黑白具有坚硬感，灰色具有柔和感；在有彩色系中，冷色具有坚硬感，暖色具有柔和感。

3. 色彩的兴奋感与沉重感

我们常常会有这样的体验：在阳光灿烂的野外或光线充足的房间里会感到兴奋或愉悦，而在阴雨天或光线微弱的房间里，就会感到忧郁、沮丧和沉重。可见，色彩的兴奋程度与光线的强弱程度有很大关系。纯度高、明度高的暖色系给人以兴奋感、愉悦感；明度低、纯度低的冷色系给人以忧郁感、沉重感。例如，火、旭日、夕阳给人以兴奋刺激、热情冲动的感觉，黑夜、墨汁、钢铁给人以厚重、失望、悲哀、濒死的沉重感觉。

4. 色彩的味觉感

色彩还具有味觉感，这也是人们由日常生活中所接触过的事物联想而来的。例如人们对所食用过的蔬菜等食物的色彩，形成了一种概念性的味觉反应。因此对于没食用过的食物，也往往会有先入为主的印象，即先以其外表色彩来判断它的酸、甜、苦、辣。

(1)酸

酸可以使人联想到酸梅或青苹果等一些未成熟的果实，因此酸色常常以青绿色为主。从果实成熟过程中的颜色变化来看，黄、橙黄、绿等色彩都是带有微酸感觉的色彩。

(2)甜

甜可以使人联想到甜橙、粉红色或象牙色的冰淇淋等具有甜味的食物。因此暖色系的黄色、橙色最能表现甜的味觉感。另外，一些明度、彩度较高的色彩也有甜的感觉。

(3)苦

苦可以使人联想到咖啡等食物的苦涩，因此以低明度、低彩度、带灰色的浊色调为主的灰、黑褐等色彩，容易让人联想到苦的味觉感受。

(4)辣

辣可以使人联想到红辣椒及其他刺激性强的食品。因此，红、黄或其他色彩，如呈黄绿色的芥末色，都是带有辣味感的色调。

(5)涩

涩可以使人从未成熟的果子(如青柿子)联想到涩味的感觉，所以带浊色调的灰绿、蓝绿、橙黄等色彩最能表现出涩味的感觉。

三、颜色的基本功能

色彩有如下基本功能：

1. 颜色可使目标显著或不引人注意

色彩可以改变人的视觉感受。这种方法常用在化妆与服饰搭配上，如稍胖的人适合穿深色服装，可以显得瘦些；较瘦的人穿上较淡或较浅色的服装则会显得胖些；人群中穿着灰色服装者总是不太容易引人注目等。

2. 颜色可以反映或增强其他颜色

某些颜色可以反映或加强其他的颜色。例如，皮肤红润的人围上一条鲜艳的红围巾可使肤色显得更为红润；黄色与橙色并列，可使橙色更明亮；一个人有一双蓝眼睛，当穿上比眼睛颜色更浅的蓝色衣服时会使蓝眼睛更蓝，更为明显。

3. 颜色会“偷取”颜色

较深的颜色会“偷取”较浅的颜色，或者说减弱另一种颜色的视觉效果。例如上面的例子，一个人有一双蓝眼睛，如果穿上比眼睛色更深的蓝衣服，则会使眼睛的蓝色变浅或不明显、不太突出；又或者在浅蓝或蓝白色旁放置鲜蓝色的物体，会使浅蓝或蓝白色显得更浅、更淡、更缺乏色彩。就是说较深或鲜艳的颜色会减弱较浅颜色的视觉强度。

此外，色彩还具有膨胀感、收缩感、华丽感、质朴感等视觉效果。各种色彩的感觉都是相对的，不能公式化运用。进行形象设计时要从客观实际出发，具体情况具体分析。

4. 视觉与视错觉

眼睛接受光线在视网膜形成倒像，并转化为电信号传至大脑视觉中枢，从而生成物体正常的视觉影像，倘若产生了错误的视觉信号，即出现视错觉现象(见图7-15)。视错觉现象是在特定条件下发生的，是对外界事物歪曲的、错误的感觉判断，或者可以说视错觉是由于受一定心理因素短暂影响而产生的、主观努力所无法克服的一种生理现象。

其实，在审美领域里，错觉是“美的产床”。有许许多多艺术形式和美的产生都要借助于人的错觉，因此在美学领域中有“错觉美”一说。视错觉既然是错误的知觉，哪里还有美可言呢？其实不然，视觉产生的原因很复杂：有眼睛的生理结构因素，如眼球的运动、感官信息和输入信息的相互矛盾；有审视时的特殊心理因素；还有按正常视觉习惯去判断一切而忽略特定条件下的“逆反规律”，使当前知觉与过去经验产生矛盾，从而出现思维推理上的错误等原因。

图7-15　视错觉

视错觉现象千变万化，但万变不离其宗，可概括为两大类，即形象视错觉和色彩视错觉。前者主要是对物体的外形，如面积大小、角度大小、长短、远近、宽窄、高低、分割、位移等产生错觉；后者主要是指对物体的色彩，包括颜色的对比、色彩的温度、光和色的疲劳等产生错觉。如前面阐述色彩学原理时所述，白色能给人扩张、凸出、前进、膨胀的感觉，黑色有收缩、凹陷、后退、阴影的感觉。因此，同样大小的物体，白色物体在感觉上就会比黑色物体大一些(见图7-15)。同样道理，暖色有扩大、前进的感觉，而冷色有缩小、后退、远离的感觉。在画图时，同样的线段或同样大小的圆，由于两端的线条向内、外伸展的角度不同，给人的视觉效果也不相同(见图7-16)。

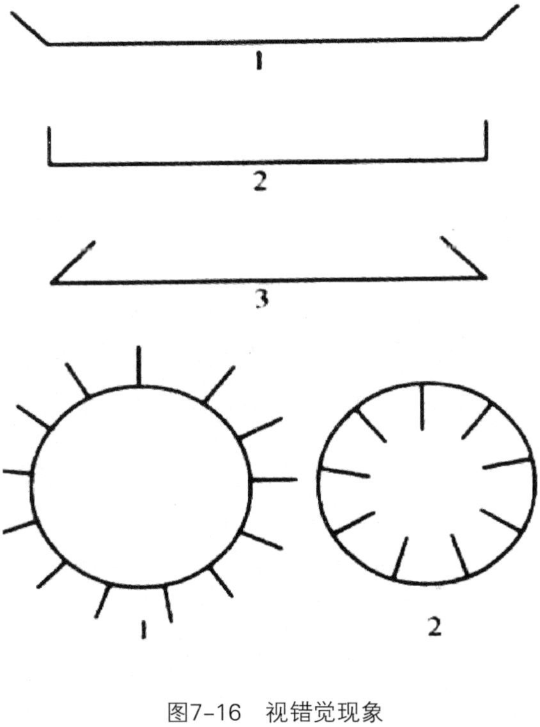

图7-16　视错觉现象

现代的光效应艺术就是利用这些科学原理，在画面上借助形状的大小排列、层次的深浅退进、色彩的冷暖穿插等造型手段，设计出一些特殊效果，特意制造视错觉，以得到类似流动、旋转、波浪等极富动感的艺术效果。

(1)化妆中视错觉的运用。在人物的形象化妆设计中，视错觉的应用是十分广泛的，这也是取得化妆美学效果的重要方法。例如，脸较大或稍胖的女性化妆时，要选择比自己皮肤颜色略深一号的粉底，利用深色收缩原理(视错觉效应)达到收紧脸型、给人感觉瘦一些的效果；相反，脸瘦小者基面妆色宜选择浅而明亮的粉底，利用其膨胀扩张的视错觉效应达到扩大脸型、使面目明朗的目的。

(2)服饰设计中视错觉效果的运用。例如体型肥胖者穿上横条纹的浅色衣服，就会给人更肥胖的视错觉印象；而穿上带竖条纹、V型领的深色服装，会给人一种身体增高、脸部拉长、整体苗条的视错觉印象。

(3)发型设计中视错觉的运用。在发型设计中，可以通过视错觉的运用得到改变脸型的最佳美学效果。例如，圆脸型者应选择顶部高耸或蓬松，而两侧略收紧的发型；长脸型者则适合顶部头发压低，两侧发丝蓬松，自然略带波浪感的发型。发型与体型也有类似的关系，这些我们将在有关章节中作详细介绍。

5. 色彩计划

如同时尚形象设计任务书一样，色彩计划是根据时尚形象设计的要求，采用科学分析定位，运用色彩知觉或配色原理等理论，所做出的一整套形象设计的色彩整体性规划。其内容与格式可以参照后文中的时尚形象设计任务书。

四、近似调和与对比调和

通常我们对单独的一个颜色很难做出美或丑的评价，但当两种以上的色彩并列组合时，就会产生调和(美)或不调和(丑)的感觉，也就是和谐与否的印象。倘若我们看到某些色彩组合感到悦目，就是说这种色彩组合调和或和谐，能给人以美的印象。

1. 色调

色调就是我们所看到的所有色彩组合的基本倾向，所以也称为色彩的“基调”。对于色调的区分，可以有多种方法。例如，可依据色彩的冷暖性质分为暖调子、冷调子；可依据色相区分为黄调子、蓝调子、绿调子等；也可依据明度或纯度来区分，如明调子、暗调子、灰调子等。

在形象设计中，注意色彩组合的调和关系，掌握色调的统一规律，是很重要的基本功。客观世界中的色彩现象是复杂而又变化多端的，组合不好就会产生繁杂凌乱的感觉。因此，我们要善于在色彩组合的冷与暖、明与暗、鲜与浊等许多倾向中分析其主要倾向，并抓住这种主要的基本倾向，把握好主要基调。

2. 近似调和与对比调和

色彩的调和大体上可分为两种，即近似调和与对比调和，但这不是绝对的，近似调和中也应有一定的变化。一组色相近似的色彩，倘若将其中某些色彩的明度或纯度做一些变化，则效果会好得多，否则就会显得单调。对比调和也应有统一感，尽管是一组对比色彩的组合，也应通过某些中性色的过渡，或从面积、明度或纯度上强调某些色彩，减弱某些色彩，使之产生既有对比又有统一感的和谐效果，以期达到增加美感的目的。

五、色彩构图

色彩构图，狭义上讲，就是色彩布局。各种色彩在空间位置上的相互关系必须是有机的组合。它们必须按照一定的比例，有秩序、有节律地彼此相互联结、相互依存、相互呼应，从而构成和谐的色彩整体。

构图的一般法则分析如下：

1. 色彩的均衡

色彩均衡请参见下表：

表7-1

	深底色	浅底色	冷底色	灰底色	大片占有	静色底
重	亮色	深色	暖色	艳色	大片重叠	动物
轻	深色	亮色	冷色	灰色	小片空白	静物

构图规则之一是“虚可走马，密不透风”。

2. 色彩的呼应

任何色彩在布局时都不应孤立出现，它需要同种或同类色块在上下、前后、左右诸方面建立呼应。

色彩的呼应方法有局部呼应和全面呼应。

3. 色彩的主从

各色配合应根据图案内容分出宾主，主色与宾色之间的关系是主从关系。

4. 色彩层次

色彩的层次其实是一种引导人们视线的方法。综前所述，我们已经知道颜色纯度越高、明度越高，就会越“跳”，给人往前凸出的感觉；反之，纯度越低、明度越低，就会给人“隐退”的感觉，这就是色彩的层次。在绘画中，因为画布是二维空间，为表现作者想要突出的主题，绘画者会刻意突出主体物，虚化那些不重要的部分，来凸显主题。其方法就是加强主题的明度和纯度，降低周围的明度和纯度。这就是改变作品的色彩层次。

5. 点缀色

点缀是面积对比的一种形式，在色彩构图中能起到“画龙点睛”的作用。

它的特点是：纯度高；色相对比强；明度对比强，或暗中透亮，或灰中见鲜；面积大小适宜；位置恰当。

6. 色彩的衬托

衬托有赖于面积对比，没有面积对比就谈不上衬托。衬托的主要形式有：

(1)明暗衬托：明暗衬托是大面积的亮色衬托小面积的暗色，或大面积的暗色衬托小面积的亮色，使暗中透亮；

(2)冷暖衬托：大面积冷色衬托小面积暖色或大面积暖色衬托小面积冷色；

(3)灰艳衬托：大面积灰色衬托小面积艳色；

(4)繁简衬托：满底碎花杂色衬托大块整体色块，或满底整块简单的色彩衬托一簇小碎花朵。

六、色彩与形象设计要素

1. 色彩是形式美的要素之一

一切美的事物都要求内容与形式的统一，而在自然美中则侧重于形式。自然的形式往往给人们以鲜明的印象，激起人们强烈的美感。人体美基本上属于自然美，是自然美的最高表现形式。狭义地说，形式美是指构成事物外形的特质材料的自然属性(色、形、声、韵)以及它们的组合规律(如整齐、比例、对称、均衡、反复、节奏、多样的统一等)所呈现出来的审美特性。在人体的形象中，色彩是最具有审美意义的要素，也有传达或获得某种感情意味的属性。

精明的美容师在顾客进入美容室时会亮起蓝色的灯，而在顾客美容后亮起的则是粉红色、黄色的灯，这是美容师在利用色光的表现性衬托美容效果。

因为色彩具有强烈的表情性，色彩在瞬间可使审美主体做出生理和心理反应，因此表情性是色彩审美特性的本质所在。色彩的表情性包括色彩的兴奋与沉静、暖感与冷感、活泼与抑郁、华丽与朴素等情感因素，这些心理效应通常与色彩所引发的联想与所表现的象征有关。红色表示热烈而兴奋，黄色表达明朗而欢快，蓝色表现抑郁而悲哀，绿色象征和平而稳定等。红、黄是暖色，蓝、绿为冷色，显然，不同的色彩或用不同色彩的光线照到人身上，会产生截然不同的审美感受和审美效果。

2. 色彩与形象美

在化妆设计中，色彩的选择，色彩与肤色的协调，整体色、化妆色、服饰色彩的相互影响，化妆色彩与环境色彩的相互影响等，无一不与造型的形象审美有极大的相关性。甚至色彩设计的缺陷都能影响人的外部形态，从而影响形象中主要属性的完美，导致整体形象设计的失败。一张肤色洁白细腻的脸颊上出现一小块褐色的斑块，必然会破坏容貌的整体美感，而减弱褐斑的化妆，或缩小褐斑颜色与正常肤色的对比度的方法，可以改善容貌，取得较好的设计效果。

七、色彩心理感受与心理辐射效应

1. 色彩的心理学感受

(1)冷暖感

就像日常生活中人们看到火焰和太阳有温暖的感觉一样，人们看到某些色彩也能产生温暖的感觉，我们称这些色彩为暖色。暖色系列主要指红、橙、橙黄、黄、红橙、红紫等色彩，尤以朱红、红橙为最暖。同样，就像人们看到蓝色的大海、白色的冰雪时会产生寒冷的感觉一样，某些可以引起冷觉联想的色彩称为冷色，冷色系列有蓝、蓝绿、黄绿、蓝紫、白色等色彩，尤以蓝色和白色为最冷。绿紫、灰为中性色，黑色倾向于暖色，而紫色相对于红显得冷，相对于蓝显得暖。

(2)明快抑郁感

色彩可以给人明快或抑郁的感觉。色彩明度和纯度越高则越明快，以红、紫等色尤甚；明度和纯度越低则越抑郁，尤以黄绿、绿、青紫、黑更甚。当然，若抑郁色彩度鲜明，也会产生明快感。

(3)兴奋沉静感

色彩的兴奋沉静感主要与颜色的彩度(颜色的鲜艳程度或纯度)有关，彩度越高，兴奋性越强，暖色中尤以红、紫红等常给人带来兴奋感；反之，彩度越低，沉静感越强，冷色系中暗淡而深浊之色易产生沉静感。

(4)轻重感

色彩有轻重感。白色、浅色令人感到轻盈，黑色、深色或粗糙的颜色令人感到沉重，而红色、绿色的轻重感觉不明显。

(5)软硬、胀缩感

色彩的软硬、胀缩感与色彩的明度有关。黑或含绿色成分的深蓝、暗色有生硬感；中性色或含白色明快成分的奶油色、粉红色、烟色有柔软感。暖色、亮色可产生扩大膨胀感，而冷色、暗色有收缩凹陷感。

(6)进退感

色彩有进退感。人体对相同色度的色调，感觉是不一样的。暖色有前进感，冷色有后退感。并且这种感觉还与底色有关，若在浅色底色中，则深色进、浅色退；在两种色彩的比较中，比较强的色彩进、比较弱的色彩退。

(7)华丽质朴感

色彩的华丽或质朴感与纯度有关。人们面对鲜亮的明快色彩和轻质色彩可产生华丽、细腻、圆满感；而对浑浊的暗色和重色会产生粗糙、质朴、生硬、坚实感。色彩的彩度与华丽感关系最大，华丽感强弱的色相顺序是红、紫、绿；质朴感的强弱顺序是黄绿、黄、橙、青、紫，其他色相为中性。饰品中尤以金、银、铬的光泽色彩能给人高贵、富丽、辉煌的感觉。

2. 色彩心理辐射效应

当人们看到某种色彩时，常会将这种色彩与生活环境或有关事物联想在一起，这种思维倾向称为色彩的具体联想或抽象联想。色彩的抽象性联想属于比较感性的思维，有时也会偏向于心里的感觉效果。

(1)红色

红色在可见光谱中光波最长，属暖色系。红色总会使人联想到鲜血、火焰、消防车、红苹果等。红色能引发喜庆、热烈、饱满、活泼、艳丽、前进、温暖、开朗、欢乐、幸福的抽象联想，但有时也使人产生直率、危险、刺激、冲动、挑战、迫近、扩张等心理感受，会激起人们内在的热情欲望，使人振奋向前。长时间注视红色容易使人产生视觉疲劳、心跳加快、血压升高、烦躁不安、情绪紧张等心理效应。红色特别易变，在蓝色底上呈现出炽热的火焰样感觉，使人振奋，有一种强烈的视觉冲击力；而暗粉红色底可以降低其纯度与明度，因此可以减弱或熄灭红色的热情；在柠檬黄底上，红色容易被黄色所抑制，成为一种深暗而受抑制的危险力量，令人窒息；在橙色底上色调减弱，显得肮脏而欲逝。长久注视红色可让人产生紧张、烦躁的情绪，因此对焦虑症、忧郁症病人不利。由于红色波长最长，可视性强，常被用作交通标志中的危险警告类信号。红色也象征热烈的爱情。

(2)黄色

黄色波长适中，光感最强，明度最高。黄色在古代被推崇为帝王之色，象征权力、华贵、崇高和威严，使人有光明、欢快、辉煌、柔和、纯净的感觉。黄色也代表智慧、力量，传达明朗或引人注目的气息，使人产生活力、年轻、幸运、健康和希望之感。黄色有时也有负面心理效应，如颓废、病态、猜忌、诱惑、下流、野心等。浅黄色表示柔弱、和平、慈祥等。与暗色调对比，黄色最辉煌、明快；浅红色占主导时，黄色便失去生气；黄色是绿色的反色；紫红底上的黄色显得坚实而镇定，这是一种非常稳定的搭配；红底上的黄色是一种喜庆的象征；黑底上的黄色达到最明亮、最有进取性的光辉度，有力、强烈而不妥协。由于黄色易见性高，常被用作警告色，例如交通标志中的黄色警告灯。

(3)蓝色

蓝色波长短于绿色，是后退的远逝色。蓝色总是使人联想起蓝天、海洋、湖泊、远山、冰雪、严寒等。蓝色属冷色调，是具有收敛性、内向性的色彩，具有沉着、冷静、纯洁、理智、安详、宽厚、善良、朴实、深沉、寒冷、透明、流动等特点，许多时候蓝色还象征着自由与和平。蓝色有时会让人感觉到一种阴影，既捉摸不透又看上去透明；蓝色可以象征高贵，但当蓝色发白时又象征贫寒；昏暗的蓝色会给人不良的心理感受，如迷茫、恐惧等。在黄色占主导地位时，蓝色会显得模糊、暧昧；同样是一束淡蓝和淡黄，蓝色会射出一定的寒光；蓝色放在紫色上，显得畏缩、空虚、无能。

(4)绿色

绿色在可见光谱中波长居中，是介于黄蓝之间的中间色。绿色的联想对象是山川、绿树、春天，绿色表达的主题是生命，可营造年轻、新鲜、安全、和平、充满希望、有青春活力、顺从和环保的氛围。绿色倾向于黄色时，更使人感到自然蓬勃的青春力量；若用橙色把黄绿色增大，则易显出一种粗劣卑俗的性质；明亮的绿色在灰底色上发暗，使人产生悲伤和衰退感；绿色变浅表达宽广舒适；绿色加深则有凝重、深层的高格调感觉。人的视觉最适应绿色刺激，绿色可以使人平静、安详、血压降低，有安神养目、保养视力的作用。因此，交通标志中常以绿色作为安全通过的信号。

(5)橙色

橙色波长居于红黄之间。橙色注目性高，能使人兴奋，是一种宜人的颜色。橙色的联想是橘子、橙子、南瓜。甜甜的橙色是红黄的混合色，表达成熟、幸福、温暖、喜悦、兴奋、光明、活跃、积极、饱满、辉煌、华丽、愉快、明朗、充满活力的感觉。橙色淡化可得到灰褐色的调子，在宁静的室内可以营造出温暖慈祥的气氛。橙色可增加食欲，亦可引发烦恼和焦虑感，有时甚至会制造出一种庄严、神秘、疑惑感。

(6)紫色

紫色波长最短，感知度低。紫色能令人想起紫葡萄、紫罗兰、紫茄子等。一般认为紫色是神秘而庄重的色彩，象征权威、虔诚、优雅、高贵、华丽、柔和、庄重；紫色还充满一种神秘感。其负面消极象征则有阴暗、不安、忧郁、迷惑、低俗、阴险等。用白色淡化可呈紫丁香色，是一种舒适、安静而快乐的色调，富有鼓舞性。饱和的暗紫色似乎具有某种权威的力量。紫色深化、暗化时象征愚昧迷信，淡化时则象征光明与理解。有人说蓝紫色象征孤独与献身，紫红色的玫瑰表示神圣的爱情。

(7)灰色

灰色是低彩度或无彩度的色彩。灰色总是与冬天、阴雨、钢铁、水泥联系在一起。灰色是中庸之色，人们对灰色可有随和、高雅、精致、朴素、沉默、镇定、温和、含蓄的感受；灰色又是凄凄冷冷之色，给人以平淡、乏味、单调、沉闷、失望、空虚、消极、寂寞，甚至寡情、抑郁、沉闷之感。

(8)黑色

黑色总是与黑夜、墨汁、煤炭联系在一起，因此黑色可给人两种不同的感受：黑色使人感觉到庄重、肃穆、沉着、坚定、充满力量，是理智的象征；黑色也给人忧伤、沉重、阴森、恐怖、绝望、死亡和恐惧的感受，是悲哀的象征。

(9)白色

白色被称为全色光，白色是纯洁之色，总是和新娘、白雪、护士联系在一起，属于冷色。白色可给人以纯净、洁白、洁净、高雅、明快、朴素、畅快、恬静、坦率、纯真、真诚、光明、神圣、脱俗、清纯的印象；白色也会让人有寒冷、悲哀、空虚、衰亡、恐怖之感。

(10)金银色

金银色总是让人联想起金银珠宝和财富，还有金光灿烂和辉煌，因此，金色是豪华、富贵、光辉、灿烂的象征。银色有洁净、温和、素雅、安静之感，有时银色也有平淡乏力的感觉。

3. 不同个体心理感受的区别

色彩的情感效果是色彩对于人的眼睛的刺激作用和给人心理留下的印象的象征意义和情感效应，这是人所共知的事实。但不同的个体，由于年龄、性别、职业、文化层次、内涵修养、性格特点和审美能力的不同，所得到的心理感受也可以有差异；不同的环境、人际氛围都可能影响人的心理感受。无论是对于色彩的具体联想或是抽象联想，很重要的因素是人的思维能力、个人经验、知识面。随着年龄的增长、思维的增强和受教育程度的提高，抽象联想较之具体联想会有增强的趋势。

色彩对人们的心理影响是很明显的。通常认为着暖色调服装能使女性兴奋、精神抖擞，着冷色调服装易让人感到平静舒坦；而浅蓝色对微丝血管破裂的皮肤或肝气郁结的女性有益处，紫色对妊娠妇女有一种镇静作用等。

第三节　时尚形象设计中的形式美学

一、人体形象美学法则

1. 人体形象美学

英国学者莫里斯(Desmond Morris)说过：“人体既是生物体，也是文化现象。”人体以及体表的各个器官，除了完成其生理功能外，同时还给他人以美感享受，我们称之为人体的形象美学和形式美学。

形象美是特指人体形体与形态的一种美，并且比它们有更广的含义。

人的形体美只是指人体有令人悦目的形态或优美的姿态，它包括身体的匀称美、曲线美、筋骨美、肤色美和肌肉柔软弹性美等。

人为万物之灵。人体是完备的、和谐的、对称的、均衡的，也是优美的、充满生机的。人体美的属性是带有深刻社会内容的自然美、形式美。形体能反映大量丰富而生动的曲线变化，丰满、圆润、流畅又最能反映形体美。例如，人的头、躯干、四肢在平面图上都表现出“圆”的曲线，还有许多椭圆、卵圆的曲线，都显示了形体美的特征。

但形体美并不等于人体美，它还只是人体美的一部分。人体美还应具有姿势美和精神美(包括生命美、活动美和能动性美)，只有人体美、姿势美、精神美三者和谐统一，才能构成完整的人体形象美。

由此可见，人体形象设计是全面研究塑造人体美的一门学科。形象美不等于形式美，因为人和人体美学已经被赋予了社会属性，包含着所属社会的许多特征；并且形象美学已不再是单纯研究人体的形体美学，而更多地包含了人对自身的艺术加工或修饰的过程，比如化妆，发型设计，个性、风度气质的塑造等。实际上，形象美学包含了社会美、自然美、艺术美、生活美、心灵美等美学的一切范畴。人类把所有最美好的东西和制造美的方法都用于美化自身，所以人体形象美是集形体美、自然美、装饰美和社会教养美于一体的，世间最美的美的形式。

形象美还有一个很重要的特征，就是它会随着人类文明的进步、科学文化技术的发展而有不同阶段的标准，并赋予人类群体共同的认知属性。人体形象美学作为以大多数普通人的生活为基础的有关美学的一门分支学科，将越来越受到人们的重视，并会得到较快的发展。

2. 人体形象设计学

在研究人体形象美学的学科中，凡是研究提高或改善整体形象美的方法及其与时尚元素的和谐统一的学科，例如时尚化妆学，统称为人体时尚形象设计学。时尚形象造型设计是对人体进行的包装，就是要通过全方位的努力来改变个体的整体形象，包括采用加强文化艺术修养、加强体育锻炼、整容及其他医学美容措施来美化形体，通过发型、化妆、服饰搭配修饰外表；加强礼仪修养，并通过一系列相关的文化和美学知识及技术技巧把人们最好的气质挖掘出来。从头到脚、由表及里全方位进行个体的包装，使其整体形象达到最佳的美学标准，使其自身和他人得到最好的、最时尚的审美感受，这就是时尚形象设计学所要达到的目的。

二、形式美学法则

所谓形式美是指自然物的一些属性，如色彩、线条、声音等，在一种符合规律的联系中所呈现出来的那些可能引起美感的特性。形式美指客观事物外观形式的美，也就是美的事物的外在形式所具有的相对独立的审美特性。人在长期的社会实践中，按照美的规律塑造事物的外形，使之表现为具体的美的形式，如构成事物外形的物质材料的自然属性(色、形、声)以及它们的组合规律(如整齐、比例、对称、均衡、反复、节奏、多样的统一等)所呈现出的审美特性。通常说人体形式美是指人体的色、形、声三要素所呈现出来的审美特征。

1. 色彩与线条

(1)色彩的表情性

如上节所述，色彩具有强烈的表情性。色彩的兴奋与沉静、暖与冷、活泼与忧郁、华丽与朴素等，通常与色彩的联想性与象征性有关。色彩的表情性是其审美特性的本质所在。例如，在人体皮肤上出现的有别于正常肤色的各种斑痣，因其颜色与正常肤色不协调，而破坏了人体的形式美。

(2)线条的形态与情感性

在人体形式美中，线条的形态与情感性有关。生活中，人们常从实物的轮廓或不同方向的转折中抽象出线条来，并将其用作造型艺术的重要语汇。例如，直线表示力量、稳定、生命力、刚强；曲线表示优美、柔和、流畅，给人以运动感；折线表示转折、突变、延续等。各种线条有规律地组合可表现出明显的情感意味。欧美国家的一些女性，为追求曲线的优美柔和，把直鼻梁改为曲线形式，以图从气质形态上区别于男性的阳刚之气，从而更加突出女性温柔的性格特征。

人体各部分的外形线条都是以平滑的曲线相互连接的。现代美容外科大量开展的隆乳术、隆鼻术、重睑术、吸脂术等都是为了满足人们对人体形态美的追求而兴起的。整形外科医生根据点、线、面、体等抽象形式组成要素在美学中的审美特性，运用医学手段使其成为维护和重塑人体形式美的重要内容。

2. 人体容貌与形态美

人体的形态美具体表现在容貌美、肉体美、姿态美、声音美等方面。

(1)容貌美

容貌美即人体五官长相的端庄秀丽，是人体美最重要的组成部分。构成容颜美丽的因素不仅体现在头发的色泽与质地、头型、面型、肤色、五官的形态以及以上诸因素的完满和谐的统一上，还体现在人的精神状态、气质风度等内在方面。

(2)肉体美

肉体美主要由皮肤的细腻、光滑、湿润、柔软、细嫩、透明程度，筋骨结实、肌肉弹性的健美程度，身体的强壮或曲线优美程度，以及人体的立体美感、质感和量感等诸方面因素的和谐统一构成。

(3)姿态美

人体的姿态美包括卧姿、坐姿、立姿、蹲姿等静态的姿态美，走姿、跑跳等动态的姿态美，运动中的形体变化和动作协调，以及运动中的生命活力美等。

(4)声音的美学效果

声音的美学效果是不言而喻的。形象设计除了研究人体对音乐的感受，并利用这种感受来改善人的身心状态以外，还很重视研究人体自身发音所产生的美学效果。具有一副悦耳动听的嗓音往往可以实现意想不到的动人效果。所以形象设计非常重视维护和重建人体发音器官及其发音功能，并将声音列为仪态美的一个重要组成部分。

3. 有序组合

有序组合是形式美的重要组成部分。形式美是人们最普遍、最直接地感受到的一种美，这种美是事物的自然属性，是自然规律的表现。在人体美学中，一些组合规律主要是指匀称和比例、对称与均衡、反复与节奏以及它们在总体组合中的协调统一。形式要素之间的匀称与比例，是人在实践中通过对自然事物的认识总结出来的。万事万物的形式是丰富多彩的，但关于形体的比例对称等形式却未必多种多样，构成形式美的物质材料——机体的各个部分必须按照规律有序地组织起来，才会具有一定的审美特性。

三、人体造型艺术标准

时尚化妆设计除注重色彩、形态、声音、韵味等要素外，还要紧跟时尚潮流，必须将最新的时尚元素和“形、色、声、韵”(我们把它们划为人体物质材料范畴)依照一定的规律有序地组合起来，才能使审美主体获得最佳的审美感受。这些物质材料的组合规律就是追求形式美应遵循的原则。

那么，哪些属于人体的物质材料呢？

人们在评价美、审视美的过程中，总会自觉或不自觉地运用某种尺度去衡量、审视审美客体，这种用以衡量的标准就是审美标准。这个审美标准也是化妆造型艺术标准。千百年来，人们通过漫长的社会实践，对美的评价形成了一些共识，例如身高、体重、肤色、比例、黄金分割律等，这些统属于人体的物质材料。

1. 人体比例

人体比例是形式美的规律之一。所谓人体比例就是指人体各部分之间的对比关系，或者说用数字来表示标准人体美，并根据一定的基准进行比较。一般美的形体，其各部分之间常有一定的比例，在审美程序中，比例实质上是使对象形式与人的心理经验形成一定对应关系。当一种艺术形式加上内部的某种数理关系，与人在长期实践中接触这些数理关系而形成的快慰心理经验相契合时，这种形式就可能被称为符合比例的形式。

早期古希腊关于标准人体比例的规定是，面长的10倍或头长的7−8倍等于标准身长；埃及人则把中指的19倍或鼻高的32倍视为标准身长。目前人们公认的是头长的8倍等于身高，如果破坏了这个比例，人体就会失去平衡而显得不协调。

2. 黄金分割律

黄金分割律是人们发现的广泛存在于自然界和艺术中的形成美感的最佳比例关系，即事物各部分间的数学比例关系(短段：长段)的比值符合或接近1：1.618的比例，或者短段与长段的比为0.618时为最美。著名画家、解剖学家达·芬奇通过大量解剖实验中的实际测量和研究证实，人体中有许多部分符合黄金分割律的比例关系，是这些比例关系构成了人体美的基础。例如：人的容貌和形体结构中共有18个“黄金点”(一条线段之短段与长段之比为0.618或近似值的分割点)；15个黄金矩形(宽与长之比为0.618或近似值的长方形)；6个“黄金指数”(两条线段：短线与长线之比为0.618或近似值的比例关系)；单是鼻子就有3个“黄金三角”(外鼻正面观、外鼻侧面观、鼻根和两侧口角组成的三角形)。人体的黄金指数有上下肢指数、目面指数、鼻唇指数、唇目指数、上下唇高指数、切牙指数等，均近似0.618。这里不再赘述。

3. 平衡

平衡是形式美法则之一。平衡一般表现为三种形式，通过这些形式，在不对称组合变化中求平衡，使人产生对称均衡感，体现了“多样统一”的美学基本法则。

(1)对称平衡：指以中轴线为准而分成相等两部分的对应关系。

(2)重力平衡：类似于力矩平衡中，较重的物体比较轻的物体更靠近支点而保持力的平衡。

(3)运动平衡：形成平衡关系的两极有规律地交替出现，整体处于动态平衡中。

4. 参差

参差也是形式美法则之一，是指事物形式因素的部分与部分之间既变化又有秩序的组合关系。其特点是有整有乱，乱中见整，形成不齐之齐、无秩序之秩序。参差是在交错变化中按照一定章法使主次分明，实现错落有致，以形式的参差表现整体的内在和谐统一，避免单调乏味。只有通过对比和主次关系的分辨才能显示出参差，只有在参差中才能显现出融洽、协调的趋向，从而表现内在的和谐统一。主次、对比也是形式美的法则之一，一般在化妆妆色、服色、服式及发型设计中比较多见。

5. 整齐一律

整齐一律与参差相对，是指事物形式中多个相同或相似部分之间重复的对等或对称。例如，成排的树木、楼房使人产生整齐一律的感觉，从而给人一种稳定、庄重、威武、有气魄、有力度的美感。又如，服色与化妆色调的一致，唇膏与指甲油色调的一致，服饰发型的统一性等都体现了整齐一律的标准，有整体感较强的效果。

6. 多样统一

多样统一也称和谐。融变化于整齐之中，既包含量的差异统一，又包含质的差异统一。和谐作为形式美规律，包含整齐一律、平衡对称、差异统一等形式规律。人体的形有大小、方圆、高低、长短、曲直，质有刚柔、粗细、强弱、轻重，势有疾徐、动静、聚散、抑扬、进退、沉浮……所有这些完全对立的因素完美地统一在一个具体的人体上，便形成了多样化统一的和谐。

这是一个多么令人难以置信的事实！正是这些因素，让我们不得不惊叹造物主的神奇与其惊人的力量！

7. 形式美原则中的整体性原则

在化妆设计的形式美原则中最重要的是整体性原则。整体性必须通过丰富的多样性、完美的变化性来表现，它不是从理论上将上述形式美的各部分元素机械地相加，而是各部分之间通过多样统一关系的组合达到内在的和谐。

例如，我们单独看某些人的局部器官时，感觉它们确实是匀称、合乎比例的，但从总体来看，这个人并不美；同样，孤立地看有些人的某一部分并不怎么匀称，也不太合乎比例，但从总体上看，其长相并不难看，甚至很“耐看”，具有很强的“可视性”。这就是说，在用匀称、比例的标准衡量人体时，还必须从整体的角度加以考虑，注意总体组合中的和谐。

有些人硬要在自己亚洲人的脸型上做一个欧式的鼻子或文一对欧式眉毛，结果中不中，洋不洋，让人看了很不舒服；又如原来眼裂较小，却要做一个长长的双眼皮，于是眼睛更小了，反而影响了整体美观等。

时尚形象造型是一个整体工程，遵循形式美的整体性规律，强调整体效果始终是我们应遵循的要旨。

四、三大构成

所谓“构成”是一种造型概念，有构造、结构的意思，在设计领域，构成指将一定的形态元素按照视觉规律、力学原理、心理特性、审美法则进行创造性组合。其含义是将不同形态的几个单元重新组构成一个新的单元，并使之融入现代艺术设计中。

构成作为一门传统课程在艺术设计基础教学当中起着非常重要的作用，它是在学生进入专业学习前对其进行的思维启发与观念传导。1919年，包豪斯设计学院在格罗皮乌斯提出的“艺术与技术的统一”的口号下，努力寻求和探索新的造型方法和理念，对点、线、面、体等抽象艺术元素进行了大量的研究，在抽象的形、色、质的造型方法上花了很大的力气，他们在教学当中的这种研究与创新为现代构成教学奠定了坚实的基础。

传统的设计学认为：三大构成由平面构成、色彩构成与立体构成三个部分组成。近年有学者又加上了想象构成，它是现代艺术设计基础的重要组成部分，也是形象设计学的理论基础。因此，近年有人又提出了“四大构成”理念。

1. 平面构成(the plane constitution)

平面构成是一门研究形象在二维空间里的变化构成的科学,是探求二维空间的视觉规律、形象的建立、骨骼的组织、各种元素的构成规律,做出既严谨又有无穷律动变化的装饰构图的学问。平面构成是三大构成之本，以轮廓线划分图与地之间的界线，描绘形象。它所表现的立体空间并非真实的三维空间，而仅仅是由图形对人的视觉引导作用所建立的幻觉空间。平面构成通过点、线、面有规律地组合来完成设计，高度强调理性及抽象的再创造，并有超越时空、增加空间起伏感的立体效果，最终出现的是视觉效果。

平面构成通过视觉语言对人的心理产生影响，它是通向自然的艺术之路的根本，更重视自然规律的共性与个性的关系。

2．色彩构成(the color constitution)

学习色彩构成的目的是掌握色彩构成的基础知识，学会运用它的基本方法，并培养出较强的构成表现能力。色彩构成是人们根据长期形成的对色彩的感觉而产生的一种思维定式，不同颜色的搭配能够给人不同的心理感受，而色彩构成就是将这些思维定式总结了出来。

3．立体构成(the three-dimensional constitution)

立体构成是研究立体形态的材料和形式的造型基础学科，是现代艺术设计的基础之一。立体构成所研究的对象是立体形态和空间形态的创造规律。立体构成是使用各种材料将造型要素按照美的原则组成新的立体形态的过程。立体构成的构成要素是点、线、面、体、色彩和空间等。它的形成要素仍然是形式美诸法则，如对比调和、对称均衡、比例、节奏、韵律、多样统一等，重要的是通过设计创造意境。

立体构成具体来说就是研究立体造型的物理规律和知觉形态的心理规律。立体构成是二维平面形象进入三维立体空间的构成表现，两者既有联系又有区别。联系是：它们都是一种艺术训练，引导了解造型观念，训练抽象构成能力，培养审美观，包括严格的纪律训练；区别是：立体构成是三维度的实体形态与空间形态的构成，结构上要符合力学的要求，材料也影响和丰富了形式语言的表达。立体是用厚度来塑造形态，它是制作出来的。同时，立体构成离不开材料、工艺、力学、美学，它是艺术与科学相结合的体现。

4．想象构成(联想构成，the image constitution)

这是笔者在长期教学实践中总结出的“三大构成”以外必须增加的一个造型概念——想象构成。想象构成又称为联想构成，它是一些学者对“三大构成”理论的延伸。

艺术需要悟性，这种“悟”缘于设计师的个性、修养、气质，是其审美理想的综合体现。艺术创作中的气场，不仅综合了大自然生命力的元素，而且还和作者的才情学识修养、精神气质风格以及时代气息密切相关。开悟得道，融会贯通，通透于其中，尤其注重“气”的表现，人的直觉感受便会气畅灵动、遥相呼应，审美主体与审美客体便会产生强烈互动，从而形成强烈的视觉冲击或心灵震撼，这就是想象构成的意义。

设计师需要以一种极为轻松和平静的心态去完成每一件作品，这样的作品才能融入作者的思想、情感，才能深得其中三昧，才能通过色彩、线条、构图及作品中的对象打动审美主体。然而，这种轻松、平静，需要设计师用“心”投入，需要“心悟万物”，用“心”在想象中将万物组成一个新的境界，用“心”去想象(联想)并创造出属于自己的绘画语言和独特的艺术风格，这就是想象构成的概念。

想象构成是一种不同的价值取向，从空间的角度，展开梦想与想象的翅膀，挥洒出不同风格的篇章。一旦领悟了这种精髓，创新便会变得轻松自然，中国传统设计理念与时尚形象设计风格的博大精深、水乳交融与丰富多彩，就会精彩地呈现在我们眼前。

思考题

1. 名词解释：美、审美、人体审美、美的含义、美感、审美观与整体审美观、黄金分割律。
2. 试论美的基本形态。
3. 简述三大构成的理论。
4. 试论形式美法则与人体造型艺术标准。
5. 试论人体形式美的内容。

第八章

时尚形象设计的总体构想

本/章/重/点/与/难/点/提/示

一、重点

1. 时尚风格设计
2. 时尚发型设计
3. 时尚化妆设计
4. 时尚服饰设计
5. 时尚形象提升

二、难点

1. 个体形象设计风格的定位
2. “形”“色”“韵”的设计运用
3. 个体的风格气质、风度修养、肢体动态语言、社交礼仪等全方位的提升

如同绘画首先要构思一样，在时尚形象设计中，明确设计目的后，首先也要进行整体形象设计的构想。整体形象设计的构想应当包括：

(1) 风格设计：个体形象设计风格的定位。

(2) 发型设计：即发型和脸型的关系，以及发型设计造型技巧。

(3) 化妆设计：即“形”“色”“韵”的设计运用。

(4) 服饰设计：即服装色彩与款式的选择与应用，配饰的选择与应用。

(5) 形象提升：个体的风格气质、风度修养、肢体动态语言、社交礼仪等全方位的提升。

第一节　风格与形象解析

一、风度与风格

风度是指一个人的言谈举止及姿态，是一个人德、才、学识诸方面的自然流露，是其行为特点的外在表达。它是个体形象设计的一部分，展示个体的形象。

风格是现代设计美学中的一个重要课题，它是设计师在设计实践活动中形成的，并在设计作品中反映出来的基本特色。这种独特的审美见解通过设计师独特的审美传达活动表现出来。

风格与风度密切相关，相互表述，相互影响。可以将风度理解为一种表象行为，即给人留下的一种印象，只能在一定程度上反映个人的内在素质。风格更代表一种品质、一种评价、一种特定的个性和内在的素质。

二、风度、风格与形象构建

风格即作风、品格，是作家、艺术家在创作中所表现出来的艺术特色和创作个性，是形象设计中个人所追求的独特气质和作风，也是设计者的思想倾向、性格特点、审美情趣和艺术修养的综合体现。由于每个人的生活环境与经历、立场观点、文化艺术修养、个性气质不同，各人对风格的追求及其风格的形成也迥异。同时，个体的风格还受时代局限的影响和社会文化的制约。

形象设计师风格形成的社会影响因素有：

1. 审美影响

受一定历史时期和社会范畴的审美趣味和审美时尚的影响，一定时期的历史潮流、社会风尚都会影响和制约设计师个性的形成与发展，进而渗透到其设计风格的方方面面。

2. 传统影响

受民族文化传统艺术与设计传统的影响，一个国家和地区文化传统的特殊性会衍生出审美要求和审美理想的特殊性。

3. 文化艺术影响

受到外来文化和艺术思潮的影响。外来文化和艺术思潮的冲击、设计观念的碰撞会引发设计师设计审美理想追求的转向和更新，使其有意识地吸收某种外来文化和艺术流派的成分，融入或形成自身的设计风格。

4. 其他影响

受同时代其他设计师艺术设计风格的影响。

人物形象设计可以表达个体风格，是人物内在素质和追求的外部表达，是人物的作风、品格的外部显现；形象的个性包装本身就体现着设计者的风格和个性。

形象是个体在别人心目中的印象，形象是形象设计师的“作品”，它更多地反映了设计师的风格。由于形象设计是用于包装个体的，所以设计的过程也应是形象个体全力参与的过程。因此，一个好的形象设计在很大程度上能反映人物形象风格，尤其是自我设计的形象，更能较全面地反映自己特有的风格。

怎样在形象设计中充分反映形象个体的风格？这就像作家写作、艺术家表演一样，形象设计师要学会提高自身的艺术修养，学会塑造人物的个性品质，学会在处理题材、表达主题、驾驭体裁、描绘形象、运用表现手法和语言等艺术手段方面，形成自己的特色，逐步形成自己作品的个人风格。独特风格的形成是形象设计师本人在艺术上达到一定成就的标志之一。突出个性特点和具备独特风格的形象就是一个成功的形象设计作品。

需要说明的是，人物形象设计也分为两种设计风格，即现代主义风格与后现代主义风格。从传承关系上看，现代主义秉承了二战后在美国发展起来的国际主义风格，在设计风格上注重功能，追求少而精、“少就是多”的形式语言，简洁理性，反对装饰。20世纪末发展起来的后现代主义，却是对现代主义和国际主义的挑战和背叛。但从本质上看，后现代主义设计运动的核心，仍然是现代主义、国际主义的架构，它挑战的也仅仅是现代主义的风格和形式，未能涉及核心。

那么什么是后现代主义设计风格呢？它有三个典型特征：

(1)后现代主义恢复了装饰性。它从历史传统文化中汲取营养，以加强设计的丰富性和审美愉悦性，与现代主义的冷漠、简单、理性化和缺乏人情味的设计风格形成鲜明对比；具体呈现在人物形象设计方面，就是用较复杂的色彩、线条、花边和多样化的设计风格，更多地加强了人情味、欣赏性和唯美性。

(2)后现代主义对历史传统文化采取折中立场，不是简单的恢复，而是采取抽提、混合、拼接的方法对历史风格加以运用，既有传承又有变化。例如流行妆型设计中的复古妆、桃花妆等，就是于传承与创新中借鉴了大量传统化妆方法。

(3)现代主义讲究理性化和明确性，而后现代主义更强调设计上的娱乐性和处理装饰上的含糊性。后现代主义希望设计上有更多的非理性成分，创造出含糊的空间感或唯美空间，让形象设计作品显得宽松和舒展，给人更多的心理愉悦空间。

第二节　个性时尚形象设计解析

一、个性化包装

1. 个性

个性(individuality) 一词来源于拉丁语personal，个性是指个人在其生活、实践活动中经常表现出来的，比较稳定的，带有一定倾向性的个体心理特征的总和，是一个人区别于其他人的独特的精神面貌和心理特征。简言之，所谓个性就是个别性、个人性，就是一个人在思想、性格、品质、意志、情感、态度等方面不同于其他人的特质，这个特质表现于外就是他的言语方式、行为方式和情感方式等。任何人都是有个性的，也只能是一种个性化的存在，个性化是人的存在方式。

个性对一个人的活动、生活具有直接的影响，对一个人的命运、前途有直接的作用。一般来说，个性不仅指一个人的外在表现，而且指一个人真实的自我。

在日常的人际交往中我们会发现，有的人言谈举止令人难以忘怀；有的人虽只见过一面，却给别人留下长久的回忆；有的人则很难给别人留下什么印象；有的人尽管长期与别人相处，却从未在人们的心目中掀起波澜……这就是个性在起作用。一般来说，鲜明的、独特的个性容易给人以深刻的印象，而平淡的个性则很难给人留下什么印象。

个性除了性格外，还包括仪态、外表、长相、气质等方面。

2. 个性特性

个性的内涵、外延十分丰富，研究个性必须探讨它的特性及表现，这样才能把个性心理与其他心理现象区别开来。个性具有以下几方面特性：

(1)自然性与社会性。自然性与社会性是个性的首要属性。人的个性是在先天的自然素质的基础上，受后天的学习、教育与环境的影响逐渐形成的，因此，个性首先具有自然性。但人生活在特定的社会环境中，人的个性并非单纯的自然产物，它总是要深深地打上这个特定社会的烙印，个性在很大程度上受到社会环境、文化程度、教育教养的限制和熏陶。因此，个性是自然性与社会性在个体身上统一的结果。

(2)稳定性与可塑性。个性的稳定性是指个体的人格特征具有跨越时间和空间的一致性。一个人的个性及其心理特征一旦形成，很难改变，我们甚至可以从他儿童时期的人格特征推测到其成人以后的个性特征，“江山易改，本性难移”就是这个道理。

尽管如此，个性绝不是一成不变的。因为现实生活非常复杂，随着社会现实、生活条件、教育层次的变化，随着年龄的增长和主观努力等，个性也可能会发生某种程度的改变，特别是个体在生活中经历的重大事件或挫折，往往会在其性格上留下深刻的烙印，从而影响其个性的改变，这就是个性的可塑性。

(3)独特性与共同性。个性的独特性是指人与人之间的心理和行为是各不相同的。因为构成个性的各种因素在每个人身上所表现出的组合方式和侧重点是不同的，如在认识、情感、意志、能力、气质、性格等方面反映出每个人独特的一面，有的人认识事物细致、全面，善于分析；有的人认识事物较粗略，善于概括；有的人情感较丰富、细腻，而有的人情感较冷淡、麻木等。如同世界上很难找到两片完全相同的雪花一样，世界上也很难找到两个个性完全相同的人。当然，强调个性的独特性，并不排除个性所具有的共同性。个性的共同性是指某一群体、某一阶级或某个民族在一定的群体环境、生活环境、自然环境中形成的共同的、典型的心理特点。正是个性具有的独特性和共同性才组成了一个人复杂的心理状态。

个性贯穿着人的一生，影响着人的一生。正是人的个性倾向性中所包含的需要、动机和理想、信念、世界观，指引着人生的方向、人生的目标和人生的道路；正是人的个性特征中所包含的气质、性格、兴趣、爱好和能力，影响和决定着人的精神面貌、人的事业和人的命运。 研究个性，就是研究人，就是研究人生。人人都有个性，人人的个性都各不相同。正是这些具有千差万别个性的人，组成了我们这个生动活泼、丰富多彩的大千世界和各种各样、既相互联系又相互制约的人类群体，不断推动历史的前进和时代的变迁。

现代形象设计的一个重要组成部分是“个性包装”，突出个性的修饰和装扮，也可以说个性化的形象设计，将是形象设计发展的主要潮流。其目标就是高度重视个性美的显现，注重内在美与外在美的和谐统一，通过外在美显露个性气质的内在美，达到最佳修饰效果。

3．性格

性格是指表现在人对现实的态度和相应的行为方式中的比较稳定的、具有核心意义的个性心理特征，这是一种与社会联系最密切的人格特征，性格中包含许多社会道德含义。性格反映了人们对现实和周围世界的态度，并表现在个体的行为举止中。性格主要体现在对自己、对别人、对事物的态度和所采取的言行上。性格是个性心理，即非智力因素的核心部分，它决定着个体活动的性质和方向。人与人的差异首先表现在性格上。

人们通常把性格理解为表现在人对现实的态度和人的行为方式中的、比较稳定的独特的心理特征的总和。对内而言，性格是一种模式化了的思维方式；对外来说，性格是一种模式化了的行为方式。这可以从三个方面把握：

(1)性格作为个性的一个方面，它的形成与个性有机地结合在一起。生活在现实社会中的每个人，都能意识到现实社会给予他的影响，他对这种影响有其特定的反应方式。如果其中某些反应已经固化，成为他经常采取的态度和行为方式，这就是他的性格特征。

人的性格是现实社会关系在人脑中的反映。一个人做什么、如何做，一般总是与他对别人、对世界、对社会、对事业以及对自身的态度相联系，并由他的观点、信仰所支配。

个人的性格一经形成就具有相对稳定性。性格的稳定性并不是说一个人的行为方式是重复单一、一成不变的，而是指人的性格的基本结构是不变的，但是不同情况下同一种性格可以以不同的形式表现出来。

(2)性格是个性心理中最重要、最具核心意义的心理特征，它反映一个人独特的处事态度和行为方式，是一个人区别于别人的最主要的标志。

(3)性格不是指某种个别的心理特征，而是某些心理特征在一个人身上的整合，体现出个人的独特风格和精神风貌。

在现实生活中，人生百态不相同，性格气质也不尽相同。有人温文尔雅，有人一点就着；有人傻大方，有人精细鬼；有人刀子嘴，有人急惊风……医学心理学家把人的性格分为三种类型：A型性格，B型性格，C型性格。

A型性格：争强好胜、声音响亮、走路急促、动辄发火、树敌太多、过于执着。此类型的人易发火、易激动、易急躁，他们过于执着，身心负担过重，为达目的常常不惜牺牲一切。稍遇刺激就会心跳、呼吸加快，血压升高，这极易影响神经内分泌系统的正常功能，导致神经内分泌机能活跃，血液内儿茶酚胺类物质浓度增高，进而引起机体的异常变化，例如动脉硬化、高血压、冠心病等。据说，在冠心病患者中，A型性格的人占了75.5%。这类性格还与中风、脑血管疾病、消化道溃疡等疾病关系密切。

B型性格：B型性格是比较有利于健康的性格。其性格温和、言语低沉、节奏舒缓、遇事从容、与人为善、稳重安宁、淡泊得失、与世无争、不喜执拗、个性中庸，是一种比较好的性格。

C型性格：少言寡语、抑郁内向、体验深刻、情感细腻、逆来顺受、忍气吞声、任人摆布、不会宣泄、缺少自信、缺少朋友。由于过于孤僻离群，人际交往少，此类性格的人经常处于孤独、矛盾、失望、压抑的状态，这会影响人体内环境的平衡，破坏免疫系统的监督功能，减弱人体抵抗力，因此，此类性格的人易患癌症、精神疾病、胃溃疡及各种疼痛症。C型性格也被称为癌症体质，其发病率高出常人3倍。

二、外在美与内在美的和谐统一

除了形式美的形式可以表达人体美外，更能体现人体美的内容还有生命活力美、动姿美(肢体语言美)、思维美和气质美等。人们把人体美分为内、外(或称表层美、深层美)两个层次，把体型、体魄、动姿、肌肤等美的表象称为人体的外在美，或称其为表层美；而把结构、功能、生命、思维、气质、心灵的美归属为人体的内在美，也称其为深层美。两个层次美和谐统一才能反映人的“全面本质”，和谐统一的程度越高，其美的表现力和感染力也就越强。

黑格尔把人的表层美称为“纯感性美”，而把深层美称为“由人体所反映的精神美”。他认为感性美不是人体美的本质，真正的人体美必须是“由精神渗透的感性的肉体美”。换言之，也就是内、外两个层次高度统一后的新的形象。

使一个人的内在美通过设计包装得以充分展现是形象设计的最终目标。有人到服装市场去购买服装，会发现很多服装套在模特身上都很好看，可一旦穿在自己身上就会不伦不类，失去了在模特身上的那份美感。这是因为模特，特别是服装模特的气质与身材都是很标准的，而我们自身的气质与身材却并不一定很好。这就是说对外在美进行包装并不难，最难的是要根据每一个独特个体的不同特点，在设计的造型之中渗入其独特的内在气质，以肉体美的外表表象完美地表达出个体内在的美好，使个体散发出其独特的个性和气质，并且，这个新形象必须还是其本人，这才是最难的，恰恰也是最重要的。

三、灵与肉的统一

人的功能美、生命美要依托于结构、形体和体魄。人体美是“万物之灵”，灵是人的体形美、生命美、体魄美的支柱。可这“灵”究竟是什么呢?

灵，《大戴礼记·曾子天圆》曰：“阳之精气曰神，阴之精气曰灵。”词典解释“灵”为聪明、不呆板，反应敏捷，活动迅速，或指敏捷的心理活动。其实，灵就是精神，就是思维。思维是人的大脑对客观事物的概括和反映，是思想或思考的方式和过程。思维美的根基主要存在于其创造性(即理性)，即其功能性特征中。使人的功能与结构统一协调，也就是使灵与肉完美统一，这可以完美地体现出精神与物质、理论与实践、思维与行动的辩证统一。通过并借助语言这一信息传递工具，人们可以对丰富的感性材料加以综合分析，进而认识事物的本质和规律，既能动地认知客观世界，又能动地改造客观世界，从而激发所谓“思想的火花”，即思维美的种种灵动表现。思维以体魄美为基础，同时又使体魄美升华，充分体现了人的大脑结构的完美与功能精细的高度统一，并使人的生命美成为大自然中至高无上的奇迹。

第三节　多样个性化的形象设计

时尚形象设计是通过设计美、塑造美，给人以最佳的审美感受。不同的时间、不同的地点、不同的目的下，人的形象装扮也会不同。因此，形象设计不应是千篇一律、“千人一面”的，应当根据形象个体的特点与要求，进行多样化的造型设计。

一、美感需求的三个层次

美国心理学家马斯洛在“基本需求层次理论”中，将人的基本需求概括为五个层面，即生理需求、安全需求、社交需求、尊重需求和自我价值实现需求。他认为，生理需求和安全需求是人的基本生存需求，后三种需求是心理需求。

作为人，体验美感的心理需求可以分为三个层次：

1. 人的五官感觉的美感需求(即生理需求)

从生理意义上说，人的五官就是因美的各种刺激而存在的，如绚丽的景色、悦耳的声音、芬芳的气息、洁净的食物、可口的滋味等客观美。人的五官感觉的美感需求是人的生命的美感需求的生理学基础，是最低的也是必不可少的层次。

2. 人的心理感觉与人性的体验需求(即心理需求)

心理需求指人类的意志、爱、情感等心理方面的审美需要。人类不仅希望从自身，还希望从他人、环境等各方面都得到最美的感受和体验，人类希望周围的一切都是美的，自己能称心如意，时刻有着良好的心理状态。

3. 表现自身的审美需求(即创造需求)

每个人都有表现自身的审美需求，有实现自我价值的需要，有创造需求的欲望；每个人都希望能最大限度地发挥自己的才能，体现自身价值，实现自身的社会理想和远大抱负。这是一种最高层次的美感的光辉结晶，也是精神美的最高境界。

人类按照评判和实现自身美的规律不断进化的过程，就是生命需求的三个层次不断得到满足和升华的无限探索过程。

我们提倡“一人千面”的设计原则，是因为人的美感体验是一种从视觉上到精神上的愉悦与心理满足，人们希望避免“视觉疲劳”，其中蕴藏着深刻的理性内容。人类的美感有直觉性和愉悦性的特点。所谓直觉性就是当美的事物在面前出现时，人会立即得到美的感受。例如，人们在观看芭蕾舞表演时，对演员翩翩起舞的曼妙舞姿、对各式精美的演出服装、对美轮美奂的演出场景，无不留下深刻印象，对视觉美感产生无限的遐想与共鸣，从而享受到一种视觉上的盛宴。所谓愉悦性就是指美的事物在人心目中唤起的一种愉悦的感觉冲动，使人产生愉悦的体验。客观上，美的事物通过人们的感官感受，会参与到人的情感活动中，激起审美主体情感的升华并引发共鸣和愉悦的情绪体验。

二、内涵与外延

怎样造就各种美的形象来满足人们不同层次的美感需求？怎样通过塑造的各种形象来避免人们产生视觉疲劳？怎样从主题出发，寻找切入点，对多样化设计与个性内涵进行恰到好处的延伸设计？这些都是提出多样化形象设计的目的所在。

1. 集形式美法则于一身

任何美的事物都是首先通过形式美来表现其“美”，从而给人以直接美感和愉悦感的。人体美自然地汇集所有形式美法则于一身，诸如对称、均匀、平衡、整体性、节奏、主次、和谐、对照、黄金分割律、多样统一等。所以，任何美的人体都是一种和谐统一的整体，其在局部与整体、局部与局部、机体与环境、躯体与心理等对应关系上都是协调统一的。多样化形象设计的任务就是根据形式美的法则努力协调或改善整体形象，使人体自然美充分展现出来。

2. 使美的形式、内容与美感效应高度统一

美的事物之所以美，其关键在于美的特定内容与美的特定形式的统一。人体美是以血肉、情感、伦理和生命活力为内容的，自然形成的一种有机的社会人体美的形式。这种形式虽是动态可变的，但鉴赏者既可以通过自己的直觉触发一种富有生命力的美感效应，也能在社会伦理允许的范围内，促进和增强其生命美感与快感的综合效应。

3. 强调生命活力美的核心

在人体美形式的诸多内容中，最富有特殊意义和决定性意义的因素是生命活力美。人

的生命活力美使人的血肉等有机物质材料与情感、伦理等社会性要素相维系，组合成一种高层次的美的特质，进而让人体美成为生命的载体，使健康为人体美增色。要突出这些生命活力美的内容，需要进行多样化的形象设计。

4. 美的普遍性与差异性的统一

美的普遍性与差异性的统一也需要借助于多样化形象设计。在人类群体中，人体美有其共性、普遍性和特殊性，但是人体美的普遍性特征并不意味着“千人一面”，而应当是有差异的。人群中的“美貌比率”(美貌与丑陋的比例值)也有差异，一般比率差异仅在5%以下；若超过这个比率，就可能出现脸部魅力的异化(吸引力降低，而丑陋率提升)；若差异的比率超过10%，脸部的吸引力就会大大降低；美貌比率加大，“美”逐渐向“丑”转化，转化到一定程度就会变得丑陋或出现畸形状态。

不同人种、不同民族、不同地区、不同文化背景和社会习俗的人，其人体和人体的修饰装扮也有很大的区别，千篇一律、没有多样化特点的形象设计显然是不适宜的。

5. 多样化形象设计

由于人自身既是审美的主体又是审美的客体，因此人有无限追求美的特性。人体美是一种具有人的全部本质的客观存在，具有丰富的社会情感和能力，具有强大的生命活力。当人处于鉴赏他人或欣赏自我的状态时，其对美的追求更会不断升华。只有多样化设计才能满足他人或自身不断发展的对美的追求和需要。

6. 现代形象设计的多样化艺术表现手法

遵循现代设计的多样化艺术表现形式，形象设计的表现方法也有很多种，诸如：

(1)真实再现；(2)突出特征或象征；(3)对比衬托；(4)夸张变形(例如戏曲脸谱、面部彩绘或人体彩绘)；(5)幽默诙趣；(6)以情寄物；(7)比喻象征；(8)运用联想(如色彩联想或形体联想)；(9)以小见大；(10)神奇科幻；(11)字体效应；(12)抽象含蓄(如形、色、韵)；(13)解构重复；(14)系列展开；(15)怪异荒诞；(16)创造节奏；(17)间接暗示；(18)空灵淡化；(19)气氛烘托；(20)着意剪裁；(21)选择偶像；(22)巧选角度；(23)掌握分寸；(24)更迭复合；(25)空间落差；(26)偷梁换柱；(27)模仿名作；(28)善用省略。

其实，设计师在形象设计创作过程中，总是同时运用多种表现手法，以便使作品取得更好的效果。

第四节 人物总体时尚设计的构想

随着现代科学的发展和社会文明的进步，追求人物形象的完美已成为人们必需的生活追求。现代人普遍意识到，要想不断提高生活质量、讲究品位，就应当注重个人的形象设计和装扮。并且人们已不再只重视自己局部形象的修饰，而更重视全方位的提升，希望自己方方面面的局部之美能汇合成为整体形象的综合之美、时尚之美。而人物整体形象的美感塑造应当从总体形象的构想设计开始。

一、总体审美构想

人物时尚形象设计的构想是现代形象设计取得最佳效果的关键所在。个体形象设计的构想应基于整体审美意识，整体审美应注重以下几个方面：

1. 提高局部美的水平

应当提高局部发型美、容貌美、体型美、肤色美、服饰美、姿势美、行为举止美、气质风度美等。前面说过，根据全息论的观点，局部是整体的反映，修饰好局部美，就会提高整体美的水平。局部的妆饰和美化要遵循形式美的各种法则，在“形态”“色彩”以及“韵味”上下功夫，努力创作出“三和谐”(即妆色、发色、服色三者和谐统一)的作品。这样才能使局部美的水平不断提高。

2. 不同层次的和谐与协调

局部的美化已经包含了不同层次的美化。例如化妆，眉、眼线、眼影、颊、唇等局部都要协调、匀称；不仅色彩与形态要和谐，还要注意局部与脸型、肤色相协调；局部的化妆还要与发型、头饰、颈饰、耳饰等相和谐。任何一个局部化妆的失败，或者是局部之间，局部与脸型、肤色等之间的不和谐，都会导致无法获得容貌整体美的效果。容貌与发型、体型、服饰，甚至小至与鞋、手套的不和谐、不协调，都足以破坏整体的美感。当然，个体不同层次的局部装扮还要与性别、年龄、职业、场合、时间等其他因素相协调，以期达到最佳的设计效果。

3. 注入生命活力之美

生命活力之美是人体美的核心。任何局部之美，局部与局部、局部与整体的协调联系之中都能体现整体的生命力。对每一项局部修饰与装扮都赋予像肉体一样鲜活的生命力，赋予艳丽的生命美，使之体现生命，表达生命，显示出无限强大的生命源泉，是形象设计的重要任务。

4．独具风格，展示个性、气质

在好的形象中，均衡与差异同在，主次与节奏分明；既有规范的美的形象，也有自己独特的风格；融内在美于外表美之中，集素质美和形体美于一身。从局部到整体，由色彩至形态，好的形象既能融入群体之中，又能闪烁于群体之上。个性是什么？是自然，是自我。展示个性首先是表现自然的个体，“我”的形体、“我”的外貌、“我”的色彩、“我”的声音，实实在在，自自然然；“我”同时又是一个文明人，“我”的心地善良，“我”的文化层次很高，“我”的道德情操高尚……这一切表达渗透在“我”自然的外表之中，展现在“我”的行为举止、仪表风度之上。重视自然之美，修饰自然之美，还要在修饰之中融进“我”的艺术风格，渗进“我”独特的个性、气质。“我”仍然是自然、真实的“我”，以“我”的风格和个性气质对形象进行艺术加工，进行全方位的修饰、美化。这就是人物整体形象的构想。

5．时尚与个性的统一

“个性”一词来源于拉丁语personal，开始是指演员所戴的面具，后来指演员——一个具有特殊性格的人。一般来说，个性就是个性心理的简称，在西方又称人格。

个性，心理学上的定义是：个体区别于他人的、在不同环境中显现出来的、相对稳定的、影响人的外显和内隐行为模式的心理特征的总和。由于个性结构较为复杂，所以许多心理学者从自己研究的角度提出个性的定义。美国心理学家吴伟士(R.S.Woodworth)认为：“人格是个体行为的全部品质。”美国人格心理学家卡特尔(R.B.Cattell)认为：“人格是一种倾向，可借以预测一个人在给定的环境中的所作所为，它是与个体的外显与内隐行为联系在一起的。”苏联心理学家彼得罗夫斯基认为：“在心理学中，个性就是指个体在对象活动和交往活动中获得的，并表明在个体中，表现其社会关系水平和性质的系统的社会品质。”

实际上，个性就是个别性、个人性，就是一个人在思想、性格、品质、意志、情感、态度等方面不同于其他人的特质，这个特质表现于外就是个体的言语方式、行为方式和情感方式等。人与人之间有个性差异，人也只能是一种个性化的存在，个性化是人的个别存在方式。

或传统，或叛逆，或新潮，或创新；将个性与时尚元素、时尚潮流完美结合，从而赋予个性以新的意义，这就是我们时尚形象设计的独特创新之处。

6．人物形象设计的范畴

人物整体形象设计应该包括美化个体的全方位的努力，包括个体的饮食起居、休养生息等一切生活和社会交往活动。但人们熟悉的与形象设计直接相关的范畴主要是指发型设计、化妆设计、服饰设计、气质风度设计和社交礼仪规范等。

二、遵循自然客观法则

规律与法则的存在是客观的，我们应该学会认识审美的自然规律法则，从而去适应它、利用它。自然客观法则，是指客观世界的现象中共同的、普遍的东西，是事物内部的本质联系和发展的必然趋势，是现象中相对统一、相对静止、相对稳定的方面，它是独立于人的意识之外而存在的，因而具有客观性，也称为自然客观规律。

现在，我们常常在舞台、银幕及现实生活中看到世界一流的美女或“人造”美女的比赛或选美。通过美女们的自我展示和媒体向公众不间断的灌输，人们知道了美女的标准是什么。但是，各国由于政治制度、信仰、生活水平不同，其审美标准也存在差异，世界某些地方公认的美女在另一些地区并不一定就是美女。因此客观环境在对美女与时尚的评判中起着至关重要的作用。

形象设计是一种艺术形式，也是一种实际技能。每一个形象在不同的时间、地点、场合(场景)都有可能展现出不同的艺术形象，就像同一个化妆师可以演绎出不同的自然或流行时尚一样。一般说来，形象设计在某种意义上是最难获得公众的好评的，因为这种设计必须经受公众在远距离或近距离乃至大特写的角度观看的考验。此外，还要经受诸如日光或人工灯光的考验，以及公众挑剔的评判标准、喜好标准等种种意想不到的考验。因此，遵循自然与客观的法则必须贯穿于形象设计的始终，只有这样，才能扬长避短、真实自然、整体配合，使设计成果成为优秀的个体形象作品，适应激烈的市场竞争。

第五节　时尚发型设计

发型设计是发型创造的起点，要求设计者具有较高的审美能力、敏锐的形象思维能力和构思设计能力，并遵循发型设计的基本原则。发型设计是塑造自然而活泼的、有生气的发型的前提。发型设计不只讲求精细的技艺，更崇尚时尚。在美学规律的指导下，根据脸型因人而异地塑造理想的发型，这一过程被称为发型设计。

一个成功的发型设计的前提在于周密的构思、对头发发质的认真观察，以及发型与人的年龄、脸型、体型、个性等方面的协调，其根本目的在于不破坏头发本身的美感，把头发的自然美表现得淋漓尽致。

发型设计遵循了个体形象设计总的规律，就会让发型设计理念步入一个全新的境界。发型设计师通过学习，提升自身的审美层次，注重“三和谐”，即发型、化妆、服装三者的和谐搭配，就能快速有效地做出形象定位，设计出吻合个体内在气质、职业性格和外在特征的发型。

优秀的发型设计应达到以下目的：

(1)新发型已实现更为理想的美学效果；

(2)新发型足以掩盖脸型和五官的缺陷；

(3)新发型与个人的气质、风度、个性相吻合。

(4)新发型符合时尚潮流。

一、发型设计要遵循的一般规律

1. 一般规律

(1)统一与变化规律。统一与变化规律是发型设计的规律之一。发型设计既强调变化，也强调统一，过分强调统一会造成发式单调，变化太多又会杂乱无章。如何在统一中求变化，在变化中求统一，让两者互相贯通、互相依存呢？具体说来应注意遵循以下原则：左右相称、长短相形、前后相随、高低相顾、曲直相映、刚柔相济、大小相辅、宾主相应、虚实相兼等。

(2)均齐与平衡规律。均齐通常是等量、等形的组合。发型构成可以以鼻子为中线，配合左右两侧等形、等量的发丝波纹，塑造出一种发式造型，给人以平稳安定的感觉。平衡则是以支点为重心，同量、异形组合。在发式造型中，大都是以鼻为中心线把握重心、保持平衡，但两侧常不是等形的，或一侧高起、一侧低伏，或一侧是大的块面、一侧是几个小块面的组合。均齐与平衡结合的发式，特点是带有动势，动态平衡，重心落在底部，中心线含而不露，但其发型的气势还是从中心线展开的。

(3)对称与呼应规律。对称是均齐的类似形，但对称不是依据均齐规律进行造型的，它可以不以鼻为中心线，也可以不像均齐形式那样要求同形、同量的整齐，两个均齐式样或两个平衡式样可以是对称式样，但对称式样不一定是均齐式样。

(4)对比与调和规律。对比是变化的一种形式，调和是统一的一种体现。好的发式造型应在调和中求变化，在对比中求调和。要在发式整体协调的基础上采取局部对比、变化的方法，形成有对比的调和、多样化的统一。

(5)比例与权衡规律。比例是指发式造型中的各种发式的长短、宽窄尺寸的相互关系。权衡则要求发式在局部与局部、局部与整体的关系上符合美的比例，发式外轮廓应与人体各部分匀称相宜，其实际体积与人的总体形象，与人的头部、脸部、颈部的比例适当。最佳的比例关系体现着发型的美感，也体现了发式造型中比例权衡关系的使用功能和价值。

(6)节奏与韵律规律。节奏是规律性的重复。将头发卷曲成基本相同的弧线或连续的大波浪是发型构成中最常见、最基本的节奏。发式韵律是在有节奏的波浪发型的基础上赋予其情调体现，使波浪线具有强弱、起伏、曲线、韵律的情调，犹如山脉起伏绵延不断，犹如碧波逐浪层层推进，犹如音乐的抑扬顿挫，给人以强烈的旋律美的感受。

(7)流行规律。发式的流行与服装相似，当某种风靡一时的发型存在时间稍长，人们就会感到它缺乏新鲜感与刺激感，要用一种更新颖的发型来替代它。当这种新的发式慢慢被人们接受和喜爱而逐渐被模仿起来的时候，它便成了新的流行发式。

2. 发型设计的美学效果

发型设计的美学效果体现在简洁、自然和实用三个方面。

发型设计是整体形象设计的重要方面，发型设计既可以巧妙利用新颖的造型克服头型的缺陷，制造出椭圆形头型的最佳效果，还可以依靠其可变性修饰脸型，利用发型的美来弥补脸型缺陷。发型设计和化妆相互协调和平衡，更能创造出美丽动人的容貌。同样，发型设计得体，对体型也能起到扬长避短的作用，造就人体的美感。与性格协调的发型，也能充分衬托出个性。可见，发型设计是个性包装的重要方式之一。

充分认识头发的特点，避免过分、不合理的花哨处理使人产生造作的感觉，坚持和发挥头发自然美的原则，正是发型设计所要达到的美学要求。

3. 发型设计的构思

首先对发型设计构思必须反复斟酌，设计构思的基本内容包括对头发的长度、发丝纹路的流向与质感、发量等问题的综合分析，然后通过素描、色彩及心理学的手段进行调整，这才算是圆满的准备工作。

我们的发型设计师在专业水平上还与国际同行存在着较大的差距，关键就在于我们在职业培训中偏重技能训练，而缺少关于审美知识及人物形象最本质的理论知识的整体性综合学习，知识体系的欠缺必然导致作品的不成功。

现实生活的丰富多彩和各地发展水平的参差不齐，使得人物形象对发型的要求各不相同。因此，整体多方位造型已经成为发型设计的必然趋势。在了解社会、热爱生活、掌握人们的不同个性和需要的同时，使技术层面的感性因素在理性指导下，更好地依照各自的目的，准确地体现出发型设计的精髓，这正是塑造优美而动人的发型的关键。

人与人之间最大的差距就是想法和做法的差距，发型设计师亦然！

二、发型设计的依据和原则

发型美的本质特征决定了发型设计的形象思维和艺术创新的构思形式。这种形象构思活动必须依据以下原则：体现发型美的本质、特征和规律；具有发型的形态美并具备独特的艺术风格；构图布局、块面形状、花纹线条、发态流势、色调处理及饰物衬托等符合形式美的法则；与脸型、头型、体态、举止、风度、气质和服饰等条件搭配自然，和谐统一。

配合脸型是发型美的最基本要素之一。人的脸型是先天固有的，不能改变，但发型是后天形成的，是可以改变的。发型总体大轮廓必须随着脸型的不同而变化。从宏观上来看，发型的轮廓必须配合脸型的轮廓，也就是平日所说的发型配合脸型。在专业术语中，脸型称为内轮廓，发型的外沿称为外轮廓，内外合一以椭圆形为美。那么，外轮廓怎样配合内轮廓才为美呢?最大的限度和最小的限度如何划分呢?

1．总体轮廓

(1)正面总体轮廓

将发型顶部设为高点，颞部为上宽点，腮部为下宽点，下巴处为低点。将这四点用曲线相连接，就形成了头型的总体椭圆型外轮廓(见图8-1)，又称理论轮廓，其最大的限度是以眉间到下巴处为半径形成的圆。所设计的发型轮廓若超出这一理论轮廓线，则说明发型过于蓬松，不配合脸型；其最小的限度是以眉间到下唇为半径形成的圆，又称理论内轮廓，若是发型小于这一内轮廓，则说明发型过于拘谨，与脸型也不和谐。因此，新发型设计的轮廓线处于最小限度的内轮廓和最大限度的外轮廓之间才是最适宜的。

图8-1　正面总体内、外轮廓

(2)侧面总体内、外轮廓

从侧面观察总体外轮廓(见图8-2)，最大限度为以下巴到头顶的直线与自眉间引出的水平线的交叉点为圆心，取到下巴尖端距离为半径所形成的圆；最小限度为自上述圆心到外嘴角为半径所形成的圆。在最小限度到最大限度之间所设计的发型轮廓都是适宜的。特别是以最小限度设计的发型，在当代非常流行，会使人显得非常精神，而且颇具个性。

图8-2 侧面总体内、外轮廓

2. 发型与脸型的关系

(1)各种头型的特征

1)长形头。长形头顶部一般较尖，脸型较长，额骨突出。

2)圆形头。圆形头骨骼生长较均匀，肌肉丰满，头形前后、左右圆润饱满。

3)扁形头。额骨不突出，枕骨部平坦，后脑勺扁平，没有立体感。

(2)发型与脸型的配合

发型与脸型的配合要点是突出优点，遮饰缺点，达到美化面容的目的。人的脸型根据几何图形来分，大致可分为椭圆形、圆形、方形、长方形、三角形、倒三角形、菱形等七种，以椭圆形脸为标准脸型。

1)发型与椭圆形脸的配合。椭圆形脸通常被认为是标准脸型，俗称“鸭蛋脸”，尤其是女性，这种脸型更能给人以高贵典雅的感觉。这种脸型适合各种发型，但发式不宜过分复杂，原则上以自然简单的发型为主，以免弄巧成拙，影响脸型的美丽。

2)发型与圆形脸的配合。圆形脸面部肌肉丰满、轮廓圆，一般额部发际线生得低，下颌不长，给人以活泼年轻的印象，俗称“娃娃脸”(见图8-3)。所以若留短发，发型应该顶部高，两侧略收紧，向椭圆形方向发展；若留长发，应利用直线条的发型削弱两侧的宽度，颈部不妨多留一些头发，可以改变脸型过圆的印象。圆形脸最好将额头露出，这样可以使脸型看起来比较瘦长。

3)发型与方形脸配合。方形脸的特征是额部高而开阔，两腮突出，下颌较宽，面部方正，给人以刚毅顽强的阳刚美感；缺点是脸部线条太生硬，脸型方而缺少柔和的感觉(见图8-4)。发型要求自然，才能中和生硬的线条，显现女性的柔美。顶部头发高而蓬松，两鬓收紧呈弧形，遮去方形额角，尽力减弱方的感觉，造就圆润之感。

图8-3 圆形脸

图8-4 方形脸

4)发型与长形脸的配合。长形脸的骨骼特点是上下宽度较窄，脸型过长，前额发际线生长较高，脸部肌肉不发达，下颌较宽、较长，给人以朴实的印象(见图8-5)。发型设计时应将顶部头发压低，脸部两侧多留一些头发，尽量以稍微弯曲的刘海、童花遮住过高的额部，缩小脸部比例。两侧发蓬松自然、略带波浪形，可以使脸型轮廓有椭圆感。脸型较大时，可将长发卷曲成大波浪，略微遮掩两侧面颊。

适合的发型是在脸的两侧部位加宽发型、加厚发量，例如，头发较长的人可以采用烫发，将两侧发根烫蓬松，但顶部不要加高，展示出女人优雅迷人的气质。

5)发型与正三角形脸的配合。正三角形脸有额窄腮宽、上小下大的特点，给人以持重、稳健的印象(见图8-6)。其发型应顶部收紧、圆润，略遮过狭的额部；两侧放松，线条柔和，遮住过宽的腮部，尽量修正上小下大的三角形印象。

图8-5 长形脸

图8-6 正三角形脸

6)发型与倒三角形脸的配合。倒三角脸与正三角脸相反，特点是上额宽、两腮狭窄、轮廓呈倒置的三角形状，给人以瘦小灵敏的感觉(见图8-7)。其脸型若配上短发，会显得单薄，所以刚好过肩的长度较适合。若两颊太宽，可让两侧发自然下垂，使过宽的两颊不至于太明显。顶部头发应略高而收紧，额前中分头路，略遮两额角，两侧头发略松，减弱上大下小的倒三角形感觉。

7)发型与菱形脸的配合。菱形脸又称枣核形脸。骨骼特点是上额部和下颌部都狭小，颧骨部位较宽，整体呈菱形，给人以灵巧的感觉(见图8-8)。其发型应放宽两头，收缩中间，顶部圆润，不能太高；耳上部两侧的头发应当蓬松一些，将发量放在颧骨之上，起到平衡、柔化颧骨部位的作用；底部发也应该与整体丰盈度相适应，两侧弧形发线遮过颧角，使轮廓带有椭圆形感。菱形脸适合略显凌乱、较为浪漫的发型。

图8-7　倒三角形脸

图8-8　菱形脸

3. 发型与额头、颧骨的配合

(1)低额头。低额头多见于圆形脸，同脸型与发型处理方法，把前额的头发稍稍上梳，露出前额，拉长脸型。

(2)高额角。高额角应留刘海或使头发呈现波浪状，遮住一部分前额，发梢应向下梳。

(3)宽额头。宽额头应在太阳穴两侧做发卷或波浪，把额前发梳高；也可以把发梢从两边向中间梳，用发卷、波浪遮盖住一部分额角；或者留刘海，把前额的发丝从中间分向两边，以自然的波浪线条遮盖宽大的额头。

(4)窄额头。窄额头应把头发沿两鬓向后梳，尽量露出太阳穴，以增加额宽。如果做了刘海或波浪，绝对不要让它延伸到太阳穴前边。

(5)高颧骨。高颧骨不要梳中分式，两鬓的头发可向前梳，超过耳线，盖住颧骨，刘海可略长些。

(6)低颧骨。低颧骨应把两鬓的头发尽量向后梳，不要遮蔽耳线，两鬓可以做出发卷，从中间分开。

(7)方颚。方颚可在比颚线高些的两侧做一些发球、发卷或大波浪，使方颚看起来不会太尖锐。

4. 发型矫正方法

用头发的造型来矫正面部缺陷的具体方法有以下几种：

(1)遮盖法。以头发组成适当的线条或块面来改变脸型的不足，主要是在视觉上把原来比较突出而不够完美的部分遮盖住，淡化突出部分的感觉。

(2)衬托法。主要是将顶部和两侧的部分头发梳得蓬松或紧贴，以增加或减少某部分的块面，改变其轮廓。如圆形脸顶发要向上梳得高而丰满，下额两侧发向颈侧或下颚紧缩些，脸型即有拉长感；脸型平扁，发型的起伏要大，以增加脸型的立体感为宜。

(3)填补法。利用头发或饰物来填补存在不足的部位，例如头部有瘪塌部分，可用蝴蝶结、发夹、插花或假发填补。

(4)增美法。脸型、肤色都很美时则要求发型不能破坏自然美，而应该以衬托或者增加自然美为主要目的。

5. 发型与体型的关系

发型设计不应只有拉长或缩短身高的简单作用，发型、脸型和身高体型应该是和谐一致的。有时做了发型，单看发型很漂亮，与脸型、肤色都配合得很好，可是站起来一看就会感到美中不足，原来头长和身高比例失衡，或头宽与身宽失去了比例。根据人体美学和人体测量学的研究，头长和身高的比例应该为1∶7.5–8。只有遵循形式美法则，才能使发型设计具有增加体型美或修补体型缺陷的效果。

发型与体型的配合大致有下列几种情况：

(1)发型与矮小体型的配合

身材娇小、脸部圆润会给人小巧玲珑之感，发型设计不宜破坏这种感觉。发型应以秀气、精致为主，避免粗犷、蓬松，否则会使头部与整个形体的比例失调，让人产生大头小身体的感觉。烫发时应将花式、块面做得小巧、精致一些。盘发也有增加身高的作用，但要视脸型或头长而定。宜选用偏分的短发或中长发，短发显得轻快活泼，富有青春魅力；身材矮小者也不适宜留长发，因为长发会使头显得大，破坏人体比例的协调；留中长发时可让发梢自然向里弯曲，任秀发自然飘逸。

(2)发型与矮胖体型的配合

矮胖体型的人给人一种丰满健康、充满活力之感。发型要配合这种健康的美感，营造一种有生气的健康美，譬如选择运动式发型。此外，应考虑弥补缺陷：胖人颈部短，不宜留披肩长发，不宜烫卷发，不宜让头发过于蓬松或过宽，应尽可能将头发向上梳，显露颈部以增加身体的高度感。也可以盘头，或采用使头发蓬松向上的发型(也要视头长与身长比例而定)。

(3)发型与高瘦体型的配合

高瘦体型的人细长而单薄，头部略显小。要弥补这些不足，发型就得生动饱满，应避免将头发梳得紧贴头皮，或将头发弄得过分蓬松，造成头重脚轻的印象。一般来说，高瘦身材的人比较适于留长发、直发。应避免将头发削剪得太短薄，或高盘于头顶上。头发长至下巴与锁骨之间较理想，且要使头发显得厚实、有分量。也可将长发盘起，梳理成高雅的发髻，优雅而别致。除了以服饰设计来弥补其不足外，讲究发型设计也很重要，直发、烫发皆可。发型的轮廓宜保持圆形或烫出有波浪的卷曲状且层次分明，也可将头发后梳，显露出丰满的面庞。

(4)发型与高胖体型的配合

男子高大是一种魁梧，给人一种力量美，但高大会使女子缺少苗条、纤细的美感。除了以服饰及化妆设计手段予以矫正外，发型设计也有一定的美化效果。为适当减弱这种高大感，发式应以大方、简洁为好。高大妇女的发型一般以直发为主，以长发或中长发、大波浪卷发为佳，即使做卷发也应服帖、紧凑，也可以做盘发或简单的短发。发型应简洁明快，线条流畅、大方、奔放、洒脱，不要追求繁杂的花样，头发不要太蓬松。

6. 发型与年龄的关系

(1)少年儿童。少年儿童的发型设计，应该线条简洁明快，体现出天真烂漫、可爱活泼的年龄特点。头发短可修剪成娃娃式、童花式，便于打理；头发较长可梳理成自然下垂的发结、马尾辫或编成两条麻花辫。

(2)少女。少女的发型应以清爽、简约为原则，可梳短发，如童花式、运动式等，也可梳长发、中长发，或散束、扎辫子。少女不宜刻意做头发，发型主要以烘托自然清纯的美为宜。目前，时尚界流行的韩式辫发也是不错的选择。

(3)青年。青年的发型设计要新颖、活泼、时尚，有时代感，以表现出青年的朝气蓬勃、美丽动人和活泼上进的个性特点。直发、卷发、束发、辫发、盘发几种形式均可。

适合青年人的发型比较多，如飘逸大方的直长发或层次分明的短发，显得充满青春活力，麦妆、蛇妆、浪板、韩式辫发等发型也不错，充满时尚气息。

1)直发。直发指没有经过卷烫，只通过修剪而成型的直发样式，直发基本上保持了头发的自然状态。直发有普通直发、短碎发、中碎发、长碎发几种。直发具有清新自然、容易护理、流畅爽快、富有活力的特点，倘若用直板烫将头发烫平服，更具有纯净、淑女的味道，很受年轻女孩的青睐。

2)卷发。卷发指经过卷烫而呈卷曲状态的发型。有柔美、温和、委婉的情调，现代时尚青年女性将头发卷曲后自然下垂，显得飘逸、活泼、成熟大方，如蛇妆、乱妆等。卷发适合二十几岁至三十几岁的成熟女性。

3)束发和传统的束髻。束发或束髻是指通过梳辫、挽髻，并借助饰物点缀而梳成的发型。束发或束髻有温婉、贤淑、古典、高贵、典雅、传统的感觉，适合于具有古典美的传统女性。这类发型，除用于生活装扮外，还能在交际场合出现，例如晚宴场合等，具有洁净、秀丽的古典美感。

(4)中年。人到中年应具有成熟端庄的魅力。中年人应选择整洁、大方、文雅、线条柔和的发型，以突出自己成熟庄重的韵味和职业感，以短发、中长发、长直发、挽发髻、烫发等为宜。近年来尤以简单烫发更受欢迎，因为烫发梳理方便，庄重大方又不失时尚感。发型不论长短均可采用烫后造型，尽量避开直发造型。新颖式样的发型不仅符合时代潮流，还能显示高雅、成熟的中年魅力，但应避免过于奇特。若选择传统式样的发型亦可，以突出其古典、端庄的风格。

(5)老年。人进入老年期后头发会逐渐减少，甚至变白，这种自然生理规律不免给人带来心理上的压力。老年发型以简朴、大方、庄重为主，式样不宜过于新潮，可采用不留刘海的短发式，发丝波浪柔和细致；也可留长发，挽起盘在脑后，再罩上发网或饰物。头发稀少者可烫发使头发蓬松。老年人发型设计不要过于复杂，额部和鬓部头发可向后斜梳，边线要实而洁净。合适的发型设计可以使人有重返青春的感觉。有时，一头微卷飘逸的银发会为老人增添许多风采。

1)青年式。青年式发型线条活泼、造型多样，富有青春活力感。该发式以短发为主，中长式亦可，可以使老年人面容显得年轻。

2)中年式。中年式发型线条简洁自然，于自然平凡中求变化。发式高雅大方，显示知性的成熟和魅力，该发式一般为中长发。

3)中老年式。中老年式发型以短发为主，线条简洁，端庄稳重，整洁大方，能突出中老年人的个性。还可将满头银发烫卷，时尚而飘逸。

7. 发型与职业的和谐

设计发型时要注意人物的职业，在不影响工作的前提下，努力做到发型美观，不能为了发型美而影响工作。因此，在设计发型时，必须考虑到发型便于工作的实用性及不同职业的发型的多样性(详见第三章《上班族时尚形象解析》)。

8. 发型与季节的配合

一年有春、夏、秋、冬四季，由于气候的变化，人们的着装随之变化，发型设计也应随着季节的变化而变化。

(1)春季。春季草木复苏，生机盎然，气候适宜。发型设计可根据自己的喜好加以选择，颜色可以丰富多彩，表现积极进取、精力充沛的一面，长短、薄厚均可，不受限制。但发型一定要展示美的风范：流畅的线条，优美的造型，头发长短可以任意选择。

(2)夏季。夏季由于气候炎热，人们的穿着也很简单，一般的服装都是开领、短袖，露出颈部。发型设计多用短发或超短发，给人以凉爽、整洁、利落的感觉；长发可以盘起或编起，尽量露出脖颈。如果留长发，可采取束发的方法。发式外轮廓呈圆形，前高后低，额前呈花瓣形，两侧及顶部头发呈直线状比较时尚。

(3)秋季。秋季天气凉爽、草木枯黄，给人以萧条的感觉，人们着装也较随意。在发型上可以采用稳重、典雅的造型，也可以做出时尚前卫的造型。因为秋天也是一个硕果累累、色彩斑斓的季节，因此色彩可以任意发挥。

(4)冬季。冬季气候寒冷，人们穿着笨重，头颈常常戴围巾、帽子，发型很难保持住。所以，发型处理应尽量简洁，易梳理。发型设计要偏长、偏厚和蓬松，给人以温暖的感觉。留发宜长，发式可以是大波浪、中波浪，也可以是长直发，发色偏暖为宜。

9. 发型与个性的配合

发型可以反映出一个人的天赋、风度和个性，这是人们的视觉习惯、审美情趣及由此形成的想象。每个人的风度气质和性格不同，形成的个性也不同，因而其对发型的选择也各异。但总的说来，个性与发型选择基本分为以下几种：

(1)追逐时尚、标新立异的动感型。动感型个性是一种比较外向的个性。这种个性的人活泼好动，热情奔放，喜欢不断变换和追逐时尚的新发型，喜欢标新立异，喜欢追求独特和新潮的个性。这种个性的人不太注重别人的感受，只要自己喜欢就好，不太喜欢把自己固定在某一种框架里。因此，其发型设计可采用动感性较强的短发，或者通过烫发做成各类长短不同的卷曲的大波浪发型（对称或不对称均可）。

(2)把自己固定在某一发型里的文静型。文静型是一种比较内向的个性，这类人喜欢把自己固定在某一种发型里。这种个性的人不好动，沉默寡言，文雅自然，不喜欢太多变化。发型设计可采用直发，自然下垂，刘海可做成薄薄的虚帘，自然下扣。有人把发型分为运动型、古典型、顽童型、庄重型等，说明发型反映了相应的性格特点。文静型的人可以在了解自己个性的基础上选择使发型相对固定于某一种类型中。

(3)自我体验与客观效果相结合的理智型。理智型的人很重视自我体验与客观效果的结合。一个人的发型肯定要有些变化，而理智型的人每换一次发型，都会十分注意自己的体验与别人的评价，并会选择体验和评价较好的几种发型作为自己的常用发型，以保持自己的发型与个性的契合。

(4)适当追求反差。发型设计应当适当地追求反差效果。一方面，我们要善于发现自己个性中最可爱的因素，如温柔善良、娴静贤淑、文雅端庄、活泼浪漫等特点，通过发型塑造，加强或淋漓尽致地表现出这些优势。另一方面，还要善于通过发型掩饰个性中的弱点。例如，较短的发型可以掩饰性格上的某些不足，如孤僻、沉默、迟缓、忧郁等；较长的发型可以掩饰活泼好动、烦躁易怒的性格弱点等。通过适当的反差，我们在设计发型时可以达到扬长避短、增强自信的目的。

三、发质与发型

要为自己设计最佳发型，首先要了解自己的头发，尤其是了解自己的发质适合做什么发型，并根据发质特点选择适合的护发、美发方法。

1. 根据皮脂腺分泌情况分类

健康的头发可根据头皮皮脂腺的分泌程度分为四种类型，即中性头发、干性头发、油性头发及混合性头发。

(1)中性头发。中性头发是一种健康的头发，头发有自然光泽、润滑、柔顺、有弹性、易梳理、不分叉、不打结、梳理无静电，做好发型后不易变形。但中性头发如同中性皮肤一样，比较少见。

(2)干性头发。干性头发因头皮缺少皮脂或水分丧失过快而显得干燥、暗淡、无光泽，脆弱易断、僵直，易有断裂、分叉、缠结等现象；发干易卷曲，发梢易分叉，头发僵硬，弹性小，没有柔滑感，做好发型后很容易变形。干性头发多由护理失误造成。

(3)油性头发。油性头发头皮皮脂腺分泌旺盛、头发油腻、易粘附灰尘、易脏、易有头皮屑，造型难度大，常呈现平直柔软等特点。油性头发多与遗传有关，此外，还与精神压力或性激素有关。

(4)混合性头发。混合性头发处于头发多油和头发干燥的混合状态，这种头发根部多油，发干与发梢则易缺油脂而多显干燥，多见于行经期妇女和青春期少年。混合性头发因其头发生长处于最旺盛阶段，而体内的激素水平又不稳定，于是出现干燥与多油并存的状态。

2. 根据物理特性分类

头发根据物理特性可分为直型、柔软型、粗硬型、纤细型、稀疏型等。

(1)直型头发。直型头发丰满厚实，又黑又亮，发丝直而粗。

(2)柔软型头发。柔软型头发发丝柔软，光滑而服帖，易梳理。

(3)粗硬型头发。粗硬型头发发质粗硬，含水量大，弹性较强，难梳理，不易成型；一旦成型后不易变形。

(4)纤细型头发。纤细型头发发质纤细柔软，弹性不足，含水量较小，轻飘而难以成型。

(5)稀疏型头发。稀疏型头发发质密度稀疏、脆弱、易断。

3. 根据操作实践分类

根据操作实践、综合头发的结构和外形特点，人们也常把头发大致分为：纤细柔软的绵性头发，硬而粗直的钢发、油发和带自然卷特点的沙性头发等。操作实践要顺应发质的特性，这样做出的发型不仅漂亮，而且持久。否则不仅造型不美观，难以持久，也不利于头发健康生长。

(1)绵发。绵发质地纤细柔软，弹性不足，含水量大，因其发干较软，不易固定发型。发型可选刘海易梳理的、整齐而层次分明的、发量少的短发，可显得蓬松潇洒。发量多时也可烫卷发，头发可长些，花可大一些，可显现温柔之美，颇具蓬松感。

(2)钢发。钢发质地硬而粗直，含水量大，弹性强，较难做发型；一旦成型，比较稳定。此发质硬度强弹性好，可直可卷，直时可留长，梳辫子、挽髻均好，亦可烫成大花，颇具蓬松、波纹感，最适合超短或超长发型。

(3)油发。油发表面油脂较多，弹性强，抵抗力强；由于含水量不足，有时弹性不稳定，造型较困难。多主张烫发，譬如烫成大花、大波浪，因其不飘逸，不宜留长发。为清洗方便，也可做成层次分明的短发。

(4)沙发。沙发分明沙发和暗沙发两种。发梢和发干中部最干枯，缺乏油脂，含水量不足，容易干燥蓬松，宜梳留各种发髻或发辫。

(5)自然卷发。自然卷发专指带有自然卷的一类头发。发质呈干性，缺乏油脂和水分，僵硬且易疲软，烫发易卷曲，但不易保持。自然卷曲不厉害的类型可剪出层次，梳成短发；或留长发，梳成发辫或发髻也可。自然卷花明显的可留长，以表现其自然卷发之美，亦可不顾自然卷，彻底重做新发型。

(6)受损发质。受损发质是由经常化学烫发或染发而造成的。发质没有弹性，发梢易分叉。发型长短应根据受损部位决定，并尽量把受损部分剪掉。

四、发型设计分类

发型设计是一门美发技术和艺术构思相结合的综合性技艺，发型设计蕴含着社会科学、自然科学、人类文化艺术和经济发展水平等诸多因素。发型是各类头发式样的总称，包括多种多样的具体发式，丰富多样，千姿百态。

发型按头发长短来分，可分为超短发、短发发型、中长发发型、长发发型；按头发曲直来分，可分为直发发型、卷发发型；按操作方法来分，可分为层次剪发发型、烫发发型、束发发型；按发型的流行趋势来分，可分为国际流行发型和新潮发型、古典发型等；按发型的风格品位来分，可分为娴静型、典雅型、端庄型、清纯型、温柔型、娇媚型、活泼型、知识型等。

形象发型设计的第一步应当是充分了解顾客的个性品位、发质情况及目的要求，并和顾客充分协商，取得共识后确定目标发型。

(1)确定发质。发型设计首先要确定发质情况，排除不适宜个体发质的发型发式，包括分析确定不宜塑造发型的发质。根据个体自身发质情况选择适合的发型，并且尽量不要采用为塑造发型而不利于头发健康的设计。

(2)根据发长。根据头发长度确定允许设计的发型发式。譬如短发不可能设计采用长发的发型等。

(3)根据脸型。根据脸型、头型、脖颈、身体形态，确定可选的发型范围。

(4)根据职业。根据职业或近期工作任务或目的，确定具有一定功能或目的的发型。如新婚要妩媚，扮演角色要采用符合角色特点的发型，公关宜选典雅或知识型，出国可选用国际流行发型等。

(5)改变个性特点。要想改变个性特点，则需选择反差大的发型，如沉闷性格可以选择活泼运动类发型。

(6)根据年龄。发型设计应当根据年龄确定最佳选择范围。

(7)根据美发条件。根据美发设备条件和美发师技术专长，选择发型范围。

(8)根据模特偏好或角色需要。根据顾客偏好最后裁定。

(9)共同评判。共同评判是形象设计师与模特沟通的过程。可先确定一个与拟定发式接近的发式，让模特和形象设计师共同评判一下客观效果，再确定下一步修剪的方向和方法，这样可以大大减少模特与设计师之间可能发生的矛盾，提升形象设计的成功率。

五、时尚美发技术

美发指一系列美化头发的技艺。美发的手段很多，通常所说的美发技术是指头发修剪、洗发、卷发、做发型、烫发、染发、佩戴假发与发饰等。

1. 修剪头发

修剪是发型造型的基础，是一个重要环节。修剪得当，可使发型长短有序、层次调和均匀、厚薄适中。发型修剪得好，不用吹风定型即可成型，可将发丝损伤降到最小程度。精细、准确的纯修剪技术，应注重虚实结合，使发型的自然美得到充分发挥。

(1)修剪技术。纯修剪技术注重用梳子、发剪、打薄剪或剃刀等，通过打薄削及剪短等方式，把头发造型成需要的形状，基本剪法技术有：

1)直剪法。直剪法是把头发横断式剪断。

2)直削法。直削法是用中指及食指把头发夹紧拉直，将发梢朝上，用削刀将头发切断。

3)滑剪法。滑剪法是用左手食指与中指夹住发梢，右手持剪刀在头发上迅速滑动。

4)削薄法。削薄法是用左手食指与中指夹住发梢，右手用削刀将头发削得厚薄均匀。

5)推剪法。推剪法是用推剪或剃刀将后颈处发际修齐。

6)疏剪法。疏剪法的次数和程度可根据头发的厚薄决定。

7)修剪法。修剪法是最基础、最普通的修剪技法，具体操作是直接用梳子和发剪将发尾等处修剪整齐。

(2)发型容量的变化(层次)。发型容量变化实际就是发式层次的变化。层次是指修剪后的发丝一层层有序排列、重叠组合的样子。根据排列的形式不同和重叠面的大小不同，可分为单一层次结构、低层次结构和高层次结构。发型容量是随层次的幅度变化而变化的。

为了使头发修剪方便，可对需剪的头发进行适当分区，根据不同发型需要对头发进行分层次、分区域修剪，必要时还可使用推剪技术进行造型。

一个发型修剪的好坏，很大程度上取决于层次处理是否得当。层次是头发上部与下部的衔接度，是决定发式的重要因素。层次分以下几种：

1)密度层次。密度层次指有质量感，平服柔顺。

2)参差层次。参差层次指发丝流向流畅，厚薄适中。

3)综合层次。综合层次指造型立体，兼容并蓄。

(3)发丝流向。发丝流向即发丝线条运动方向的变化，也是发型特点的表现形式。发丝流向不同或发丝形态有所变化时，会产生不同的发型动态。所以，发丝流向与脸型、颈项等部位的配合协调、局部发丝流向与整体发型轮廓的配合协调，也是塑造发型美的重要因素，其中发丝流向与脸型的配合尤为重要。

发丝流向既然是一种线(条)运动，就会形成不同的流向，一般发丝流向有向心型发丝流向、离心型发丝流向及水平发丝流向等。自四周向中间梳理和自上而下向内扣的发丝流向，我们称之为向心型发丝流向；反之，自中间向四周梳理和自上而下向外翻翘的发丝流向，称为离心型发丝流向。

1)脸型与发丝流向的配合。在发型这个特定环境中，就人的脸型而言，也有向心和离心的感觉。

圆形脸能给人向心的印象，属于向心型脸型，应配合离心型发丝流向。

方形脸能给人离心的印象，属于离心型脸型，应配合向心型发丝流向。

正三角形脸的上半部为向心型，下半部为离心型，应配合离心型和向心型发丝流向相结合的发丝流向。

倒三角形脸的上半部为离心型，下半部为向心型，应配合向心型和离心型发丝流向相结合的发丝流向。

菱形脸是三角形脸的结合体，向心、离心兼而有之，配合离心型和向心型相结合的发丝流向。

椭圆形脸虽属向心型，却不同于圆形脸，应采取水平方向的离心发丝流向。

长方形脸虽属于离心型脸型，但也不同于方形脸，应采取水平方向的向心型发丝流向。

总之，发丝流向与脸型配合的大致原则是离心型发丝流向配合向心型脸型，向心型发丝流向配合离心型脸型。

2)正面发丝流向变化。当从正面观察形象的发丝流向变化时，可以发现发丝有垂直线、水平线、斜线等多种流动方向，这些流动称为展露额头的发丝流向变化和遮盖额头的发丝流向变化。

展露额头的发丝流向变化适合于额头较小、圆形或需要发型高耸的脸型。在进行展露额头的发丝流向设计时，应以额头为中心，以前额发际线的形状，额头的高、宽为设计对象。一般有以下几种流向变化：以垂直线为基准，伴以分别向左、右斜向发展的流动；以斜线为基准的流动；以中央垂直线为基准，左、右分别斜向中央的流动；以水平线为基准的流动。

遮盖额头的发丝流向变化，是根据脸庞及下颏来决定前发下垂的程度及所需发量的。常有以下几种发丝流向变化：垂直下滑的流向，偏向一边的离心曲线流向，偏向一边的向心曲线流向等。

3)其他发丝流向变化。此外还有侧面发丝流向变化、背面发丝流向变化、发尾发丝流向变化等。

侧面发丝流向是以太阳穴为中心，由此生成垂直、水平、斜线等流向变化。

发型背面发丝的流向，主要有向上或向下，水平和斜线的流向。

发尾是指头发的发梢部分。发尾的形态影响着发型的表现效果。发尾的形态是由不同的剪切口决定的，不同的剪削方法造就了不同的发尾形态。

2．洗发

洗发可用不同的洗发液。可根据发质和油性情况选择洗发液，洗后的头发要进行梳理和吹干。头发梳理是做头发的基本功，也是做发型的关键技术，发型设计的目标是由梳理最后完成并体现出来的。

3．卷发

可分手指卷发和卷筒式卷发。手指卷发是用手指、梳子、发夹和卷发水将头发打理成波浪状的技术，卷筒式卷发则是利用一种圆柱形卷筒来做头发，同样可将头发做成波浪状。根据不同的卷发、发型要求，还可以做针对性卷发、法式卷发、阶梯状卷发等。

4．烫发

烫发是采用物理或化学的手法，使天然头发卷曲，从而做成各种发式的技艺。烫发的方法主要有冷烫法和热烫法。烫发的原理是通过化学药剂或高温，使头发的细胞结构发生化学或物理变化，并按发型要求重新组合。用化学方法烫发称冷烫，冷烫的优点是做出的波浪和发型保持时间长，波纹不易松弛，可做发型种类多。热烫的优点是没有碱性物质损伤头发和皮肤，头发开裂少，不会褪色，波浪纹形态柔软自然。

如今的烫发已经不再像传统烫发那样一味追求烫过的痕迹，强调那种卷的概念了，因为近年来波西米亚风格差不多主导了整个时尚界。虽然现在这股潮流正在渐渐消退，但是它带来的凌乱美的概念已经被很多受众接受并喜爱。

烫发的种类繁多，主要有以下几种：

(1)冷烫法。冷烫法是用由碱、亚硝酸盐和挥发性碱(如氨水)组成的烫发剂进行烫发，因各种冷烫精的pH值不同，对头发可以产生不同的作用。

1)根部烫发。指仅在头发根部进行的烫发，只烫新长出来的头发或在头发根部区域使它更为直立，已烫过的头发部分则涂上保护剂或用特制的涂塑的纸包起来。这种方法可用来烫出头发弹性，使发丝更加蓬松自然。

2)纤维烫。用一种像棉花的纤维棉来烫头发。其纤维是一种化学合成棉，材质非常轻，几乎没有什么重量，也不会拉扯头发。而且因为是靠纤维棉来吸收烫发药水，所以不用上烫发纸，烫发更加快捷。用此类方法烫出的发型，发丝充满透空感，卷度非常自然而且好整理，不容易打结。

3)米粉爆。20世纪初盛极一时的爆炸式发型是以电烫出的凌乱小卷为特点的，目前流行的这类烫发属于冷烫性质。目前作为流行重点的爆炸式以细细碎碎的卷发为特点，首先在日本掀起热潮，这类烫发一眼望去就像炒过的米粉，又有点像烫坏了的头发，美发界称之为“米粉爆”。

4)喇叭烫。是一种针对女士中长发的特点而制造自然蓬松效果的烫发。烫发后，头发柔顺飘逸、光泽尽显。

5)空气烫。又叫“日式飘烫”，这种烫发会让发丝卷度像充满空气般十分自然且富有变化，不会有刚烫完后的生硬感。它使用改良过的烫发卷，采用像海绵一样有弹性的材质，步骤跟一般烫发相同。

6)辫子烫。辫子烫的效果和“银丝烫”很相似，烫发过程是先将头发编成一束一束的，然后再上药水，烫完后，拆掉辫子，洗净后稍加整理就可以了。烫后头发自然弯曲蓬松，颇具动感。

7)玉米须烫。玉米须烫也是一种离子烫，它与离子烫的步骤完全相同，只是将平板夹换成了玉米夹，烫完后是一折一折的蓬蓬头。

8)烫发与染发。现在较为流行的一种负离子烫染发技术，将烫发与染发合二为一了。在进行负离子烫的同时，也可进行染发，一举两得。

专业美发店还有螺丝烫、万能烫、子母烫、离子烫(平板烫)、游离子烫、负离子烫、定位烫、直板烫、陶瓷烫等不同技术，可以根据不同发质、不同的健康状况和形象设计师对发型的具体设计要求选择。随着美发科技的发达，要在头顶上变换花样，已越来越容易，至于要选择卷发或直发，则可因人而异，随心所欲。

(2)热烫法。可以分电烫和水烫。用电烫发钳、卷发器等电器烫发的称电烫，用热水或蒸气加热卷发的称水烫。

烫发要把握好三大原则：

1)要似卷非卷，这样看起来会非常自然、随意。

2)要层次明显，体现动感与活力。

3)要掌握漂亮的发型，还要掌握好打理的原则。

5. 吹发

洗发后也可以不烫发，采用吹发的技术使头发成型。可将洗后蓬松无序、发丝纹路不清的头发，用电吹风吹梳，重现整齐、发丝纹路清晰的新款发型。吹发有内卷形、外翻形、波浪形、卷曲形、刘海、长直发等几种不同吹法。吹风时应当顺着发丝流向吹，否则会影响头发的光泽度。

运用不同的吹风梳理方法，可以使发型有很多变化，并且使发型饱满、自然、流畅。由于含水量在3%时头发弹性最强，所以吹风时不能吹得太干，太干时容易起静电，不易造型；也不能太湿，太湿的头发无弹性和光泽，显得毛糙。从护发角度看，自然晾干对保护头发有益。

吹风时，对温度的掌握很重要。对于头发而言，70℃时发生变化，100℃时发生变形，140℃时烧焦。因此，吹风时温度要掌握好，否则会使头发焦枯，损伤发质，破坏美感。一般情况下，吹风机在高温时用于吹干、成型，低温时用于发型定型。

6．漂染与色彩

(1)染发剂的种类

利用化学物质人为地改变头发天然颜色的技术称染发，其实质是将人工色加到头发上或漂淡头发的颜色。现代的染发技术可以根据需要将头发染成各种颜色。染发能使灰发恢复青春或使发色更有魅力，或使变色的头发恢复自然发色，或达到装饰的效果等。染发种类有暂时性染发、半永久性染发、永久性染发、头发的漂淡等。染色剂大致可以分为四大类：

1)永久性染色剂。此种染色剂中有碱性物质，能使头发表层隆起，染发剂分子可到达头发内部与色彩结合，改变色素结构，使头发永久变色。永久性染发剂可分为三种：渗透型永久性染发剂、金属型永久性染发剂和植物型永久性染发剂。其中，经常使用金属型永久性染发剂会使头发受伤，出现断裂现象；渗透型永久性染发剂的分子可进入发丝，经过氧化作用与发内色素分子结合，染色均匀，发色自然不褪；植物型永久性染发剂中常用指甲花，该剂虽无毒，但常用头发易脏，也可能造成发质改变，小心使用为宜。

2)暂时性染发剂。这是一种化学分子很大，不能透过头发外表皮质层的染发剂。只要用水冲洗，即可褪色，适用于白发的染发。

3)苯胺染色剂。它是由基础染色剂加上含有过氧化氢的促进剂溶液混合而成的。其色素可存留在发丝内部，同时也会使发质改变，染色后需注意保养。该染色剂容易引发过敏反应，用前应先做试验：在小臂内侧涂少量配好的染色剂，24小时无反应即可使用。

4)头发漂淡剂。为漂淡头发而使用的化学药剂，常用的有三类：第一类中含有过氧化氢，第二类中含漂白粉，第三类中有释氧催化剂和漂白活化物质。

(2)漂染的方法

染色的程序和方法有多种，主要根据染色目的来选择。染发的方法主要有以下数种：

1)永久性染发。永久性染发常用苯胺类染发剂，可将头发染成各种颜色而不损伤光泽。

2)半永久性染发。半永久性染发是染色剂在不加过氧化物的情况下自然渗透到头发中去，并维持4－6周。半永久性染发不会改变发质结构情况，适用于覆盖或调和部分的灰色，在不影响头发的自然色彩的情况下，增加灰发之美，加强或烘托出头发的自然色彩。

3)镶嵌式染发。使脸部周围头发变得明亮的染色方式，现在较少使用。

4)单步骤染发。是一次性将染发剂抹在头发上的染色方法。

5)双步骤染发。分两步，先漂淡，再用染色剂染发。

6)头发漂淡。头发的色彩可以改变，既可加深变色，使头发看起来明亮，也可以用漂淡剂将多余或过深的色彩漂淡，便于重新漂染另一种颜色。

六、时尚流行发型

发型是人们时尚爱好的体现，也是个人审美意识的外露。所谓流行发型设计，指公众认可的一种发型设计的流行趋势。在21世纪时尚与文化的发展进程中，有人认为发型将以“自然、怀旧、时尚、环保”的个性化设计为主要潮流。在现代美发中，传统的发型减少了，以纯修剪技术和烫发原花为主的发型增多了。头发的造型趋向于流畅、简洁、随意、动感，便于梳理，回归自然，以便与越来越快的生活节奏和文化趋势相适应。

1. 传统发型与流行发型设计

(1)传统发型。我们所谓的“传统发型”，指曾一度广为流行的，经过历史的筛选，去糟粕、存优点，逐步完善，成为中华民族的精华而被保留下来的发型。它必须具备历史性和流行性两大特点，才可称为传统发型。如古代的束发发型、20世纪初的“五四式”发型，以及推剪成“露三茬”的男式发型等，至今仍受到广大消费者的喜爱，广泛流行。相反，即便是历史上盛行一时的发型，而今却不再流行，也只能称其为历史发型，不能叫作传统发型。

传统发型的制作有严格的操作程序，对于推、剪、剃、梳理、吹风造型的基本功底要求较高；又由于传统发型已形成一定的模式，所以既难于变更，技术要求又非常高。

(2)流行发型。所谓“流行发型”，必须冠以“现代”二字，才不至于和至今仍在流行的传统发型发生混淆。由于科技进步，在现代社会生活潮流的影响和制约下，一些发型式样在制作工艺上大规模地引进现代科技成果，以反映时代精神和社会风貌，并被广大消费者所接受而流行，这些发型式样称为流行发型。

流行发型由于借助了现代先进的科学手段，所以操作更趋向简单化、科学化，又由于发胶、摩丝、定型剂等新型固发材料的出现，造型更加随心所欲，充满艺术魅力。

(3)传统发型与流行发型的区别。通过以上分析不难看出，传统发型和现代流行发型只有一个时间的差距。它们的共同之处和相互区别是：

1)特征：它们都是历史的产物，并各自反映着当时的时代特征。传统发型的风格总体较为保守拘谨，没有太多变化；现代的流行发型则表现为开放、大胆创新、不拘一格。

2)式样：由于传统发型经过了历史的洗礼，所以操作较为规范，式样模式较固定；而流行发型则追求新颖时尚，还在不断完善当中，因此，式样变化较多。

3)传统与流行的联系：由于任何流行发型都是在传统发型的基础上发展起来的，而不是凭空想象出来的，所以，虽然流行发型较之传统发型发生了很多变化，但在工艺、技巧和材质上却与传统发型有着千丝万缕的联系。

2. 流行趋势

(1)自然的风格。随着生活节奏的加快，人们愈来愈喜欢随意的休闲服装，因为休闲服装可适应很多场合，且活动自如。所以发型为了与这种服装相适应，应以自然、随意、飘逸、动感的中长直发或修剪出层次的各种碎短发为主，再以此为基础做些发式变化。总之，应以随意、自然、梳理简单为主。

(2)怀旧的风格。现代人的生活节奏很快，大家疲于为生活奔波，没有喘息的机会，似乎稍一停顿就会有被时代抛弃的危险。在工作与生活的双重压力下，人们逐渐产生了逆反心理，服装开始出现复古的倾向，发型也开始出现怀旧风格，譬如越来越多的中年女性逐渐又开始喜欢上蘑菇式、童花式、内卷式等。

(3)时尚环保的风格。发型与服装设计一样极具时尚性，它永远走在时尚的前列。现在有人将服装设计成田园风格，意在回归自然；而发型则设计成“大地球”发式，这种发式不是出于审美的需求，而是在提醒人们注意保护生态环境。蓬乱的发式是寓意生态污染对人体的危害，因此，鸡窝、乱麻、稻草等样式的“大地球”发式被认为是“保护地球与人类”的艺术形式，以这种发型搭配各种新潮的服饰已成为一种时尚潮流。

3. 时尚流行发型

(1)直式中长发。自然、垂顺、飘逸的直式中长发仍是近年流行的时尚发型(见图8-9)。造型时会在原有的均等对称的发式中，修剪出一些中长、不连接的碎发，以突

图8-9　长发红颜笑春风

出曲线美。强烈而精致的层次感和动力感将成为主流。在回归自然垂顺的基础上，采用倾斜对比造型，及堆积重量或减轻重量、不连接修剪等技法(见图8-10)。

图8-10　直式中长发

图8-11　弧形中长发式

洗完头发后，应当用宽齿梳子配合吹风机吹直头发，或是等头发八成干后，用直发器拉直头发或将发梢向内弯曲即可。

(2)弧形中长发式。弧形中长发式造型的两侧及后颈部头发剪成圆弧形轮廓，两侧发稍短，可内卷或外翻(见图8-11)，整体造型呈向后梳理的圆弧型。

(3)不对称式中长发式。不对称式中长发式应用于自然直发。三七分路(见图8-12)，修剪时前发稍长，并烫得蓬松，让一侧前发自然地斜垂一边，后部头发长短可根据各人情况而定；下部边线呈斜线形状，两侧头发一边长、一边短，高低不等；短边与耳上端相齐，长边与耳垂下部相平；吹风时，短边略向后掠，长边抬高后自然下垂。

图8-12　不对称式中长发式

图8-13　童花式

(4)童花式。童花式发型额前头发浓密，齐刘海覆盖额部，形成童花式样(见图8-13)。整体发型以直线条为主，两侧可向内吹出弧度，童花可有一定变化。适合在校学生选用，具有简单、自然、清纯的特点，能表现出少女的书卷气(见图8-14)。

图8-14 一样童花百样开
模特 张星星

(5)马尾式。将自然生长的中长发用发夹夹住或用发带扎成发结，位置不固定，一般多在后脑正中，发结以下头发自然下垂飘逸(见图8-15)，也可侧向一边(见图8-16)。此类发型比较简单，易打理，适用年龄范围比较广，从少女到四十岁左右的女性都可以梳理。

图8-15 马尾式

图8-16 侧马尾式

(6)青春式。青春式是一款自然卷发或烫发后的造型。前额使用不规则剪法，发尾打薄，具有一定动感。适合大脸型、宽额头、头发浓密的女性(见图8-17)。

(7)戴安娜式。戴安娜式发型由英国已故王妃戴安娜首创。可以用于自然卷发或烫发造型。前额头发采用“V”字剪法，呈现出层次感，后部头发烫成有弹性的直发，然后造型。此类造型适合温柔内向的女性(见图8-18)。

图8-17 青春式

图8-18 戴安娜式

(8)后卷式。后卷式发型梳理吹风的要点是额前光洁，头发全部向后梳或梳向两侧再翻卷向内，有些像飞燕式(见图8-19)。

(9)蝶花式。根据发式轮廓形状确定的发式，卷成的发式轮廓像什么就可以称什么式，例如像天鹅的称天鹅式，像飞燕的称飞燕式，像蘑菇的称蘑菇式等。蝶花式是将两侧发先行烫过，向上、向外翻成自然碎卷，中分头路，额前有少许发丝轻垂，自然衔接形成蝴蝶飞舞式(见图8-20)。

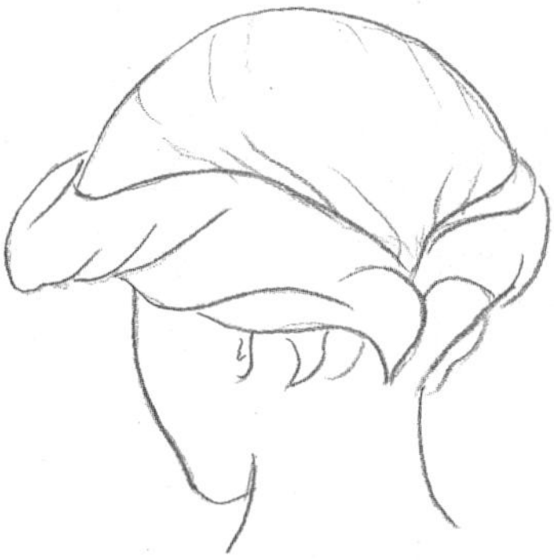

图8-19　后卷式

图8-20　蝶花式

(10)维多利亚发髻式。先将头发烫过，再用卷发筒将前额和两侧发做卷成型，并将头发向后梳，在脑后扎成马尾辫，松松地盘成一个圆发髻(见图8-21)。此发型的设计要点是发髻要松，形状要圆，显得自然而高贵。

(11)男子式。剪成比男性发式略长一点的发型，并且全部打薄，略烫后自然蓬松，使用定型剂用手指向上、向后梳理定型，发尾自然地垂到前额，柔软而富有弹性(见图8-22)。

图8-21　维多利亚发髻式

图8-22　男子式

(12)成熟式。将直发吹成蓬松自然状，再将后面的头发夹在脑后，前面头发向后翻，仅将两侧发尾用卷梳梳向内侧，再用大发卷定型，前额不留刘海，再均匀抹上定型剂，使发型轮廓显得服帖，属于非常时髦的一类发型(见图8-23)。

(13)时髦式。先烫成大波浪，长度稍长一些为宜。两侧和后面头发蓬松并成卷曲状，前额刘海剪成男发式样，并用吹风机向上定型后自然偏一侧下垂，也是非常时髦的一类发型(见图8-24)。

图8-23　成熟式

图8-24　时髦式

(14)层次剪式。不论直发、卷发、短发都要讲究修剪层次，但专门的层次剪发造型却是近年才开始流行的。优秀的发型师会根据具体的头型和头发的厚薄，以及形象设计师的建议来决定头发的区域修剪层次，以打造出充满立体感的时尚造型。层次剪的发型在修剪完毕后还需要细心地打理，尽量使发量向前垂下，才能得到完美的效果。为突出发型的整体效果，可以使用一些造型啫喱，使发型生动，看起来更具有现代感(见图8-25)。可以让头发整齐服帖，也可以让头发飘逸凌乱。

(15)嬉皮风尚式。嬉皮风尚的凌乱碎发是近年最流行的时尚发型。很多人喜欢把旁边的头发剪得很碎后放下来，但不要把头发剪得过薄，适当的厚度会给人更舒服的感觉。若使用啫喱水或发蜡定型会显得很不自然，因此，可以尝试用定型水，这样可以在凌乱中给人清爽的感觉(见图8-26)，这一发型又称为削尖式。不论是多层次还是不规则，立体、蓬松，上方竖直像立体形状，具有嬉皮味道的发型是长短发都适合的造型风格。两鬓的头发则呈现自然的曲度，既能修饰脸型，又能增添几分飘逸的魅力。

将头发吹至八成干，挑取小撮头发，用卷发器轻微卷出波浪，自然披下来，留出鬓间小束头发来修饰脸型。

图8-25　层次剪式

图8-26　嬉皮风尚式

总之，时下流行的是“飞”的感觉，一切都在层次变化中随心所欲。

(16)层次长卷发。长发飘飘又流行起来了，尤其是那种微卷轻飘、蓬松轻盈的长发卷(见图8-27)。先将长发整体剪出层次、烫过，再用卷发筒将卷发造型。随着步伐节奏和微风轻轻吹拂，表现出个性化的温柔女性风味(见图8-28)。或披或盘，披发时在不经意中流露出有些慵懒却不失高贵典雅的气度，轻微波浪卷像瀑布一般松松垂下，没有直发的呆板，也没有卷发的繁复，女人味十足却又不失清纯。盘发时随便在脑后松松地挽一个髻，一根古典朴实的银簪子斜插脑后(见图8-29)；或两鬓挑出一些细微的发丝，营造出都市的浪漫风情，既高贵典雅又时尚(见图8-30)。这种优雅慵懒的发型，不仅更添迷人魅力，而且很容易打理，一举两得。

图8-27　从来才女质如冰

模特　孙薇

图8-28　层次长卷发

图8-29　长卷盘发
模特　孙薇

图8-30　须凭诗酒养疏慵

剪出有层次的自然卷发发型，需要每次洗完头发后至八成干时，用卷发器制作出小卷和波浪卷混合的不同卷曲度发卷，并用少许定型啫喱水稍稍固定卷曲度。

(17)性感的随意式。要去夜场狂欢，千万别再让你的头发保持一丝不乱了，卷曲的浪漫盘发只需随意别出即可，点睛之处是可用3-6个够大够炫的金属发卡装饰(见图8-31)。

(18)波浪式。头发卷曲呈波浪式，起伏明显，有一定规律性，具有极富动感和节奏感的波状美的线条，波浪有大有小，有浅有深，有平有斜，适应面广。其中波浪平缓、起伏不明显、文静雅致者可称波纹式发型；波浪线条不规则，有如翻滚波涛者，称为波涛式。波涛式极富动感(见图8-27)。

(19)优雅发辫发髻式。在头部两侧分出细细的两股头发，编成两根小麻花辫，将其余的头发在脑后低低地挽成一个整齐的发髻，再将小麻花辫缠绕在发髻边上(见图8-32)。优雅精致的盘发最适合出席正式的商务酒会。

一般的发髻都会梳在脑后正中处或盘在头顶，其实，如果将发髻随心所欲地梳在两耳侧，

图8-31　超凡浥尘皆芳菲
模特　孙薇

图8-32 优雅发辫发髻

是迅速提升风情指数的好办法。随意侧梳的两个小发髻可以让你在朋友的party上光彩四溢。

(20)刘海发式。提起刘海，我们的记忆会一下子回到若干年前，许多校园少女额前那排厚而整齐的刘海，妩媚可人，但随着审美的变化和复古潮流的发展，现代年轻人越来越喜欢尝试各类新式齐留海。额前的头发稀疏有序，轻轻地覆盖下来，形成刘海。刘海的形状要和个人的脸型符合，应有疏有密，刘海的线条可以是直线、斜线、弧形等。刘海的形状与形象设计关系密切，譬如虽同样扎着马尾辫，但是刘海的形状不同，给人的感觉也会不一样。一般情况下，整齐的刘海虽然给人可爱的感觉，但是圆形脸的人不太适合这个发型。脸部棱角分明的人不要把旁边的头发全部束起，也可以试一试用夹子把刘海侧一边夹上，既开朗豪爽，又不失清纯可爱。

目前的刘海造型比以前更加丰富。除了欧化感很强的等齐大刘海外，还有妩媚的斜刘海、卡通味较强的超短刘海等。椭圆形脸的刘海长度不妨在眉毛上方靠近发际线处，发型以不对称方式设计；方形脸的刘海宜以不等式或整齐、稍微弯曲的方式设计；发量较多的刘海可与两侧鬓发相连接；倒三角形脸刘海以渐长方式设计，长度不宜过短，这样可以刻意遮盖较宽的上额；圆形脸比较适合让刘海翻翘上扬来调整脸型，这样的刘海用在短发中效果会特别好（见图8-33）。

图8-33 各式刘海

4．男士发型

男士发型由于留发较短，不及女性发型变化多端。但通过修剪、吹风或烫发梳理，可变化出多种式样，美观大方，颇具男性魅力。

(1)男士发型长度。男士的发型一般是以头发顶部至发际线处的长度为依据，分为短发型、中长发型、长发型、超长发型。短发型一般留发较短，发式轮廓线在两鬓角处，给人精干年轻、充满活力的印象。中长发型一般留发适中，发式轮廓线在耳轮以上，是大多数男性，特别是中年男性喜爱的发长。留长发型的男性较少，大都是一些从事艺术类工作的男士，其发式轮廓线在后发际线上下，颇有艺术家的风采；但打理不好，容易给人不修边幅的感觉。留超长发型的男性更少，这类发式留发很长，发式轮廓线超过发际线，是追逐时尚、标新立异族喜爱的发式。

男士发型长度确定的方法如下：

1)左右梳理确定法。左右梳理确定法是将头顶区的头发先梳到一侧，按侧区标准长度修剪，然后再将头顶区的头发梳至另一侧，按另一侧区标准长度修剪，最后再将顶区中心的头发垂直提起，将多余的长发剪去即可。这种方法适合于发丝为后梳流向或旋转流向的男士发型长度定位。

2)中心点定位设定法。中心点定位设定法是以中心点至眉尾的长度为基准建立设计线，按要求修剪顶区层次。这种方式适合按常规修剪的男士发型的长度定位。

3)分梳设定法。分梳设定法是以自然分界线为准，将头发自然梳至两个侧区，按侧区的标准长度进行修剪。此方法适合喜爱顶部留发较长或顶部头发较少的男士发型的长度定位。

(2)男士常见的发丝流向

男性常见的发丝流向分为：分梳流向、后梳流向、旋转流向、自然流向等。

(3)男士发型分类

男士发型根据头发曲直形状分为直发类发型、卷发类发型、直卷结合类发型；根据操作方法分为剪发类发型、烫发类发型、部分烫发类发型。

1)短发类发型。短发类发型基本上是直发，通过推发、剪发来造型，例如平头式、圆头式和平圆式等。

①平头式。平头式又称平顶或小平头，北方又称为板寸。特点是两侧和后部头发较短，从发际线向上推剪，短发呈坡差层次，色调匀称，顶部略长的短发推剪成平顶形，根据头发外轮廓线及两侧发棱角状况分为板寸、方寸等。

②圆头式。圆头式又称圆顶头或圆寸。特点和平头式相似，但顶部发型呈圆形。

③平圆式。平圆式又称平圆头，是一种老式发型。特点是发短凉爽，造型自然柔和，给人亲切之感。平圆式是在平头式和圆头式两者的特点上综合发展起来的，周围头发有层次色调，顶部呈平圆形。

④碎发。又称游泳式、运动式，北方称为毛寸，是一种在平圆式的基础上发展出来的随意式发型。此种发型适合于25岁左右的青年。碎发顶部头发较平圆头长，周围轮廓上部呈圆形，层次较低，色调较深，具有长发的感觉。

2)中长发、长发类发型。这两类发型，发式基本相同，只是留发长短有所区别，有的是直发剪吹，有的是烫发梳理。具体发式主要有青年式、波浪式、自然式等。

①青年式。青年式是青年的主要发式，可留中长发或长发。特点是留发较长，一般偏

分头路：大边头发隆起，呈自然波浪，轮廓饱满，显得健美英俊；小边头发向后梳，线条流畅，此种发型富有时代青年的朝气。青年式也有中长发、中层次、浅色调和长发、低层次、深色调的变化。

②波浪式。波浪式是通过先烫发或吹风再梳理而成的。整个发式呈波浪形线条结构，有分头路、不分头路，大波、小波等变化。一般倾向柔和的波浪，线条活泼，发丝自然，具有现代男性潇洒的美感。

③青年波浪式。青年波浪式是综合青年式、波浪式的特点而形成的发式。偏分头路，大边呈稍卷曲的波浪形，小边呈曲线向后梳理。此种发型线条流畅，造型优美，具有英俊潇洒的男性美。

④自然式。自然式的特点是中长发，根据发旋或发丝流向随意梳理。顶部头发稍长，向前披垂，两侧和后部头发向上推剪，形成自然坡差层次。此种发型线条柔和，发丝自然平服，简洁大方，儿童或中年人适用。

⑤中分式。中分式的特点是留发中长，中间分头路，额前头发从头路梳向两侧，发根竖起，蓬松自然，两侧和后部头发向上推剪。中分式有一定层次和色调。这是20世纪80年代在港台歌星中流行的一种发型，又称港式，现在较少采用。

⑥蘑菇式。蘑菇式的特点是顶部头发较多较厚，形成蘑菇形轮廓，两侧和后部头发向上轧剪，有自然参差层次。

⑦奔式。奔式的特点是留发较长，边分头路，大边头发呈鸭舌帽形向前冲，两侧头发向后梳，在后部中心会合，线条流畅，造型别致，具有男性健美感。

⑧卷式。卷式是烫发发型，可用电钳卷烫或圆刷卷吹。留发中长，头发烫成卷曲或半卷曲形，发卷可大可小，卷曲自然，青年人适用。

第六节　化妆设计

化妆是美化形象的一个重要手段，它利用各种化妆技术和手法，运用各种化妆品，对个体形象进行艺术修饰处理，旨在弥补和修饰自身缺陷，加强和突出优点，努力发掘自身潜在魅力，使个体形象更加楚楚动人。化妆的成功不仅取决于对化妆品的科学选择、搭配以及化妆师娴熟的化妆手法和技巧，还取决于化妆师对色彩原理的形式美法则的科学运用，及根据模特的自身条件将个性、气质、肤色、脸型、发质、身高、年龄、职业等因素作为一个整体来构思艺术风格的能力。

一、化妆种类与美学效果

1. 化妆种类

简单理解，化妆是使用各种美化形象的方法和用品，对人体形象进行艺术处理，达到加强优点、弥补缺陷、美化容貌的目的。其实，化妆是一项实践性很强的技能，也是一门综合学科，它要求设计师具有一定的素描知识、化妆知识、审美能力、艺术创作能力以及扎实的基本功(动手能力)，只有这样才能创作出既符合个性特点又能赶上时代潮流的形象。根据化妆的目的、化妆技术和化妆品的不同，可以把化妆分成许多类型，例如，生活时尚化妆、快速化妆、简便化妆、日妆(淡妆)、宴会妆、婚礼妆(新娘妆、新郎妆)、摄影妆、休闲妆、舞台综艺妆等。

2. 化妆的美学效果

在现代社会，化妆已成为日常生活中社交礼仪的一部分，尤其是女性为了表达对他人的尊重，更重视自己在社交场合的装扮。新的化妆潮流是：人们开始根据自己的形象特点采取不同的个性化妆方法，不再热衷于固定在某一种化妆模式中，从而使得化妆效果更加自然协调；人们更加喜爱清秀、含蓄、淡雅的风格，强调皮肤的质感和健康自然的魅力，化妆效果也更加动人。

生活化妆是以形象的匀称、和谐、统一为目的，以形象的真实和生活化为准则，以突出容貌优点、弥补缺陷的化妆技术和方法为手段进行的一项修饰自身的技巧。生活美容化妆的主要内容包括基础化妆、重点化妆、矫正化妆以及风格化妆等。

人体容貌的美有先天自然美的属性，但如果一味地强调这种属性而全然否定任何妆饰是不明智的。即使是天生的美人，如没有对自身美的充分觉醒和爱护，也会使美平庸化，更何况生活中绝大多数人都不是天生的美人。因此，人类对于自身美需要有一次再发现、再创造的过程。化妆正是人类发现自身美、创造自身美的现实行为，人们需要利用化妆技巧加强或修饰容貌的自然美。

化妆不仅要美化容貌，而且要包装个性，注重整体美化效果。无论是面部皮肤，还是五官的化妆，都要与整体的形象美统一起来，协调一致。为了整体的美化效果，有时需对某一部位做一些适当的修饰，比如修整眉形可以改变原来的脸型给人的印象。化妆还要适应职业、年龄、性格等特点及不同的时间、地点、场合。另外，每个人的脸型、眼睛、发型、发质、口鼻都有一定差异，所以化妆要力求反映对象或自身独特的气质与风度。

3. 科学化妆

要正确使用化妆手段和化妆品，盲目使用往往会弄巧成拙。化妆要根据自身的皮肤特点，根据自己的自然状态，强调协调，强调整体形象。其实化妆仅仅是整体形象设计的一个部分，而不是唯一的形式，必须强调化妆设计、发型设计、服装设计及气质风度设计等各项形象设计的和谐统一。化妆千万要注意妆色与肤色、发型、服饰、环境的关系，尤其是环境的光线强弱等相关问题。

化妆应强调科学，不仅是方法要科学，而且要强调技巧，强调及时卸妆；还要强调化妆品的科学选择和使用，尤应注意避免伪劣、有毒、易引发过敏的化妆品的滥用。应注意化妆卫生，以避免化妆过程给皮肤和眼睛造成不必要的伤害。

二、化妆与审美

美容学(cosmetology)，是研究使人漂亮或更美丽的一类行为的科学，或研究为达到此类目的所使用的物品和技术的科学。化妆在本质上是人类对自我的一种再创造，自然美当然是有的，但必须由人类来发现、选择、感受、点染，使之符合人类的要求。画家描摹江山，师法造化，可最终仍出现“江山如画”这种说法，“画”成了高于江山、评判江山的一种主观标准。客观地评价与衡量外在美，实质上是观察者内心深处与被观察者所散发出来的美发生了共鸣。美一直具有令人难以想象的震撼力，成为一种外在成功的象征。当然，人体容貌的美有先天的自然美的属性，但比较理想和完美的自然美总带有罕见性和易逝性。即使是一个天生的美人，如果没有对自身美的充分觉醒，那么也会让这种美平庸掉、淡化掉。因此，对于自身美，我们需要一个客观的评价与衡量标准，需要有一次再发现、再创造的过程。不讲美的富裕是低俗的，不讲美的文明是不可想象的；而世间所有美的最高境界恰恰是人类自身美通过化妆、发型、服装配饰的和谐搭配所达到的意境，这仍应该是一种本色美，正所谓“天然去雕饰”，这样的化妆才能达到化妆的最高境界。

外在美还具有情感的特征。不同的时代，不同的人群，其审美观点是不同的，无法制定统一标准，因为美的定义具有历史阶段性，绝不是一成不变的，经济文化、习俗时尚会左右人们对美的观念的客观评价。因此，要根据自身的学识、个性、气质、经验、肤色、发质、身高、年龄、职业，兼顾群体对审美的认可与要求，将自身形象作为一个整体来考虑，结合形象设计中“形”与“色”两大造型基本因素进行恰到好处的修饰与搭配，从而让自我形象显得更加亮丽、突出，更加富有光彩，更加和谐自然。

总之，化妆是一门综合艺术，艺无止境，在时尚形象设计中，要突出人物最美的地方，使其更美，同时有技巧地弥补形象的不足之处，达到天衣无缝的效果，这便是我们所追求的化妆目的与自我形象的正确定位。

常用的化妆造型有：

(1)端庄型：稳重、大方、受人尊敬，强调眉形美、色彩加重、清秀、清晰，双颧、双唇在脸上形成三角形。

(2)文秀型：有文静美，娇柔型，强调柔和、透明、粉嫩的装扮，一般选择松散、多卷的发型，不强调脸上的某一部分，以清纯秀气为主。

(3)自然型：自然、随意，洒脱型，不刻意修饰，但应强调眉毛、眼睛及发型的洒脱、浪漫、新潮。

(4)华丽型：典雅、高贵，强调眼睛和嘴唇，用色艳丽华贵、多变幻。

在个体形象设计，特别是化妆之前，我们首先要了解正常人体头部和面部的基本形态特征，以及标准脸型的配置。例如，五官与标准脸型的比例、骨骼凹凸转折结构规律，以及对称、均衡等诸多影响因素，只有全面考虑这些因素，才能使设计出来的形象遵循“扬长避短、真实自然、整体配合”的化妆原则，使设计的形象更加生动，真实感人。

三、面部骨骼结构分析

1. 面部骨骼结构分析

在化妆造型中，观察能力是化妆师必备的素质之一。化妆时首先应当观察人的五官比例，准确把握面部骨骼结构(见图8-34)，了解五官局部名称及比例关系、脸型与五官比例配合关系，这是矫形化妆的中心环节，因为它是判断人们外部美感的最直观、最主要的特征。

形是指物体的形状和体积，凡是具有一定形状、体积的物体都是由朝向不同的面所组成的。结构取决于个体外在形象的内在结构和组合关系。由于人种不同，人的头颅大致可分为两种：(1)白种人和黑种人面部鼓突、骨骼转折结构稍大，立体感强，属于长头颅型；(2)黄种人面部圆润、稍扁平，立体感稍弱，属于圆头颅型。

我们可以将人的头部从总体上立体地看成一个存在于空间中的长方体，而面部只是其中的一个面(见图8-35)。由两侧眉峰作 ·垂直线，称为轮廓线。两条轮廓线之间称为内轮廓，两侧面称为外轮廓。这样，面部骨骼的转折结构就很清楚了：以鼻中线为基准线的一个面，是整个面部的最高点，也应当是受光面的最亮区域，因此可以称之为“提亮区”；基准线两侧是面部的次高点，例如两颧骨上，也应当是受光面比较亮的区域，我们称之为“次亮区”；而进入两侧颧骨时正是内、外轮廓交界处,也是受光面的转折区；整个外轮廓当然也就是受光面的最弱区，我们称之为“阴影区”。因此，我们化结构妆或“裸妆”时，正是利用面部受光面不同的特点，强调面部凹凸转折结构，也就是强调皮肤提亮区和阴影区的作用，使人物造型更具有立体感。

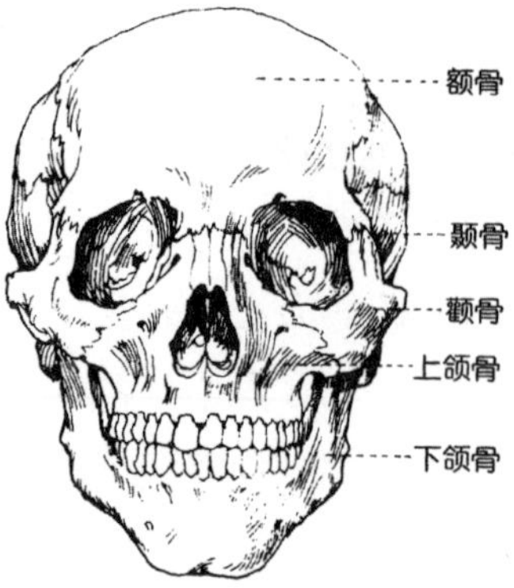

图8-34　面部骨骼结构

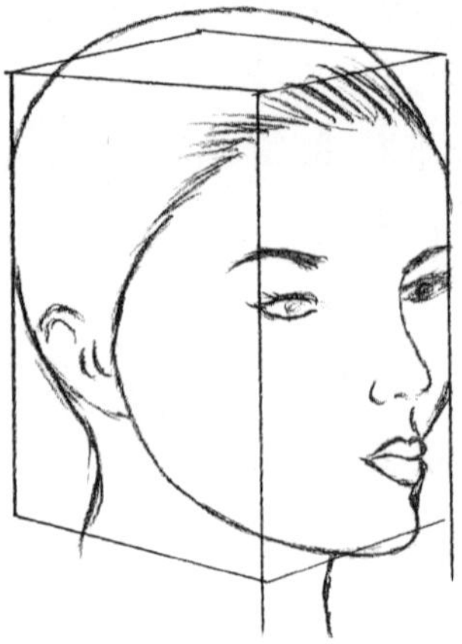

图8-35　面部骨骼结构分析

人的面部由许多不规则的骨骼构成，各骨骼上又附着肌肉、脂肪和皮肤(见图8-36)，因此形成了不同的角度转折、弧面转折、凹凸转折等。我们还可以从侧面以三维立体角度去观察人的头部骨骼结构，例如，我们可以把人头部颧骨以上部分看成是一个半圆体，而把颧骨以下部位看成一个五面梯形体；或者还可以细分：将上眼眶以上部分看成一个半圆体，而将下眼眶至颧骨以上部分看成一个长方体，将上颌骨看成一个圆柱体，下颌骨看成一个六面梯形体(见图8-37)。

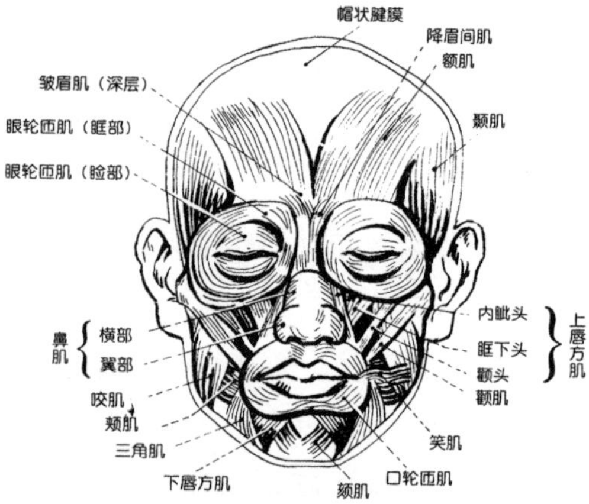

图8-36　面部肌肉组织

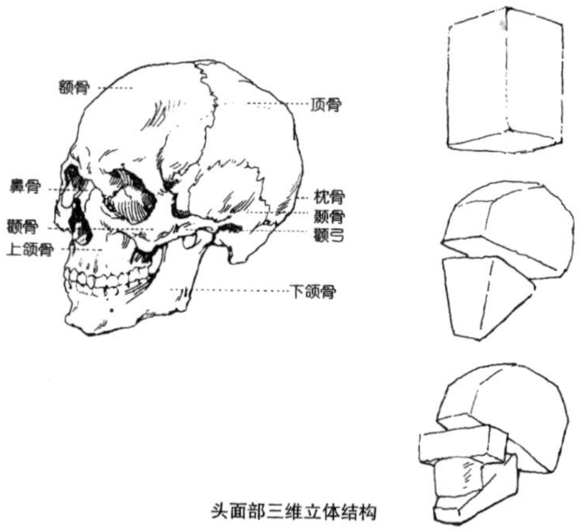

图8-37　头面部三维立体结构

判断脸型主要是看脸部的外轮廓，判断五官比例关系则看五官在脸部的分布比例情况，而最为主要的是脸型与五官之间互相照应的关系是否达到了协调统一。

认识头面部骨骼与肌肉的长势成形与转折结构情况后，我们可以依据标准的面部比例关系，利用色彩的色性，运用形与色的造型原理及其产生的视错觉，对面部不足部分或需要改善的部位进行适当修饰，突出面部的转折结构，将扁平、圆润的脸型塑造成立体感很强的脸型，达到实现整体美的造型效果。

所谓比例就是用数字来表示标准人体美，并根据一定的基准进行比较。一般美的形体，其各部分之间常有一定的比例，在审美程序中，比例实质是对象形式与人的心理经验形成的一定的对应关系，当一种艺术形式及其内部的某种数理关系与人在长期实践中接触这些数理关系而形成的快慰心理和经验相契合时，这种形式就可能被称为符合比例的形式；如果破坏了一定的比例，人体就会显得不匀称不协调。

2. “三庭五眼”

我国古代医书上曾有“三庭五眼”的理论，古人以为：天庭饱满、地角方圆是大富大贵之相，是标准的脸型。椭圆形脸是由五官的比例结构所决定的，比例匀称的五官一直被公认为是最理想的“美人”的标准。椭圆且成比例的脸型是艺术家着力想表现的理想脸型，也是用来做脸部矫正化妆的依据。“三庭五眼”是对标准脸型精辟的概括，对面部化妆有重要的参考价值。事实证明，“三庭五眼”的比例完全符合东方人面部五官外形的比例关系(见图8-38)。因此，化妆之前，必须先了解眉毛、眼睛、鼻子、嘴唇的基本位置，并依照标准五官的理想位置，再结合自己的个性，修整出理想、端正的容貌，力求使化妆达到更完美的境界。化妆时强调个体五官中原本较美观的部分而掩饰不太漂亮或不成比例的部分，并根据脸型与五官决定最合适的化妆，美容学上称此为美颜修正。

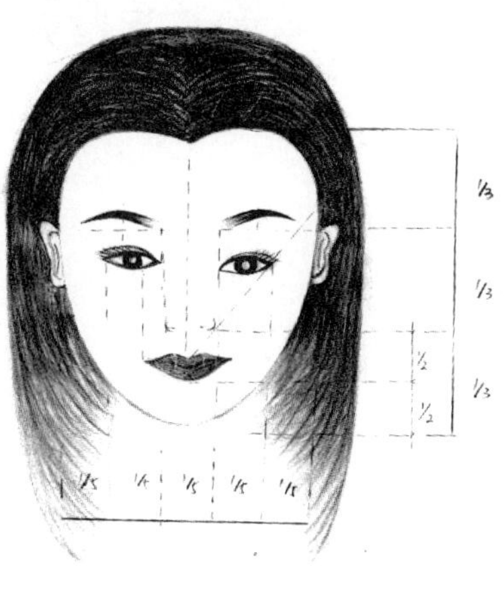

图8-38 “三庭五眼”的配置

在测量五官比例时，必须先定出脸部中央线，或叫基准线(即以鼻尖正中为正中点画出的上下延长线)，并将脸部分成各个区域，以此决定五官的理想位置。

(1)横分“三庭”

1)额头发际线至眉头为上庭，占脸长的1/3。

2)眉头至鼻头为中庭，占脸长的1/3。

3)鼻头至下巴为下庭，占脸长的1/3。

(2)直分“五眼”

1)以眼长为准，将脸宽五等分，每一间隔可放置一眼长。

2)左内眼角与右内眼角之间为一眼，占面宽的1/5。

3)左、右内眼角与外眼角之间各为一眼，各占面宽1/5。

4)左、右侧外眼角至左、右发际线各为一眼，各占面宽1/5。

(3)鼻子、嘴唇与下巴之间的标准宽度(第三庭分区)

1)由鼻底线至下唇为第三庭的1/2。

2)由下唇至下颌线为第三庭的1/2。

(4)嘴唇的标准宽度

1)平视前方，两眼球内切线的延长线为标准嘴唇的宽度。

2)或以中央线为准，由鼻中心向下斜45°角的两延长线之间的宽度。

(5)眼睛与嘴唇的标准位置

1)由发边际至眼尾为1/2。

2)由眼尾至嘴角为1/2。

四、化妆色彩的实际应用

1. 光对妆面效果的影响

光源色是构成一切物体色彩的决定因素，物体本身的色彩会随着光源色的变化而变化，因此，在我们的形象设计中，化妆色彩也会在一定光源照射下显现明显效果。化妆的色彩效果都是妆色与光色的融合，所以，光色是直接影响化妆色彩的重要因素。

下面探讨一下光色使妆色产生的变化(见表8-1)。

表8-1　光色使妆色产生的变化

灯光 效果 妆色	红光	黄光	绿光	蓝光	紫光
红	变暗或消色	红色	极暗或黑色	变暗变黑	浅红
橙	变光亮淡化	变淡或失色	变暗或黑	很暗	变亮淡化
黄	泛白	泛白或失色	变暗	淡紫色	变品红
绿	极暗或很黑	变暗或深灰	变浅绿	光亮浅绿色	变浅蓝
蓝	变暗或深灰	变暗或深灰	变墨绿	浅蓝	变暗
紫	变暗黑或黑	变暗黑或黑	变暗黑或黑	变成浅紫色	淡紫或苍白

在化妆中，要注意光色对妆色的影响，只有灯光与妆色密切配合，才能使化妆趋于理想。妆面上的黑色、灰色与棕色几乎在任何光线下都不会改变颜色。

2. 不同光色下的化妆方法

(1)红色光。红色光可以使妆面颜色变浅，立体结构不突出。所以在化妆时，要强调刻画五官立体结构，利用阴影色使轮廓突出，这样处理，面部不会显得过于平淡。

(2)蓝色光。蓝色光可以使红色妆面变暗而成为紫色。因此，化妆时用色要浅，应使用偏冷色的口红。

(3)黄色光。黄色光可以使妆色变浅，化妆时用色可以浓艳。

(4)强光。强光的照射会使一切妆色变浅且显得苍白，化妆时要刻意强调五官的清晰度。

(5)弱光。弱光的照射会使妆面显得模糊，所以要强调面部线条与轮廓的清晰。

3. 两大色系的配色

配色是将两种以上色相的色彩排列或混合在一起，以期达到最佳的视觉效果。

(1)粉红色系：表现稳重、端庄(见表8-2)。

(2)金黄色系：表现年轻、活泼(见表8-3)。

表8-2　粉红色系的配色表

(日光灯下、阴天、雨天，采用粉红色系效果较佳)

服装	眼影	腮红	口红
白	蓝＋白	砖红	枣红、玫瑰红、粉红
	紫红＋白	紫红	紫红、桃红、
	粉红＋蓝	桃红＋砖红	玫瑰红、桃红
	蓝＋砖红	砖红	大红、暗红
黑	金＋黑	深砖红	紫红、暗红
	深蓝＋砖红	砖红	豆沙红
	深蓝＋黑	深砖红	枣红、鲜红
	白＋黑	深砖红	紫红、暗红
蓝	蓝	砖红	玫瑰红
	蓝＋粉红	桃红	紫红、桃红
	蓝＋咖啡色	深砖红	豆沙红、玫瑰红
	蓝＋咖啡色	砖红	暗红、紫红、大红

续表

服装	眼影	腮红	口红
灰	深灰＋砖红	砖红	枣红
	蓝灰	深砖红	玫瑰红、枣红
	灰＋黑	深砖红	紫红、暗红
红	红＋蓝	砖红	大红、暗红
	红＋黑	深砖红	鲜红、玫瑰红
	蓝	砖红	大红、深红
粉红	粉红＋紫红	桃红＋紫红	桃红、紫红
	紫红＋蓝	紫红	玫瑰红、粉红
	粉红＋绿	桃红	桃红、紫红
紫	桃红＋蓝	桃红＋紫红	紫红
	紫	紫红	紫红、玫瑰红
	紫红＋绿	紫红	桃红

注：表中配色数据摘自参考文献9。

表8-3　金黄色系的配色表

（白炽灯下、阳光下，采用金黄色效果较佳）

服装	眼影	腮红	口红
黄	绿＋金黄	深橘红＋砖红	豆沙红、鲜橘红
	绿	砖红	豆沙红、暗橘红
绿	砖红＋墨绿	砖红	豆沙红、橘红色
	绿＋金黄	砖红	鲜橘红、暗橘红
橘红	橘红＋绿	砖红	橘红色
	绿	深砖红	豆沙红、橘色
米色	咖啡色＋米色	砖红	豆沙红
	绿＋咖啡色	砖红	豆沙红、暗橘红
咖啡	米色＋咖啡色	咖啡色	豆沙红、
	金＋咖啡色	砖红＋咖啡色	暗橘红
金黄	金＋黄	砖红＋咖啡色	鲜橘红
	金＋绿	砖红	鲜橘红、豆沙红

注：表中配色数据摘自参考文献9。

4. 妆色与肤色搭配的技巧

(1)肤色偏白女性的妆色与肤色搭配。此类型女性的化妆可选择多种色系，视具体情况而定，例如脸色白里偏粉红色，基础底色可选用略带淡粉和乳白的颜色，眼影、颊红、口红可选用粉红色系，如粉红色、粉紫色、淡玫瑰色等；肤色白里偏黄的女性可选择象牙色、米色作底色，眼影、颊红、口红可选择桃红、浅西洋红色等。

(2)肤色偏黄女性的妆色与肤色搭配。此类型女性化妆可选择黄色的对比色，即用紫色作为妆前抑制色。可以在使用淡紫色的粉底露或粉底霜矫正肤色后，再使用适合黄肤色的正常基础底色，使偏黄的肤色得以矫正。

(3)肤色偏暗、偏深的女性妆色与肤色搭配。此类肤色者可选用小麦色、暖象牙色或浅暖褐色的基础底色，运用“同类色并列起柔和作用”的色彩原理，选择能增加皮肤光洁度及透明度的色彩。这类肤色忌用偏冷、偏白的粉红、粉白色系列。

(4)两颊有红晕的女性妆色与肤色的搭配。这些女性可选用淡绿色的粉底露作局部抑制，再使用正常的基础底色，使皮肤表现出透明洁净的感觉。这样选色主要是利用色彩的补色原理。

5. 妆色与脸型搭配的技巧

(1)脸型偏小女性的妆色选择。此类脸型女性应选用浅色系、明亮色作为基础底色，可使脸型产生扩大、明朗的感觉。

(2)眼睑肥厚女性的妆色选择。此类女性可选用深褐色、驼色、烟蓝色、褐紫色准确地表现出上眼睑沟的位置所在，使眼部结构明显，同时应用略带光亮的浅白色将眉骨部分提亮，以利用色彩的明暗原理，达到消除眼部肿胀感的效果。

6. 妆色与年龄、性别、季节、个性配合的技巧

(1)妆色应与年龄相吻合。例如儿童与青少年性格活泼、开朗，大都喜欢红色、淡蓝、绿色等鲜亮色彩，所以可尽量运用浅色系，如金黄色系等，口红可用粉红色系，如粉红、粉橘色等；中年人性格开始趋于成熟，可用较深、较雅致的色彩，给人以醒目、成熟、秀丽、端庄、自信的感觉；而年长者一般喜欢灰蓝、灰黑、棕褐色、暗红、暗紫色，给人以成熟、庄重、稳健的感觉，一般妆色不宜过分鲜嫩。

(2)妆色与性别的协调。女性的心理一般属于情感型特质，具有美感直觉性，即当美的事物出现时，可以立即得到美的感受，一般事前并不经过一定的思考和推敲，可以在瞬间产生美的感受。这是由女性温柔、典雅、浪漫、重直觉的性格所决定的，因此其妆色应以明快、艳丽或柔美的色调为主。而男性大多属于理性思维，应当给人以沉着、稳健、智慧、阳刚或儒雅的感觉，因此，其妆色应选择稍稳重的暗色系或中间色系，妆色不宜太明

快，要充分展示男性稳健或令人有安全感的阳刚魅力。

(3)妆色与季节协调。不言而喻，倘若在严寒中着冷色调妆面，将使人感到更加寒冷。所以一般春天应以浅黄、粉红色系为主，象征明快、活力、青春、充满勃勃生机；夏天应以黄色、青色、绿色、蓝色、象牙色为主基调，较为协调；秋天则以橙色、金色为主妆色，与自然环境相呼应；冬天则应以暖色调为主，可以给人温暖的感觉。

(4)妆色应与个人的内在气质相适应。清纯可爱的个性可选用粉色系，忌浓妆和对比强烈的色彩；高雅、秀丽、温柔的个性可选择玫瑰或紫红色等色彩，眼影尽量不用对比强烈的颜色，以咖啡色、深灰色为宜；华丽、娇媚的个性可选用大红色，眼影可采用强烈对比色，如用深绿或蓝色作为眼部化妆的强调色。

五、化妆的注意事项与损容性皮肤损害

1. 化妆注意事项

选用不同的乳液、面霜等护理面部，最好选用含有隔离效果的面霜，可尽量避免化妆品对皮肤的侵害。

化妆品使用得当，可以达到修饰或改善肤色和脸型的效果；使用不当或使用了劣质化妆品，不仅得不到修饰效果，还会损伤皮肤。另外，同一品牌的化妆品不能使用时间太长(一般不得超过两年)，若长期使用同一个品牌的化妆品，人体皮肤可以产生蓄积反应。当蓄积达到一定浓度时，可能产生两种反应：一是无效；二是产生抗体或出现敏感现象。

2. 损容性皮肤损害

一般化妆品的蓄积作用会造成以下损容性皮肤损害、皮肤反应和影响：

(1)过敏性皮炎。一些化妆品中含有对皮肤有害的化学物质、色素或光敏感剂，这些物质可以引发敏感皮肤的红肿、痛痒等过敏症状，长久刺激，还会诱发毛细血管扩张、皮肤角质层变薄等问题。另外，使用富含肾上腺皮质激素的化妆品，会导致皮肤萎缩，诱发毛细血管扩张等皮肤炎症。

(2)色斑。使用一些含铅、汞、砷类有毒物质或换肤类的产品，会导致化妆品色素沉着症，其症状是在两颧上出现黄豆或绿豆大小的褐色斑点，不易祛除。

(3)痤疮。油性过大的化妆品会诱发或加重痤疮。

(4)肾脏损害。含铅、汞、砷类有毒物质的化妆品虽然短期内可以使皮肤变白，祛除色斑，但时间稍长会使皮肤变灰，危害肾脏。例如，国内外医学杂志对美白产品常用的化学

物质熊果苷引起表皮细胞变性和导致皮肤灰白的病例均有报道。

(5)致癌。有些化妆品中含有从煤焦油中提炼出来的含苯酚物质，可以致癌。

(6)视神经变性。某些香水类化妆品，如违规以甲醇(木醇)代替酒精者，长期使用可导致视神经变性。

六、高光色和阴影色

1. 高光色和阴影色

前面我们提到东方人的面部骨骼结构扁平，转折角度小，立体感不明显，常常需要用结构化妆的方法来调整。在结构化妆或矫正化妆中，高光色和阴影色的运用是最常用的方法。这是建立在自然的灰色或反灰肤色，加上光影创造的自然轮廓或角色特殊化妆基础上的色彩影调，利用了亮色有前进、扩大、膨胀、提亮的效果，深色有后退、收缩效果的原理。它可以很好地改变面部结构。高光色的色度一般比基础底色明亮2–3个色度，使用方法与基底色相同，区别仅在于色度不同。高光色用于需要鼓突和展开的部位，如前额、鼻梁、眉骨、下眼睑沟、两颧上或下颏等部位，其目的是实现开阔、鼓突、前进、扩大的效果，这也是修饰、改善面部结构的重要手段。

阴影色的作用正相反，有收紧、后退和深陷的效果。一般使用在外轮廓，从外向内、由深至浅均匀地涂抹，并和基础底色自然融合。所用色调应比基础底色深3–4个色度。阴影色主要由深褐色或深棕色组成，若阴影色调不够时，也可以加上一点橄榄绿色的戏剧油彩临时调配使用。阴影色主要用于鼻梁侧影、颧骨弓下线、鬓角、下颌角、下颏沟等需要修饰改善结构的部位。一般可参照模特脖子下面皮肤的阴影颜色来选定阴影色的色号(见图8-39)。

图8-39 高光色和阴影色的应用
虚线内空白区域内为高光色提亮区
虚线内斜线区域内为阴影色收缩区

用阴影色修饰好轮廓后，还要注意用正常基底色再拉一遍整个妆面，这样可以保证阴影区不至于因为阴影色的应用而显得脏，或者不太自然，同时也可以统一整个基面妆。须知，正常基底色相对于阴影色来说色调是比较亮的，用它统一整个肤色不仅可以使妆面干净，同时也不会掩盖掉精心修饰的阴影色区域。但是切记，不可以拉到高光色区域，因为它会破坏整个高光区域。

对一个优秀的化妆师来说，熟练掌握高光色与阴影色，就等于给自己增添了艺术的翅膀，特别是在影视舞台化妆或时尚创意化妆中，化妆师常常利用这两种对比强烈的色调与灯光的密切配合，创作出众多个性鲜明、性格迥异的角色形象。从图8-39中我们不难看出：正是利用对色彩的高光区域和阴影区域的界定，角色所需要强调的位置变得更加明显。

2．须根色

须根部指男性胡须的根部位置，须根色一般指已经刮净的络腮胡子或普通胡子在脸部表面残留的颜色，可以用少许青黑色或铁青色来表现。现在的好莱坞已经有专用于遮盖胡须的底色了，若需遮盖时，可以直接使用“须根色”予以矫正或遮盖，效果很好。

一般遮盖须根色的办法多采用肤色和光线的互补色原理。请注意：当妆型用于黑白媒介时，可以采用粉红色调或橙色色调的底色或油彩遮盖；当妆型用于彩色媒介时，可以采用橙、黄、棕色的底色或油彩遮盖。

3．腮红色(颊色)

腮红色又称为颊色或胭脂，有干、湿两种。目前市场上的腮红色有粉色、粉红色、橙色、浅褐色、肉色、棕红色(砖红色)、暗紫色等几种。腮红色应贴合肌肤的色泽，可呈现丝薄透明效果者为上品。颊色是根据色彩影调与角色风格的要求用软毛腮红刷最后添加上去的，不仅可以提亮角色的整个肤色，使脸部更加柔和生动，还可以起到修饰脸部轮廓的作用。室内平面拍摄或时尚化妆用得最多的是粉色和橙色系列。使用时应当注意腮红色与粉底色及轮廓修容饼色相的兼容性。

4．唇色

我们已经知道，唇部是口腔一层移行黏膜的外延，对色料和一些化学制剂的吸收能力极强。因此好的唇膏既要色泽艳丽丰富，更应重视其内在品质，特别是唇膏中的铅、汞含量绝对不能超标，否则一旦长期使用，很容易造成唇红线的边界模糊不清，唇红上出现黑色斑块，甚至造成重金属中毒等后果。

为了能让唇色与唇部黏膜贴合牢固，使妆面保留较长的时间，大多数专卖柜台出售的商用唇膏和戏剧用唇膏都含有双澳或四澳荧光素染料（与非活性和非染色唇色着色剂不同)。然而，莹润闪光的唇膏与唾液pH值反应，给唇部染上了粉红色，往往破坏了与红色、桃红色或橙色服装相匹配的各种色彩。一些影视剧中角色的唇部化妆，化妆师用肉眼看起来颜色舒服艳丽，可只要用特定的灯光打在上面，唇部色彩往往会变性，显得非常怪异，就是这个道理。因此，在选择唇膏时，一定要注意了解唇膏中的成分，必要时应当上妆试镜，在屏幕上观看最后效果。

爱德华·萨加瑞编撰的名为《化妆品——科学与技术》一书中也提到了这一观点，书中西尔维亚·克拉默尔的一篇文章指出："所谓'永不褪色'唇膏中所使用的这些有害材料比以前多得多，随着这种化妆品的推出，唇膏反应的影响范围有可能扩大，这一问题已日趋明显。"尽管无机色反应实际上几乎是不存在的，但萨加瑞一书中的比较图却清楚表明，48%的化妆品过敏反应均由这些唇膏中的染料引起。因此我们在选择唇膏时应注意避免这些问题，尽量选择不含上述这些着色剂的唇膏。尽管唇色的色彩影调很多，但大多数化妆师常常只在化妆箱中备一些基本色彩唇膏，随着符合时尚潮流的新产品的推出，或是老的怀旧色彩的复兴，可以临时做相应的调整或搭配。除染色剂之外，新品唇膏还常常采用珠光色、非金属金色、古铜色、银色和铜色，以及最近几年开始流行的肉色唇冻、唇彩、唇油等。

七、面部矫正化妆

在形象设计学中，利用不同的化妆手段、色彩的性质及运用在面部的线条的形状与位置，会使审美者产生一种视错觉，从而大大改变面部给人的印象，这既能使个体得天独厚的个性优势得到保留与极大的发挥，也能使一些遗憾之处得到修正和弥补，这种化妆手法称为矫正化妆。矫正化妆造型的技巧有阴影色的化妆、局部转移整体的化妆、强调色彩调和的化妆、色块牵引的化妆技巧等。

1. 矫正化妆的依据

(1)妆型分析

矫正化妆要求形象设计师具备熟练的对人物原型进行分析定位的能力。通过整体的塑型构思，发扬其个性特征，消除不利因素，恰当地运用不同化妆手段和技巧来有效地塑造妆型，使其符合个体特征。形象设计师必须要考虑矫正设计是否与妆型吻合，妆型的特点决定所选用的矫形手段，不能为了追求矫形效果而盲目地使用矫形技法，造成不真实的效果。

(2)头面部骨骼肌肉长势成形分析

化妆是用颜色在脸上作画，其重要依据是人的头面部骨骼结构，因此面部的解剖学是矫形化妆的生理基础。只有对头面部骨骼结构有了透彻的了解，才能塑造出真实立体的、具有表现力的艺术形象。所以，不能忽视骨骼结构形状及其特点。

如前所说，形是指物体的形状和体积。凡是具有一定的形状和体积的物体都是由许多朝向不同的面组合成的，结构只能决定于外在形象的内在结构和组合关系。例如，人体头面部是由许多个三维立体结构组成的，设计师必须要具备对人物原型进行分析和定位的能力，并依据骨骼、肌肉的长势成形情况，来进行矫形化妆。

东方人面部结构较平缓，脸型较宽，颧骨宽阔，面部较平，无明显凹凸层次，鼻型圆润，鼻梁稍平，鼻翼较宽，眼睛稍肿，下巴微翘，化妆时应特别注意突出修饰面部的凹凸层次结构变化。

(3)脸型与五官比例配合分析

在化妆造型中，观察能力是化妆师必备的素质之一。观察什么呢？首先应当观察人的面部五官比例。这是矫形化妆的中心环节，因为它是判断人们外部美感的最直观、最主要的特征。判断脸型主要是看脸部的外轮廓，而判断五官则看五官在脸部的分布情况，而最为主要的是脸型与五官之间互相照应的关系是否达到了协调统一。

依据标准的面部比例关系，运用形与色的造型原理及其产生的视错觉对面部不足或需要改善的部位进行适当修饰，以达到预期效果。

(4)皮肤纹路与斑质分布分析

皮肤纹路的走向、深浅，色斑肤质分布的区域、面积能体现出人的年龄感和性格特征。在化妆之前应仔细观察化妆对象的面颊、前额、颈部的自然肤色，根据化妆对象自身的肤色来选择与自然肤色贴近的粉底；有明显皱纹时应预先做减皱处理；色斑或微丝血管破裂者应用遮瑕笔或淡绿色粉霜做特别遮盖或妆前抑制处理；皮肤明显干燥、缺水者首先应当充分保湿，涂上足够量的保湿霜，必要时可以涂抹2—3遍，以免出现细碎皱纹。

在进行矫形化妆时必须要采用恰当的矫形手段，才能使皮肤呈现健康、润泽的色彩和理想的标准面型。如东方人肤色偏黄，面部缺乏立体感，可利用底色(即使用淡紫色作为妆前抑制色)使偏黄的肤色得以矫正；当外眼角下垂或鱼尾纹较重时，可以用矫形化妆中的牵引法等几种常用方法加以改善。

(5)气质倾向分析

气质倾向分析不属于解剖生理学分析范畴。可以通过仔细地观察、认真地听以及有针对性地交谈对气质倾向进行把握。作为高水准的化妆师，最有水平的分析实施结果莫过于抓住模特的气质倾向而采用恰当的矫正技巧来进行矫正化妆，这样必将得到最佳的矫形效果。

2. 矫正化妆的常用方法

矫正化妆的常用方法有以下几种：

(1)错视法。错视法是指色彩在光影错觉条件下，使物体的“形”产生视错觉变化。现代的光效应艺术是利用某些科学原理，在画面上借助形状大小排列、层次深浅退进、色彩冷暖穿插等造型手段，设计出特殊效果，使人产生类似流动、旋转等极富动感的视错觉。

我们利用色彩的明暗、冷暖来强调面部凹凸结构层次的变化；利用点的大小、线条的长短及光影错视来矫正五官的不协调；利用色彩的搭配与对比的效果，使人们的眼睛产生视错觉效果。色彩的合理运用可使歪的显正、平的显凸，这是最常用的矫形方法。

在整体的形象设计中，视错觉的应用是取得美学效果的重要方法。例如化妆时，脸型较大的女性的化妆色彩应略深一些，利用深色的收缩原理(视错觉效应)达到收紧面型的效果；相反，脸型瘦小者的妆色宜选浅而明亮的色彩，利用其膨胀的视错觉使面型扩大、明朗。

(2)牵引法。牵引法是医学上骨外科常用的防止或矫正肢体畸形的一种措施，后被用作矫形化妆造型中常用的方法。牵引法一般有两种：一是将牢固性强的化妆纱粘贴在肢体皮肤的适当部位上；二是把模特自身额头两边的头发编结成小辫，然后将松弛的皮肤用力向后拉紧，进行强制性牵拉，使人的皱纹和皮肤下垂现象减轻，降低人的年龄感，同时还可以改变脸型，例如改善眼角两侧的鱼尾纹及下垂的外眼角等。

(3)填充法。填充法是利用填塞物的填充作用使原本干瘪、不成形或量过于少的地方显得饱满。填充物可以有很多种，常见的有真发丝或化纤材料做成的假发、盘花、发辫、发髻、道具、棉花等。例如盘发时头发太少，可以填塞些假发使其发量显得多一些；当两颊显得瘦削时，在口腔中填塞棉花或糖果可以使面部显得丰满些。

(4)掩饰法。掩饰法是借助于发丝或饰物将存在缺陷和不足的部位遮盖起来。例如，用不对称的发型遮盖两侧宽窄不同的下颌骨；用帽子修饰过长或过短的脸型；用墨镜遮挡眼疾等。

(5)粘贴法。粘贴法是利用与皮肤接近或有装饰作用的物质，附着在皮肤上遮盖皮肤问题。例如，用化妆纱贴在眼袋部位或伤疤部位，来减弱皮肤问题的视觉效果。

八、化妆的注意事项

1. 面部化妆的注意事项

为了达到自然美的目的，化妆中应力求柔和协调，并做到细施轻匀，既要有形与色的渲染，又要富于自然气息，使他人难以看出涂抹痕迹和晕染界线。特别是眼影、腮红部位的晕染更要注意这一点。

(1)与肤色和谐。化妆基础底色的色彩要与肤色相似，要讲究色调的统一和颜色的适中。例如，肤色白的人应选用比肤色略深一号的粉底，胭脂和口红也应选用浅淡色；较深肤色的人应选用玫瑰色蜜粉或较其原来肤色略深一号的蜜粉，采用深色的胭脂和口红等，但与肤色的反差不能太大。生活化妆切忌颜色的堆砌，要是在脸上厚厚白白地涂上一层基础底色，看上去像戴着假面具，当然也就没有美感可言。因此切忌在原有化妆的基础上再涂抹化妆品，否则会显得不伦不类。

(2)与季节和谐。化妆色彩要与季节、场合相适宜，在不同的季节和时间，应选用不同的色彩。譬如在炎夏酷暑时应采用冷色系的化妆品，化妆后让人产生清新、凉快之感；冬天气候寒冷，应采用色彩鲜明的暖色调化妆品，鲜艳的色彩会使人感到温暖；晚妆要浓而艳丽，色彩丰富，加强立体感，会更显得明艳、轮廓分明。

(3)因人而异。化妆更要因人而异，充分重视个体性别、年龄、职业情况，尤其是个性特点及其社会角色因素。化妆的目的是美化个体，化妆得当，可以像魔术般增加个人魅力。一个杰出的形象设计师应该知道，将目前最流行的化妆方法应用到肤色完美、相貌出色的模特身上可以取得最迷人的效果，而把同样的化妆品及化妆方法应用在一般人身上可能会产生不伦不类的效果。完美的化妆应该是结合顾客本身的条件，为他(她)创造出属于自己独特风格的美，让顾客建立起对自己容貌的信心，让你所塑造的美丽成为属于顾客自己的自然的美丽，这样的化妆才不会显得矫揉造作。

(4)扬长避短。化妆要扬长避短。每个人都要了解自己的短处，这是对的，但又不能总盯着自己面部的不足之处，应当以化妆来弥补这些不足。化妆时针对不足尽力加以弥补是对的，但又不可只重视缺点，还要注意突出自己的优点，采取扬长避短的方法，效果往往更好。

化妆还要注意与服饰相配合，尤其是化妆色彩要与肤色、服装、饰物等处于同一个中心要素之中，当然还要考虑到质感、厚感、光感、线感等诸多方面的协调性，充分强调化妆的整体协调效果。

2. 五官矫正化妆的注意事项

根据全息论理论，五官是为整体容貌服务的，而整体又更加突出五官的美丽。因此，五官矫正化妆应注意以下几点：

(1)五官矫正化妆时，阴影色和提亮色过渡要自然柔和，保持妆面干净。

(2)眼部矫正化妆时，在打粉底时可以考虑先用阴影色使整个眼窝凹陷，用高光色将眉骨提亮后再定妆，可以更好地加强眼部立体感，便于眼睛的刻画。

(3)局部修饰与矫正应当体现或加强整体效果，注意整体设计，尤其是面部妆容的和谐，尽可能避免局部与局部、局部与整体之间的不和谐状况出现。

第七节 服饰设计

所谓“人靠衣装”，是指人物个体形象不仅要靠发型设计、化妆设计来美化，更要靠服装和饰物来美化，服饰设计无疑是人物形象设计中最重要的内容。科学的服饰设计不仅要求服饰的色彩、款式以及服饰的其他美学因素给人以美的感受，还更强调服饰与年龄、体型、肤色、职业、季节、时间、场合、目的以及发型、化妆、个性气质等方面因素的和谐、协调。就是说，服饰设计不仅要求服饰本身给人以美感，而且要求服饰整体形象中的主要部分给人以最佳的整体美感。为了达到最佳个体形象设计的目标，本章将主要讨论服饰形象设计中最需要注意的一些问题，例如服装的色彩和款式以及常用饰物的选择搭配等。

服饰设计包括服装的设计和选择，饰物的选购和佩戴。

一、服装美学

服装，作为视觉艺术的一门分支，其美学价值一直给人们留下深刻印象。从古埃及人的胯裙到今天的西装革履，从印第安人的羽毛头饰到当下流行的形态各异的耳环首饰，在设计与佩戴过程中，服装美学始终都贯穿其中。

美孕育于自然又高于自然，美学源于实践又高于实践，美学是社会实践的产物，是关于美和艺术的哲学思考，也是研究审美意识、审美情趣和审美活动的一般规律的基础学科。而服装美学作为一门新兴的、综合性的应用学科，是与美学、形象设计学、哲学、社会学、公共关系学、心理学、伦理学密切联系而又不可替代的综合学科交叉发展的产物。实际上，美学的一般概念、本质、根源、规律、形态特征、形式法则以及审美意识、审美活动等基本理论都通用于服装美学的概念、法则与范畴，但服装美学有自己独立的体系和由此产生的切合美学与社会学的立意和构思。讲究服装美，是健康人格的表现，是人类天性使然。

服饰是流动的时尚风景，也是一件赏心悦目、不断更新的艺术品。

爱美是每一个人的天性，尤其是女性。穿衣也是一门艺术，有些人花费了大量金钱，穿着却并不怎么出色；而有些人花费了较少的钱，却把自己装扮得典雅大方、雍容华贵。为什么会有如此不同的效果呢？除了其他美学因素及其整体的和谐因素外，最重要的是服装色彩与款式的选择搭配问题。因此，时尚形象设计中的服装设计需要注重美感效应，要遵循美学的形式美法则。

二、服装色彩的“三和谐”原则

服装色彩的选择不仅要考虑模特的体型、年龄、性别、职业、个性、爱好等特点及其他与整体形象相关的和谐因素，更需要考虑服色与肤色、妆色的“三和谐”原则。

1．服色与肤色、妆色的和谐

肤色、妆色与服装色彩构成了人体的色彩，是组成人体形态美的最重要因素。服装色彩是“三色”中的主色。根据色彩的相互作用原理，根据妆色、服色与肤色的巧妙搭配，根据不同颜色的生理和心理效应，对“三色”进行恰到好处的色彩设计搭配是形象设计学的一项重要任务。在妆色和服色的选配中，应充分考虑到妆色、服色与肤色之间的整体和谐搭配。科学的色彩搭配可让人看起来更苗条或更丰满，更成熟或更年轻，更能突出人良好的气质和风度，使人变得更美。因此，只有“三色”协调一致、和谐结合，才会赋予人体巨大的审美魅力。

(1)根据肤色色型选择服色和妆色

为实现“三色和谐”(指肤色、服色、妆色三者之间色彩的和谐)，有人建议将人的肤色与大自然的春、夏、秋、冬四季相对应，定为四型，即春季型、夏季型、秋季型、冬季型。根据肤色所属色型来选择服色和妆色，易使“三色”趋向于和谐，从而取得更好的美学效果，这就是“四季色彩理论”。“四季色彩理论”由美国的“色彩第一夫人”卡洛尔·杰克逊女士提出，并迅速风靡全球。其最大的成功之处在于，它解决了人物形象设计中色彩搭配方面的难题。形象设计师在为顾客做形象诊断时，首先应当告诉顾客，什么颜色最适合她的肤色、什么颜色是她的“排斥色”，教会顾客轻松驾驭色彩，科学地为自己设计出最靓丽的形象。具体阐述如下：

1)春季色型。春季色型人的肤色特点是以暖色调的米黄色、浅象牙色为基调。妆型应注意突出肌肤的自然透明感，面颊与嘴唇可以搭配樱桃红或砖红色，睫毛与眉毛以淡色调为好，切忌浓妆艳抹，最理想的是似水如霜的淡妆。其发色应以暖色调的金黄色为主，与米黄色主调的肌肤、双唇及眼睛和谐搭配，服色亦应顺应暖色调主题，以求得整个妆面与整体的统一。

2)夏季色型。偏冷色调，肤色白嫩而高贵，透明感强。脸颊、双唇可呈冷色调的玫瑰红，眉为偏灰的褐色。夏季色型人的皮肤易晒黑成高贵、冷调的橄榄色，但不会发红，宜淡妆，忌浓妆。发色亦以冷调的烟灰色、柔和的棕色或深棕色为主，服装色以轻柔淡雅的冷调为主，以求与面部肤色协调一致。

3)秋季色型。其代表色为淡黄色或象牙色。因此类皮肤易被晒红、晒伤，所以要特别注意防晒。化妆不宜夸张，应突出皮肤的透明质感，强调其特有的柔和肤色。发色最好为金红色、栗褐色、深棕色等，服装可顺应暖调的蜜黄或使用金色调的暖色系，显得高贵典雅。

4)冬季色型。呈冷色调的淡蓝肤色，清朗匀润，平滑如瓷，微现蓝色。宜用冷调的淡蓝色、亮棕色、橄榄色等或浅或深的冷色系列。冬季型发色宜用暗灰褐色或黑色，深棕色亦可。服装色最好是同色系，亦可选择暖色系，使服色、发色与妆色交相辉映，互相映衬。

确定了模特的天然肤色是倾向于黄、红暖色，还是蓝、绿冷色之后，再进一步看模特属于色彩中的强色还是弱色。可用红、蓝、绿、黄、紫或灰色的布块代表四季色彩，一块一块配在尚未化妆的肌肤之上。如果肌肤有被提亮的感觉，呈现清新娇嫩的质感，双唇自然红润，黑眼圈及眼周的细小血管消失不见，双眸明亮，则说明这种皮肤属于该色块的色型；如果皮肤看上去苍白、憔悴，双唇青紫或失色，出现黑眼圈，双目呆滞无光，则说明该色型不合适模特的皮肤。

确定色型后，还要进一步确定模特皮肤的具体色素类型。属于同一色型的所有色彩可以任意组合。

(2)注意避免服色对肤色产生反向影响

服色的选择应注意与肤色协调、和谐，尤要注意服色与肤色的相互作用所产生的美学效果：既要使肤色增加服色的艳丽和庄重，更要注意服色对肤色的美化提升作用。适宜的搭配会使皮肤变得鲜嫩、白皙，使人显得精神焕发；不适当的搭配则起相反的作用。例如，肤色黑红者要避免粉绿色或浅粉色服装，肤色红艳者不选择浅绿或蓝绿色服装，否则，强烈的色彩对比会使肤色更红甚至发紫；肤色偏黄者不宜选择宽度大的色彩；肤色暗的人则应避免深色服装。具体肤色与服色忌配情况如下：

1)肤色略黄。肤色略黄的人不宜着紫色服装。因为紫色与黄色是对比强烈的互补色，大面积紫色下，皮肤的黄色会更明显。

2)肤色黄里透白。肤色黄里透白的人不宜着雪白服装，否则会给人一种面色苍白的印象。应选择暖色系列为主色调。

3)肤色黄中偏红。肤色黄中偏红的人不宜选择带鲜艳绿色的服装及蓝色、紫色的冷色服装。因为红色与蓝、紫色是互补色，在这种强烈对比下，红色倾向会更加明显、突出。宜选择灰棕、藏青等为主色调。

4)肤色黄中带绿。肤色黄中带绿的人不宜穿晦暗色调的服装，如暗绿、冷紫、烟蓝色等，否则会给人留下面容憔悴的病态印象。宜选择玫瑰红、粉红、灰棕、象牙白、黑色、炭色等为主色调。

5)肤色偏黑。肤色偏黑的人忌穿纯白色、粉红色和奶黄色等色彩鲜艳的服装。因为鲜艳的色彩会使暗的脸色在高明度色彩的衬托下显得更加偏黑、偏暗。

2．服色与体型的和谐

要使服色更配自己的体型、利用服装色彩掩饰缺点或改变体型，首先必须了解自己属于什么体型。就女性而言，有人主张分四种体型：

(1)圆形体型。此型女性略显肥胖，着装应避免雪白、米黄、橙色等高明度色彩的衣服及浅色服装。比较明智的选择是：深色让人显得苗条，如深而有光泽的黑绿、咖啡、藏青、深黑等颜色的服装。矮胖者上下身的着装不宜使用强烈的对比色，但若上半身较瘦而下半身太胖时，上身可采用稍浅色，下身可着深色，直条纹或花纹单纯、质地细薄的裙或裤等均可。

(2)运动体型。此型女性一般胸部较丰满，臀部稍有曲线变化。较瘦者宜穿具有夸张感的服装，略增加一些胖的感觉，以红、黄、橙、白等色为宜；而身材健硕者可穿对比色和浅色的服装，花纹亦可丰富一些；太高者可利用间色穿法，即上下部分用不同色调，在腰部再用一条对比色调的腰带分割颜色，使自身给人的印象不致过高。

(3)正三角形体型。此型女性肩狭窄，上身细长，胸部小，臀部丰满。着装时上下身服色不宜相差太小，如上黑下灰，浑然一体，会显得更加矮小。但可用统一色调来改善其高度印象，避免用对比色或过宽的皮带，也不要用虚线条纹的图案，务必强调连贯性。

(4)一般体型。此型女性胸部不丰满，腰部、臀部也比较匀称，服色应选择偏浅、偏淡的，它能使人显得丰满些，只要感觉身体哪部分稍瘦，就可以用浅色来修正。

3．服色与化妆色的和谐

(1)穿高雅脱俗的服装。穿高雅脱俗的服装，如米色、白色、浅奶黄色等纯度低、明度高的色彩时，妆色应相应地表现自然柔和。多选用浅色及中间色来进行修饰，可进一步衬托出其高雅脱俗的气质。

(2)穿色彩鲜艳、调子明快、修饰性较强的服装。穿色彩鲜艳、调子明快、修饰性较强的服装时，其妆色宜相应偏浓艳，修饰性亦较强，可更好地烘托出明朗、活泼、热情的主题，此时若选择简单素雅的妆色，会显得过于苍白平淡，搭配不伦不类。

(3)皮肤偏白、着冷色系列的服装。皮肤偏白、着冷色系列服装的女性，妆色也应相应选择冷色系列，以求和谐；相反，着暖色系列服装而肤色偏黄、偏暗的女性，妆色选择暖色系列更为适宜。

(4)穿无彩色系服装。穿无彩色系服装的女性，如穿白色、黑色等，其口红色不妨选用不偏冷也不偏暖的纯红颜色，调子可以略高，使其妆色更加迷人，更具吸引力。

4. 上装和下装色相的和谐搭配

服装色彩主要由上装和下装的色相搭配而成。其搭配原则有以下几种：

(1)同一色相搭配。服装同一色相搭配是指上下装采用同一色相配色。其特点是不但服色显得柔和优雅，而且使人产生心理平稳感，服装具有活力，这是服色中最常见的搭配方式。一般用于职业装、宴会装、套装套裙等。

(2)类似色相搭配。类似色相搭配和同一色相的搭配有异曲同工的效果。但因其色相略有变化，除具备同一色相配色的优点外，还兼有愉快的感觉，此类搭配方式一般在休闲服装类中比较多见。

(3)同一色调搭配。同一色调中有活泼色调、浅灰色调、灰色调、浅色调和深色调等。一般说来，活泼色调的上下装会让人充满青春气息，显得绚丽夺目，尤为广大少女所喜爱；精干简洁的灰色调的搭配具有淡雅祥和的特点；浅色调搭配具有高雅、清爽的特点；深色调则显得庄重得体。这几种色调的搭配均是中老年职业女性最常见的搭配方法，可以根据个人兴趣爱好及穿着场合具体确定。

(4)类似色调的配色。服装的类似色调的配色较多，可有活泼色调或暗色调与灰色调、浅色调的搭配，活泼色调与暗色调的搭配，亮色调和活泼色调的搭配，纯色调和暗色调的搭配，灰色调和纯色调的搭配等；另外还有活泼、暗和灰三色调的搭配等。由于活泼色调具有活泼、欢快、热情、蓬勃的特征，因此一年四季均为广大少女所喜爱。色调的标准搭配常具有优雅、纯真、活泼、欢畅的特点，也是服色搭配中最常见的搭配方式。

(5)对比色调的配色。由于对比色调搭配都具有强烈的、令人难忘的视觉冲击力，所以生活中并不很常见，多用于舞台装、宴会装、运动装等的色彩搭配。

三、服装色彩与职业

不同的职业需要与它相适应的不同的服装，而不同的服装可以显示着装者的身份和工作性质，不同的服装色彩可以时时提示着装者注意自己的身份，以激发其责任感、使命感，促使他们忠于本职工作，并树立崇高的信念。

例如，医生和护士所从事的是一项纯洁高尚的职业，选用洁净纯朴的白色来做其职业服装，不仅给人以清洁、卫生的感觉，还能使患者从心理上感到尊重、庄严，从而增强对医生的信任感；工人的服装结实、耐脏，不仅体现了工人的强健体格，还凸显出劳动者的质朴气质；学生装要求款式活泼，色彩简单明快，既体现青少年活泼好动的性格，也给人整齐、安静的感觉，有利于学生集中精力学习；军人的服装以黄绿色为主，这既是野外作战的保护色，也耐脏，战时更体现军人的威严和英勇；展览馆、博物馆工作人员工作服的色彩既要求与展品的色彩、展厅的氛围相协调，又要给人以舒适雅致的感觉。

职业服装色彩设计不仅应具备实用性、象征性、审美性，还应给人清新感、时代感及责任感。

四、服装色彩与个性

1. 服色的心理效应

服装色彩对人的心理具有不可抗拒的影响力，服色可分为积极类和消极类两大系列。以红色为代表的色彩属积极类，它能引起人的兴奋、热烈和积极的情绪；以蓝色为代表的色彩系列属消极类，它能给人以沉着、平静的感觉。有秩序、有规律的服色给人以心理平稳感、和谐安全感；杂乱无章的色彩使人烦躁，易出现疲劳感。冬天人们需要温暖，暖色面料的橙黄、藏青等色调能给人以温暖安详之感；而在炎热的夏季，人们更青睐冷色调和色度较浅的面料，如天蓝、苹果绿、白色等，给人以清洁、安逸之感。

不与花草争颜色才是高境界。在服饰领域，任何风靡一时的斑斓色彩都会成为过眼烟云；唯有黑与白，以其单纯的色调、纯朴的形象，展现出永不凋谢的魅力。黑与白一洗俗粉浊气，没有杂念、没有浅薄、没有幼稚，让人在超尘脱俗间透出永久的优雅魅力。黑与白在我国古代审美观中，几乎是阴与阳、暗与明、夜与昼、柔与刚的同义词。“要想俏，一身皂”便一语道破黑色的潜在魅力；白色则给人以光明、宁静、淡雅、纯洁的印象，它的扩张性与纯洁性，使纤柔的女性在高雅中散发着清逸，于朦胧中透出清爽，它是都市女性喜爱的色彩。

2. 服色与个性

服色还具有流行的特点，服装能够强烈地反映着装者的个性特征，服装色彩更是如此。服装与性格相配最重要的是色彩，每个人都会根据自己的性格和喜好，偏爱不同的服色：白色宁静，黑色稳重，灰色忧郁，紫色典雅，绿色活泼等。

性格热情、活泼开朗者喜选择暖色调服装，如红、黄等色彩；个性内向的人通常偏向于冷色调而不爱大红大紫等特别鲜艳的服装；理智恬静者常偏爱白、蓝等服色；天真纯洁的少女偏爱淡色如白色调服装；职业女性偏向选深重、雅致的服色，如灰色、暗蓝、砖红、褐色等，以显示她们稳重、深沉和成熟的魅力。

服装的色彩不仅仅是自我欣赏的内容，更是人际交往的无声语言，一个人选择怎样的颜色进入社交场合，常常表明他的社交态度。红色更多偏向于开放、进攻和主动；白色更多偏向于戒备、等待和被动；黑色更多偏向于拒绝、诱惑或镇静；绿色更多偏向于自信、洒脱和易忘；紫色更多偏向于平和、随便和温情。

3．服装的选择和设计

(1)服装的基本功能

服装是人类不可或缺的生活用品，其基本功能有：

1)服装的实用功能。其一为调节体温，遮风挡雨，起保暖作用；其二是社会功能，自从人类有了羞耻心，服装就用于遮掩人体，人在保持自尊的情况下才能参与正常的社会生活；其三是服装的职业功能，如工作服、运动服等被用作职业标志，或者起到保护职业性工种的作用。

2)服装的象征功能。不同民族有不同的服饰，不同的职业有不同的服装，人们从服装式样、质地和色彩，可以判断出一个人的社会地位、层次、文化底蕴、职业，甚至个性、喜好等。

3)服装的审美功能。从古至今，服装被看作美化个体、创造整体形象美感的重要手段。设计者可以通过服装本身的色彩、质地、图案、线条、做工、韵律的变化，给人以美感。例如，通过服装的款式来衬托人的优美体型，也可以用服装来掩盖或矫正身材形体上的不足或缺陷，以服装的色彩和韵律来表现外在表象美感和气质风度的内在美感。

(2)服装美学

强调服装的功能美，是服装审美设计的基本原则之一，即最大限度地体现实用、经济、美观三项基本原则的和谐统一。服装的审美设计要充分考虑服装美学的诸方面因素，具体有以下几方面：

1)服装的整体美。服装造型设计是一个人的整体形象的造型因素之一。其形与色的对比、点与线的组合、色彩浓淡层次的变化、面的分割和形的变化，都在整体关系中相互衬托。成功的服装必然是款式、质料、色彩与装饰的完美统一。服装造型设计整体美的含义还包括与环境、流行趋向、风格的协调，以及与时代的合拍等美学因素。

2)服装的形色美。服装的形美是指服装造型或款式的变化，服装的色美是指具有清新淡雅或热烈明快的色彩，形色美能充分展示人的气质和风度，体现时代的风貌。服装一旦穿于人体，与形体完美结合，就会随着人在运动中的举止动作而产生具有独特个性的韵律，从而塑造出亮丽的形象。服装若与穿着者的形体气质不和谐，则难以衬托出形体的健美和内在的气质风度。因此服装形色美的统一是服装设计必须遵循的艺术规律和标准之一。

3)服装的形态美。一件衣服一旦与穿着者的形体完美结合，融为一体，就会随着人在运动中的举止动作产生姿态不断变换的各种立体造型，显示出诱人的动感魅力。服装设计要充分考虑人体动态、静态和立体造型因素，要努力探索个体着装后的姿态、风度和外形的变化规律，还要考虑到舒适感、整体感和实用性。服装的形态美与人的形体美相辅相成，因此美的形态造型关键取决于形与体的完美组合。

4)服装的和谐美。人的服装，色彩要与肤色、发色和谐，款式要与体型、时尚和谐，因此服装的内部必然存在着一种和谐的比例关系，才能给人以和谐美感。尤其是那些设计符合“黄金分割律”的最合体的服装比例[即衣长(A)与肩宽(S)的比例A／S＝1.618]就会给人以最佳的和谐美感。

5)服装的装饰美。指服装的装饰物，如缉线、纽扣、扣袢、花边、绣边、刺绣和镂空花工艺，以及传统的嵌线、镶色、滚边等服装的装饰工艺所带来的美感。服装的装饰美应和个体的性别、体型相符，方能显其美感。

6)服装的韵律美。韵指音韵、韵味；律指旋律、节奏规律。服装韵律是指服装造型轮廓上的线条，打褶镶边、缉线等重复排列以及纽扣、饰物的不同距离形成的旋律美，这种旋律美配合服装设计命名款式的立体结构和体型的比例感，尤其是轮廓线在动态之下形成的一定的韵律节奏，给人以美感。

7)服装的意境美。在服装设计中可通过具体的形象表现意境、体现格调。服装通常有块、面组合和线条分割，无论是块、面的大胆布局，还是线条的有意美化，都要符合均衡、比例、疏密、秩序感以及色彩的对比和谐等原则，并且有其独特的构思意境。恰到好处的组合才能美化人的形象，表现内在气质，体现服装的情调，显示出服装的意境美。

8)服装的材料质地美。是指服装材料的质地、色彩、图案以及视感和触感等。服装质地美能起到配合服装造型、与人的肤色及周围环境相互协调的作用。服装款式设计的优劣往往取决于原材料的基本质地和手感，例如长裙的下坠感、纱巾的飘逸感、内衣的轻柔感、西装的挺括感等。因此，选择适当的面料往往是服装设计中最重要的程序之一。

(3)服装的选择和设计

服装的选择和设计要考虑服装自身的美感。当一件美的服装摆在面前时，人们不仅百看不厌，而且还千方百计地想去仿制。人们对服装有美感情绪，即愉悦、喜欢的情绪。同时，服装设计还要充分考虑服装的整合审美，也就是人对包括人体色彩、比例以及情景因素在内的整体的一种整合美感。有健美的人体恰到好处的比例、赏心悦目的色彩，并与环境相协调的款式，是将健美人体、优雅气质和穿着场合完美结合起来的设计，它不仅能引起人们的注意，还能打动人的心灵，激起人的共鸣，引起人回味无穷的想象，这就是最佳的服装选择和设计。

五、服装款式的选择

服装款式的选择同样存在“三和谐”的问题。由于每个人审美观点及欣赏的角度不同，对服装款式的选择也有差异，下面将从肤色、体型、职业、年龄等方面具体阐述。

1. 服装款式与肤色

在服装款式的选择上，首先要注意的就是与肤色的搭配效果。一般说来，巧妙地运用色彩知识，对个人的肤色及服装面料特质做理性科学的分析，并将精心设计的服装款式不着痕迹地随意表现出来，会给人留下难忘的印象。

例如，肤色偏暗、偏黑或偏红的人，若选用可使皮肤增加光洁度和透明感的小麦色或暖象牙色、浅褐色作其妆面底色基调(肤色偏红者还应利用色彩互补原理，以淡绿色粉底做局部抑制，再用正常基础粉底)，其服装款式应趋于典雅、自然、简洁，不要变化太多，稍许保守可避免引起过分注意；但款式不能太过落后，否则就有“土气”之嫌。典雅的服装款式可以弥补肤色的缺陷，给人留下优雅的印象。

肤色偏白的女性，可以选择多种色系的妆色；其服装款式的选择范围也较大，可以是自然型、优雅型，也可以是庄重型或浪漫型。只要款式大方得体，式样新潮一些也是可以的。

肤色偏黄的女性，可利用补色关系原理，选择黄色或紫色作为妆前抑制色；其服装款式应以优雅、娴静或古典的“小家碧玉”款式为主，强调服装的领、袖、肩等处的选型，变化较多的精致或古典的款式会给这类女性增色不少。

2. 服装款式与体型

服装的造型和款式常能展示人的气质和风度，能体现时代的风貌。

一件合体的服装，一旦与着装者的形体完全结合，就会随着人在言谈举止中所表现的不断变换的姿态，展现千姿百态的主体造型，显示出风采诱人的魅力。服装的美只有融合在人体形体美之中才能充分体现出来。服装不仅应遮盖、修饰形体的不足，而且要突出并加强形体的美感，所以服装的选择不仅要求色彩与肤色、妆色相适应、相协调，还要求服装的款式、质地、制作工艺及服装的饰物等与体型相适应、相协调。

体型与服装款式有紧密联系，一个人的身材不可能适合所有的服装款式，因此要根据自己的身材选择款式。例如臀部小而腰节高的人，身着有腰身的衣服可使臀部丰满而风姿绰约，线条轮廓会明显突出；而腰身粗、腰节低的人则正相反，应选择稍长的套装或及膝的潇洒型外衣。端肩(平肩)的女性不宜穿连袖式服装；反之，美人肩(斜肩或削肩)者可在肩部适当加入肩垫。高胸或挺胸的女性，不论是穿紧身型或宽松型服装都令人感到美；平胸者则以宽松型服装为宜。体型胖的人以穿紧身式或宽腰式造型服装为佳；带有垂线的服装，穿着时会使人显得瘦而高，更显得苗条秀气，适宜于身材略胖的人；体型瘦长者，应以宽松式服装为主，特别是女性，穿着丝绸面料制成的宽松式服装效果更佳。

穿着刀背式服装，会使人体型轮廓更加明显，从而突出人体的线条美；臀宽者不宜着袋状宽松裤子，应穿柔软合身、线条简洁、造型苗条的裙装或裤子，裙子最好有长排钮扣或中央按缝；臀窄者不宜穿太瘦或过紧的长裤，适宜穿光泽亮、色彩浅，或打褶、或宽松、或有袋的裙裤，以增加臀部的丰满感；腿粗者不宜穿弹力裤或超短裙，适宜穿腰身紧而下摆宽松的长裙。

服装可以借下列原理来矫正、修饰身材的不足：直线条使人产生纵向延伸感(更高)，横线条有横向延伸感(更胖)或竖向缩短感；深色有收缩、后退功能，浅色有膨胀、前进功能；单一颜色衣裤会使身材显高，对比(杂色)色衣裤可使高度降低；紧束的衣服使形体曲线显现，宽松的衣服使形体的某些部位后收；皱褶的装束可使某些部分看起来丰满，平面的装束可以引开人们视线等。

除了“量体裁衣”使服装适合体型，衬托形体美，掩盖或矫正形体缺陷，使体型更富有形态和色彩的美感之外，体型也可突出服装的形态美。人体所特有的动姿，人体所具备的生命活力又赋予了服装动态美、韵律美、意境美等，使服装与人体有机地组合，相映生辉，不仅使人的身体呈现出形态美感，而且使人展现出良好的风度气质，表达出良好的个性状态。

3．服装款式与职业

从古代起，服装便是一种地位的象征。我国古代等级制度森严，服装也有严格区分，如贵族戴冠、弁、冕，而平民戴帻。《礼记》中对衣着也有明确的等级规定。本书在时尚形象设计溯源部分所阐述的清代官服便是古代服装等级制度最严厉明确的规定。时至近代，服装的象征作用在现代社会中仍有广泛意义。人们根据服装式样、质地、色彩的不同，大致可以判断出一个人的职业及其社会地位等。

服装的职业感是服装实用性和功能性的一个方面，如理想的军人制服、空中小姐制服、医生制服等，不仅有其专有的职业属性，同时也让人产生美感。职业服装的款式要适合职业特点。具备特殊职业要求的服装，除质地、色彩上应有特殊要求外，其款式也应有特殊要求。例如炼钢工人的工作服，用白帆布作面料，除本白色可以起到反射作用，防止热辐射的过多侵害外，这种布料还很结实，不怕火烫，并多采用夹克式样，相对宽松且干活利落，一般不宜突胸束腰，炼钢工人脖子间常围上白毛巾，不仅方便擦汗，也能有效防止钢水溅入身体；而宾馆服务小姐的服装，不仅要以色彩的鲜艳来衬托喜庆的气氛，打动顾客，其款式也要求新颖大方，还应能突出服务小姐优美的体态，丰姿绰约，彬彬有礼。所以职业服装款式的另一个重要设计原则应是能体现职业的特点。

一般来说，职业白领女性喜欢穿整体呈静态而不流动的套装，因为她们希望服装能体现端庄秀丽、恬静大方的风格，可以从不同的角度展示成熟女性的魅力与气质。

4．服装款式与年龄

年龄不同，体型存在差异，个性气质的变化，家庭及社会角色和职务的不同，经历的体验及时代发展与所处环境的改变，审美的品位以及文化思维的成熟程度的差异等诸多因素，使每个人对服装款式的选择呈现出明显的差异，服装款式与年龄的相互适应同样是服装选择中值得重视的问题。

作为个体，总是希望着装既要符合年龄的特点，又能使自己在同龄人中显得更加年轻靓丽。所以，服装款式的选择不超前(指年龄)，而落于年龄之后。年轻人过早地注重沉稳、庄重，中年人选择老年款式等，不仅在形象上早衰，而且在心理上早衰，这并非积极的生活态度。不承认年老固然不好，而过早地接受自己的年龄也不好。如何才能适度呢？要看着装的实际效果，或者说在选择服装时要重视自己体貌的改变、个性气质的改变、角色的改变和心理状态的改变等。有些人虽然年老了，但从外到内都看不出年长的迹象，他(她)照样可以有更年轻的装扮，服装自然是年轻装扮的主要内容。相反，一个人无论从外表还是内在看上去都比他(她)的实际年龄要年长，但却硬要采用年轻人的装扮，其效果当然会不伦不类，甚至十分可笑。

少女应尽量避免穿过于艳丽豪华的衣服，如闪光面料制作的、豪华或开放的款式，或缀有很多装饰物的衣裙。过分的衣着装扮常常掩盖她们天然的清纯丽质，少女的服装款式应以突出自然美为主。世上没有什么事物比人体更美了，那是一种完全和谐的自然美；而人们的一切形象设计的目的都在于修饰或装扮人体的自然美，并努力突出和赋予其更旺盛的生命活力和蓬勃朝气，渲染年轻人特有的热情和个性气质。少女的服装款式若选择短裙、素雅的上衣及运动装、休闲装，并在服色上选择能体现少女纯真浪漫、活泼可爱的个性的色彩，就会起到很好的效果。

二十五六岁的黄金时代，正是“兰幽趣雅痴寻梦，梅馥枝横淡淡霜”的年龄，风华正茂的她们正试图摆脱少女的稚气，走向生命的全盛时期，一切刚刚开始。这个时期的形象是最美好的，她们穿任何衣服都会显得美丽，风格或时尚、或典雅、或张扬、或含蓄，一切尽在一念之中(见图8-40)。

图8-40　月瑟静静听幽闲

模特　孙薇

三四十岁的女性，从身体到个性都已趋于成熟，她们中的大多数都是职业女性，她们更追求自身的成熟魅力，以及端庄秀丽、恬静大方的风格。此年龄段着装范围的灵活性比较强，但若选择整体呈静态而不流动的套装，也许更宜于展示她们成熟端庄的魅力和高雅的气质。

中老年女性更希望通过自己的服饰体现出雍容、华贵、高雅、深沉的气质，除在服装色彩的选择上加以推敲外，在款式上也应该注意，一般以简洁端庄为佳，而不要追求线条复杂的式样。由于体态的改变，体型已不如年轻时婀娜美妙，因此不要选择紧箍在身上的服装，要求有适当的宽松度；当然不宜过于肥大，应趋向于含蓄、高雅、挺括的式样。

六、常用饰物

在现代修饰中，饰物显得越来越重要，尤其在女性的装扮中，饰物更是得宠。它不仅可以遮掩身材、服装、发型等方面的不足，还可以提亮整体形象，起到画龙点睛的作用。譬如，在某一场合，每个人都穿着相同的礼服，可其中一位却显得特别突出，究其原因可能完全是一件小饰物的作用：可能她戴了一顶漂亮的帽子、一串别致的项链、一枚精巧的别针、一条优雅的腰带，或是穿了一双特别出众的鞋子或丝袜。有时，为使发型美丽动人，可以配上一只发夹或一根发带；要显示颈部的光洁与修长，或服装色彩低调沉闷需要提亮，颈饰更是常用的饰物。另外还有手饰、胸饰、耳饰、脚饰甚至鼻饰、脐饰等，五花八门。只要用心选配，不仅可增加装扮的色彩、提升气质，也可使生活充满变幻无穷的乐趣。“牡丹虽好，尚需绿叶扶持”，小小的饰物就好比绿叶，衬托或提亮了个人独具风格的整体形象。当然佩带饰物也不应忽略“Ｔ.Ｐ.Ｏ”原则，这样，在任何地方、任何时间，都会使自身充满吸引力，永远富有魅力，避免千篇一律的形象。

在实际生活中，有些人耳饰、颈饰、手饰戴了一大堆，其实这样的效果是非常糟糕的：除了显示富有之外，还有浅薄轻浮之嫌。跟服装一样，如何能既经济实惠，又美丽动人，达到最佳的修饰效果呢？

选配饰物的原则仍然是“Ｔ.Ｐ.Ｏ”原则，既要与时间、地点、场合和目的相适宜，也要与发型、化妆、服装以及个性特点、气质风度等各种因素相适宜。为达目的，曾有人建议，一般场合时身上饰物最好不要超过三种，当然特殊场合例外。

1. 头饰

头饰可有发卡、发插(发簪)、发花、耳环、耳钳等。前三种也可算发饰，是辅佐做发型或装饰发型用的物品。头饰式样极多，有的艳丽、晶莹，有的简洁、庄重，同样可根据发型、年龄、场合和自己的偏好选配。头饰配得恰到好处时不仅会为发型增辉，也会显著提升容貌的秀丽。

有人把帽子、头带、发网、头巾、彩绸及鲜花等用作头部或发型的装饰，因此有时也称它们为发饰或头饰。

这些饰物的选配对人的整体形象影响很大。譬如一块小方巾可扎出许多韵味(见图8-41)，可大大改变个体形象；一顶帽子也可以改变一个人的角色装扮。可见，在整体形象设计中，头面部的修饰是最重要的，应当精心设计。许多少数民族更是把头饰用作富有民族特色的装饰。

图8-41中大红色方巾的灵活运用是不是平添了几分优雅活泼的少女情怀?

图8-41　半幅纶巾卷还舒
模特　孙薇

耳饰一般有耳环、耳钉、耳坠等，其形状大小也不一样。根据外形可分为三大类：

(1)贴耳式。此类耳环小巧可爱，可以是各种形状，也可由金银玉石等不同材料制成。贴在耳垂上，既轻便好看，也端庄典雅，尤受成熟女性的喜爱。

(2)吊坠式。一般设计成长形，轻巧别致，长短各异，多以金银或其他金属制成，常为年轻人所佩戴，可出现在正式场合中。

(3)环状式。小环状的耳环比较适合保守的女孩，显得庄重娴静；活泼新潮的年轻女性更喜欢大环状，以显示浪漫时尚气质。现代还有些耳环是多环相扣的，或小环、大环相间，多姿多彩，几为演员或社交广泛的年轻时尚女性所青睐。佩戴此类耳环者，发型、化妆和服饰等均应有相应的时髦格调。

配戴耳环还要注意以下几点：耳环选择应根据脸型决定，瘦长脸型可戴环状耳环，给人横面的感觉，脸型宽的人宜选用贴耳式或长型小耳环；戴耳环一般不宜戴胸针，但与同色系的项链、戒指搭配，效果会很好；戴眼镜者一般以小耳环为宜。

耳钳(夹)是为没有耳洞的女性设计的，选配原则同耳环。

还有一种鼻饰：有些少数民族，在鼻中隔前部穿一孔，戴上环形的金属圈。因戴在鼻上，又称其为鼻环。

2．颈饰

颈饰主要有项链、项圈、颈坠、串珠等。以金银或铂金项链最为多见，常见种类有方丝链、马鞭链、花式链、绳套链、双套链、三套链、锉链、机制链等，长度、粗细、含金量不一；项圈较少用；坠子是挂于项链下部的饰物，可以是大块精美宝石或仿金、仿银制品，有美化修饰及拉长颈部的效果；串珠是用珍珠、景泰蓝、瓷器、漆器、水晶、孔雀石、软玉、象牙以及五光十色的变色玻璃、彩塑、贝壳等制成的，有很好的颈部修饰效果，尤以珍珠、水晶项链最为常见。

项链的选择和佩戴应注意与脸型及颈部的特征相适应。颈部稍长、白皙者可选精细的中短链或彩色大珠的长脖链；颈部稍短者应选择纤细的长链；颈部粗短者以不戴颈链为好；圆脸者，即使颈部修长，也不宜佩戴卡脖式项链；长脸型而颈粗短者应避免佩戴长项链，应选择中等长度项链。

颈饰也包括围巾、领带、领结、小方巾等。其选择方法与项链一样，注意与头型及颈部的配合。所有的颈项饰物又均须与肤色、发色、化妆色、服色及其他特性气质等方面的情况相适应。

3．手饰

手饰主要指手镯、手链、戒指、袖扣、臂镯等，可以由金、银、玉等制成，也可以镶嵌宝石等。戒指是最常用的手指装饰品，传统戒指主要是条式黄金戒指和各种宝石戒指，外国戒指除条式外，大多为宝石镶嵌戒指；现代戒指造型独特，构思新颖，充分体现了个性和立体感；袖扣和臂镯一般少用。

手镯的佩戴要根据手腕类型、年龄及服装而定。手臂短粗者宜选用稍窄细的式样，手臂细长者可选择宽大些的手镯；适合年轻人的手镯种类较多，金银或非金属的均可选配；中老年人可选用高K金的手镯，如龙凤镯、天元镯、纹丝镯等。手镯佩戴规则有：戴一只时，只戴左手；戴两只时可全戴左手，或左右手各一只；戴三只亦可全戴左手。戴手镯一般不戴手表。

戒指的选择与佩戴的注意点，以及象征意义更多。佩戴戒指的目的应当明确：

(1)戒指是权力和富有的象征。戴得越多，越名贵，越能显示富有(当然应当注意不要流于浅薄)。

(2)戒指是吉祥的标志物。

(3)戒指是爱情信物和婚配标志。中国人习惯戴在无名指上。若表示婚姻，一般左手中指上戴结婚戒指，左手无名指上戴订婚戒指。原则上除拇指外，各指均可戴，但表达意义不一样，比如食指上表示求婚或想结婚，中指上表示热恋或已结婚，无名指上表示已订婚，戴在小指上表示独身，或终身不娶不嫁。我国古代人往往喜欢在拇指上带玉制的“扳指”，为练武之人专用。

手套不仅有保暖、保洁等防护作用，也是重要的手饰之一。配一副漂亮的皮手套，让人感到高贵，有时会起到意想不到的装饰作用。

4．胸饰

胸饰包括胸花、胸针等多种。胸花是用金属、塑料、绢绸或羽毛镶嵌水晶或宝石制作而成的，造型俏丽雅致，常由女性佩戴于左胸前。胸针是一种装饰用别针式插针，常佩戴于西装驳领上，或用于羊毛衫、衬衫胸前。胸针有大型小型之分：大型胸针长度直径约5cm，图案纹饰较复杂，大多镶有天然宝石或人造宝石，现代胸针式样新颖，做工别致；小型胸针长度直径仅2cm，可用于服装的前胸或围巾等处，还可在领口、驳领口使用。

胸针是别在服装上的饰品，因此服装的款式、面料、色彩对挑选胸针有很大的影响。如大衣比较宽大，胸针要大一些；反之，装饰在春秋衫、羊毛开衫或西装上的胸针应小一些。胸针的颜色要与服装的颜色有明显对比，深配浅或浅配深；一般多配于单色服装上，以便突出胸针的装饰效果或使胸针起到提亮作用。若大花的、色彩鲜艳的服装佩上胸针，胸针会黯然失色。因为服装有四季变化，所以胸针也应有相应的变化。春秋两季大自然呈温暖色调，胸针也相应可选绿色或金黄色相配；冬季冷，衣服多，胸针应采用大型金属类，式样精美、材料华贵，给人以沉稳、庄重之感；夏季胸针以轻巧型，尤以非金属片状为好。社交场合胸针佩戴也有讲究，形状和质地应与社交场合相适应。晚上可配以闪闪发光的钻石胸针，白天则配以金属式塑料胸针等。胸针佩戴要注意与服式、发型等相适应。

鲜花、绸布花、塑料花有时也可用作胸饰，红花代表喜庆、白花代表哀伤等。在喜庆场合，红花的佩戴不仅能增添艳丽，也极大地渲染了喜庆的氛围。

5．其他饰物

(1)腰饰。可有腰节、腰带，挂刀、佩刀、玉佩等；现代人常把手机、眼镜盒、钥匙等挂在皮带上；也有人在腰上挎一只旅行腰包，这些均可视为腰饰。腰饰中尤其是各式腰带对突出女性体型之美、服装形态之美有很好的效果。

(2)脐链。有些少数民族(黑人多见)女性在肚脐的皮肤皱褶处穿孔，戴上金属环，或者连着链条，挂在腰间，更显出裸体的美感。

(3)脚饰。有脚镯、脚链环、脚链镯等，戴于足踝部，或在脚趾上套金属环等。脚饰的佩戴也主要见于少数民族，气候潮湿地区的人常赤脚，脚饰更盛行。

(4)鞋袜、手套、帽子

1)鞋袜。鞋袜也应作为脚饰看待，实际上它也是整体服装的主要附件。鞋的种类繁多，如皮鞋、时装鞋、旅游鞋等。因为足部负载着全身的重量，所以选择鞋子首先以舒适为主，其次才是式样、价格及与服装、形体相协调；一般不宜选择太笨重的鞋，否则会使细长的腿更细，粗壮的腿更粗；鞋跟的高度也要适当，在鞋子的结构上要求美观与实用性的统一；在材料上讲究轻软、富有弹性；在款式上应追求艺术和流行相结合。

袜子也是我们日常生活中不可或缺的饰品。如上班族可选择女性味十足的肉色或粉藕色半透明连裤袜，配上端庄、淡雅的职业套装，和干练低调的内敛气质相得益彰；出席重要的社交场合或晚宴时，黑色、枣红色、咖啡色、肉色的织花装饰的透明紧身长丝袜，搭配上高贵典雅的黑色晚礼服，加上优雅高贵的女性魅力，实在是一道靓丽的风景线。

2)手套。作为一种装饰品，手套起源于西方，最早曾是君王权威和圣职的象征。在皇宫贵族的舞会上，身穿礼服的绅士和贵妇都戴着白色丝绸手套，以显示身份和华贵。中世纪的骑士最早戴着手套作战，之后在部队检阅仪式或仪仗队中，军官的服装均与白色手套相配。手套的品种、款式和颜色基本上都是依据服装的需要而设计的，如白纱、白汗布或丝绸制作的礼服手套，冬季保暖的棉绒手套，与皮衣、皮靴相配的皮手套等。

3)帽子。法国著名电影明星索菲亚·罗兰说：“一个戴帽子的女人是令人难以忘怀的，没有什么东西能像帽子那样，给人以画龙点睛的装饰效果。”在欧洲，从中世纪至今，无论男女，帽子一直是人们形象设计所着力推崇的装饰品之一，图8-42中遮阳帽的灵活运用，让阳光下的妩媚更显娇艳。

图8-42　春日正宜朝看蝶(阳光下的妩媚)

模特　孙薇

帽子的种类繁多，大致可分为运动帽、遮阳帽、时装帽、嬉皮帽、休闲帽等。帽子的形状也有很多，有鸭舌帽、宽边帽、窄边帽、无檐帽、花边帽、卷边帽等（见图8-43至图8-48）。现代的帽子在色彩上也有了很多突破，大多采用自然色系的米白、纯白、米色、咖啡色、藕荷色、粉蓝色、粉绿色等，并且更讲究与服装色调的搭配效果，追求典雅、自然的风格。帽子上的装饰物更多：一个别针、一个蝴蝶结、两根绸带、一束干花、一个吉祥物，都可以给人增添一份俏皮童真或浪漫妩媚。

图8-43　旅游帽

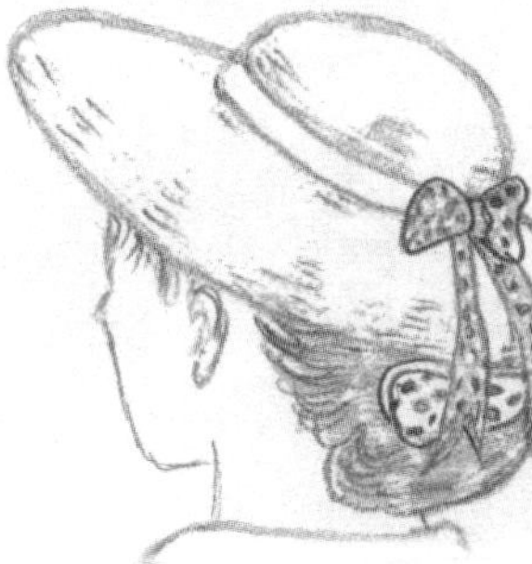

图8-44　遮阳帽

图8-45　钟型帽

图8-46　带边帽

图8-47　浅顶软呢帽

图8-48　礼帽

6．饰物的种类和美学效果

常用的饰物有鞋、帽、袜、腰带、方巾、长巾、领带、眼镜、胸花、帽花、别针、手套、手帕、手表、提包、颈饰、头饰、鼻饰、耳饰、手饰等，这些服装附件和饰物的色彩、造型，在服饰组合中起着点缀、调和、呼应、平衡、提亮整体的作用。服饰通过多种组合和多样配套，在造型上呈现出有主次、有节奏、有韵律的效果：既令穿着者魅力倍增，又使观赏者赏心悦目；既具有艺术效果，又有实际价值，这就是饰物的美学效果。

7．饰物的选购趋向

饰物的选购和佩戴也是整体形象设计的重要内容之一。随着人们物质生活水平的提高，人们不仅追求饰物的审美效果，而且在不断追求饰物本身的价值和工艺，还越来越趋向于选购、佩戴更名贵的、更能体现自己社会地位和经济地位的饰物。

思考题

1．名词解释：风格、风度、气质、个性、美感需求的三个层次、后现代主义的典型特征。

2．试论现代形象设计的多样化艺术表现手法。

3．请简单阐述多样化形象设计的内涵。

4．请解释外在美与内在美的统一。

5．试举例说明应从哪些方面进行个体形象设计的总体审美构想。

6．怎样遵循自然与客观的审美法则？

7．试论发型设计需要遵循的一般规律。

8．请举例说明时尚化妆的不同种类。

9．请说明服装的美学因素。

10．请具体阐述服装的功能。

第九章

时尚形象设计的T.P.O原则

本/章/重/点/与/难/点/提/示

一、重点

1. T.P.O原则的定义、原则
2. 时间与时代感、时间因素、年龄的关系
3. 地点与形象设计的关系
4. 目的与形象设计的关系

二、难点

1. T.P.O原则具体所指的属性和定义

很多人常常误解“O”的含义，将“O”的定义曲解为“occasion”（指场合），这样的错误有时候甚至出现在一些出版著作中。事实上，场合和地点是同一含义词。

2. T.P.O原则的具体运用
3. 形象设计任务书

当你在一个特定时间，由于一个特定的事由或需要，出现在一个特定的地点或场合时，你的外表形象本身就是一种无声的语言，在你开口说话之前，就已向大家介绍了你的身份、社会地位、艺术倾向、文化修养、个性气质及审美情趣等。这无声的语言不仅出自你的外表形象的衣饰发型、面部化妆或你所展现的体型、色彩，还出自于你的举手投足、姿态仪表、社交礼仪、气质风度的美学效果或者给人们留下的审美印象。因此，形象设计在某种意义上说是一种力量，有吸引力也有排斥力，有外显也有内涵。当你进入某个公众场所时，在场的每一个人的注意力都会在一瞬间集中到你的身上，人们正是通过个体的外在形象，瞬间决定接纳、欣赏、认同，或者排斥、反感、厌恶。因此，为自己设计最恰当的形象，实在是非常重要的。

T.P.O原则原来是服装设计和饰物选择的一个通用原则，指人们的服饰设计一定要与时间、地点、目的相配合，才能取得最佳设计效果。目前，人们把T.P.O原则扩大引申为整体形象设计造型都应该遵守的一个基本原则——形象设计的T.P.O原则。这里的T.P.O原则不仅仍继续适用于服饰的选择，还适用于发型设计、化妆设计及其他美化人体的一切行为，甚至也适用于社交礼仪、气质风度设计等方面。

许多美学专家曾经告诫我们："时髦不等于美。"需要说明的是，时髦与美丽是两个不同的概念，不要将两者混为一谈。某些时候时髦可能与美丽重合，但通常情况下，大千世界，每个人都有属于自己的美丽，独具风韵，这些与时髦无关。应当将自己的独特的美丽和属于自己的气质风度充分糅合，在不同的时间、地点、场合，根据不同的需要，充分展现出自己独特的最美丽的一面，那么，你的美丽将是永恒的，并且随着时间的推移，你会越来越美丽。

第一节 "T"——时间与形象设计

"T"是英文Time的首字母，原意指的是时间，也可用于代表时期、季节、时令、时代等时间概念，或在某种程度上反映人的年龄段。

一、强烈的时代感

不同的时代，人们对形象的造型、化妆、色彩、发型、服装的审美要求不尽相同。现代人更讲究追求时尚，尤其是在发型、化妆、服装款式、色彩等方面具有好奇、追求时尚的特点。色彩的倾向性除了个体接受和喜爱因素外，更取决于时间性和季节性。佩戴首饰也首先要考虑时间，尤其要适合季节：在不同的季节、不同的天气、不同的时间，人们都有不同的喜好和选择。例如冬天寒冷，人们偏爱暖色调的服装和化妆色彩，它们可给人以温暖的感觉；而夏天炎热，为了感觉清凉，人们则会更偏爱冷色系列的色彩等。因此，形象设计从色彩、服装等诸方面要充分注意到时间、季节、时令、时代或个体的年龄、爱好、个性等因素。

二、时间因素的影响

服装和饰物有四季之分，发型设计同样也有四季之分，有夏季的发型、春秋季的发型、冬季的发型等(详细见第八章第五节《时尚发型设计》)。化妆也有显著的时间差异。冬季化妆时，因冬季本身的色彩单调，衣着色彩趋于深暗，化妆的基调应表现皮肤白皙的柔美质感及口红红润迷人的魅力等。春天春暖花开，万物萌动，皮肤基调为象牙色或淡米色，化妆的基调趋于亮丽鲜明，眼影、面颊及口红应选择浅桃红、灰粉红及珊瑚红等颜色，春季的服装也比冬季更趋于清丽。夏季骄阳似火，人们的皮肤色彩会变深变黑，化妆的基底色也应选择深些的颜色，可以将肤色表现得比较健康。其他形象设计问题也同样应该具有季节特点。晴天雨日，早晚晨昏，自然界的光线在随时变化着，那么我们的发型、服饰、化妆等形象设计同样应随之而变，以便获到最满意的妆饰效果。

三、与年龄相适宜

形象设计必须与个体的年龄、性格和修养相互协调。如果形象设计师的设计出现相互矛盾的信息，譬如，人到中年配上稚气很重的服装，而花季少女的妆却过于老成古板，就会给人一种不伦不类的感觉，甚至让人困惑不解。因此，形象设计要充分考虑到年龄因素，与年龄相适应，才不至于出现败笔。

当然，现代社会中一些层次较高、文化底蕴较深厚的女性，常常喜欢用极为简洁的色彩装饰自己。例如某些年轻女性偏爱黑、白、灰色，以彰显自己的文化修养和处事风格，张扬个性的高调或独立；而中老年人常偏爱红色或明度和纯度都较高的大花型，以显示风度与活力。但无论她们在色彩上是如何独立、张扬，在花型与款式上绝对会追求时尚与美丽，紧跟时尚潮流。

第二节 “P”——地点与形象设计

P是Place的首字母，代表场合、地点、职位、职业、位置等。

众所周知，穿衣、戴首饰都得强调场合、环境。在不同的场合与他人交往，一定要选择能使自己仪态自然、落落大方的发型、妆型与服饰，特别是衣饰要与环境、地点、场合相宜。很难想象，一个教师穿着舞裙站在讲台上，或者一个公务员上班时浓妆艳抹，会是何种景象。当然，如果去参加一个化妆晚宴，素面朝天、一身牛仔服的装扮，也是会惹人笑话的。形象设计应当注意，不可脱离我国的现实生活状况，否则，容易矫枉过正，走入误区。作为一个注意自我形象的女性，在家里应当是温柔善良、亲切宽容的贤妻良母，衣着朴实、勤劳贤淑；外出工作时是端庄得体、稳重博学的知识女性，处事干练、雍容睿智；朋友聚会时应是一个热情随和、善解人意的姐妹，淡妆素描、活泼美丽。所谓“千面女郎”就是指在不同的场合，为了达到不同的目的，扮演不同的角色时，应当有不同的形象装扮，这样才能获得最佳效果。

在不同的自然环境、不同的光源(自然光和人工光源，或两者相杂)、不同的人际环境中，应有不同的形象设计。与环境配合好可以显现良好的妆饰效果，首先要考虑的应该是环境中的色彩效应。例如，晚宴是一个高雅的社交场合，为了给人们留下难忘的印象，必须是一个光彩夺目的全新形象、高贵典雅的装扮，以体现个人独特的气质情趣和自我设计能力，又表现出对朋友的尊敬和重视。晚宴时灯光五彩缤纷，要适当表现美艳、高贵、优雅的风格品位，在变化莫测的灯光环境中，妆面要求浓艳，立体感稍强，可选择略带冷色的化妆色彩、高雅的发髻，配以冷色系的新潮晚礼服和饰物来全面地强调冷艳、高贵、神秘的感觉。除发型、化妆、服饰上的讲究外，还有言谈举止、气质风度等全方位的设计，都应精心安排。化妆的浓艳必须有发型的秀丽典雅、服装的大方得体、饰物的亮泽晶莹，还有姿态仪表的端庄文雅、言谈举止的文明得体等恰到好处的全方位搭配衬托，才能达到预期的效果。

第三节　“O”——目的与形象设计

O是英文Objective的首字母，指形象设计所要达到的目标、最终目的。根据工作、休闲、宴会、公关、旅游、逛街，或希望成功还是失败等目的的不同，化妆的浓淡、发型的梳理、服装的款式与颜色、首饰的选配都是有很大差异的。

这里需要指出的是，有许多关于形象设计的教科书以讹传讹，将“O”理解为场合。须知，场合与“P”(地点)所表达的意思是一致的，不能成为一个单独的设计原则。

形象设计的目标是美化、完善个体，给他人留下最佳的印象。但是具体目标不同，美化个体的程度是不一样的。例如日常工作时的装扮，可以是生活淡妆，清爽而透明，端庄而随和，突出表现皮肤细腻柔软的质感；晚宴或是婚宴时的新娘(郎)妆，当然要尽力追求高贵、典雅，赏心悦目，美丽动人，所谓“浓妆淡抹总相宜”，但也不宜过于奢华，令人眼花缭乱；出访或接待外宾要庄重、严肃又富于民族特色；以应征、应聘、公关等为目的的装扮，其形象设计要适当迎合对方，力求赢得对方的认可，或获得对方的信赖和尊重，因此形象设计应当中庸，不要过于艳丽，色彩要和谐；若是散步、郊游，形象装扮则应随和大方，也可以用明朗活泼的色调来妆饰，因为鲜艳、高明度的色彩能带来愉快心情，营造和谐的氛围。

没有个性的形象设计是不会给人留下深刻印象的。一个有魅力的形象设计总是会在芸芸众生之中恰当地、自然地展露出个体的独特魅力。这里的他(她)并不一定有漂亮的容貌、华丽的服饰，但他（她）所表现出来的是一种与众不同的独特品位——独具个性风格的气质和风度，同时也体现出形象设计师的较高的审美品位与设计水平。熟练地掌握和运用形象设计技巧，可以让人在激烈的社会竞争中“先气夺人”，表现出灵活而富有创造力的才干，塑造出较为完美的、新颖的个体形象。

第四节　设计任务书

时尚形象设计任务书

姓名：__________________　　　　　　单位：________________

一、名　称:化妆设计任务书

请设计一个___________形象，并自制一份_________形象设计构想或设计任务书。可以采取相互组对、互做模特的方法，也可以采用自选模特的方法。

二、设计要求:

1．形象造型设计方案完整，构思独到。

2．遵循人物形象设计的总体构想，遵循T.P.O设计原则。

3．设计任务书应分为以下十个部分：

封面(名称、作者、班级、日期)

模特原型分析(未化妆的模特照片加文字说明)

时尚化妆设计构思(设计构思草图加文字说明)

时尚发型设计构思(设计构思草图加文字说明)

时尚服装设计构思(设计构思草图加文字说明)

气质风度礼仪设计构思(文字构思说明)

彩色效果图(设计构思草图加文字说明)

模特实施(经过形象造型后的模特照片加文字说明)

同学(模特)评议、作者答辩(记录)

教师点评

三、设计准备：（略）

四、设计时间：（略）

五、否定项：

1．设计构思不完整或没有创意，需扣分。

2．设计方案潦草、不认真，需扣分。

出卷人：____________

日　期：____________

思考题

1．名词解释：T.P.O原则。

2．请分别解释字母“T”“P”“O”所指的含义。

3．请为自己或他人制作一份时尚形象设计任务书。

第十章 素　描

本/章/重/点/与/难/点/提/示

一、重点

1. 素描的原理与造型因素
2. 素描的表现手法
3. 素描绘画示例
4. 明暗调子的处理
5. 肖像素描的概念技法
6. 速写

二、难点

1. 素描绘画示例
2. 素描写生的表现手法
3. 明暗调子的处理
4. 肖像素描的概念技法
5. 速写的方法步骤

第一节　素描基础理论

素描是指用铅笔、炭笔、炭精条、木炭条等工具进行绘制，以单一色彩的线和块面来表达主题的一种造型手段，它可以准确地描绘客观物象的特征，具有特殊的审美价值。素描是绘画、化妆、个体形象设计的基础，也是一切造型艺术的基本功。学习素描首先要掌握素描的基本知识、基本方法与基本技能。

一、素描线条的原理

基础素描训练是对客观物象的基本属性等造型因素和造型规律的学习与研究，可以培养、提高形象设计者敏锐的观察能力，深刻的理解认识能力和准确的表现、创造能力。通过练习，把视觉感受到的客观物象的形态特征，经过研究、分析、理解、认识，准确、生动、具体地表现出来，逐步掌握造型能力。因此，基础素描训练对于形象设计师来说是一门必修的基础课程，要勤学苦练。只有掌握素描的造型规律，锻炼、提高造型的基本技能，才能为形象设计造型打下坚实的绘画基础，使自己具备较强的造型能力和丰富的想象力、创造力。

二、素描的造型因素

1. 素描的基本造型因素

基本的造型因素包括形状(点、线、面)、体积、结构、比例、透视、明暗、调子、质感、量感、空间感等，这些因素构成了物象的外部属性特征，也是我们在纸上描绘各种物象的主要依据。以下是各种因素的基本含义：

(1)形状：指圆形、方形、三角形、圆锥形、多边形等各种几何形体及其他近似的几何形体。

(2)体积：指物体具有的立体感的基本属性，如长度、宽度、纵深度等。

(3)结构：指物体各部分之间的组合与构造。

(4)比例：主要是指物体在空间中的高、宽、厚之间的长度比例，各形状、体积的大小比例等。

(5)透视：指与实际物象相比，在视觉上产生形态变化的现象，如近大远小是典型的透视现象。

(6)明暗：指物体在受光后所产生的深浅、明暗、强弱变化的现象。

(7)质感：指不同材料所构成的物体表面的不同触觉感受，如硬度、光滑度、透明度、反光度等。

(8)空间：指物体在空气中的距离感，具有近处强烈、清晰，远处相对虚弱、模糊的特征。

2. 素描的观察方法

整体比较，综合概括。

三、素描写生的工具与材料

素描写生用具应当以简单、实用、便于携带为宜。

素描常用的材料与工具有铅笔、炭笔、炭精条、木炭条、橡皮、素描纸、小刀、图钉、夹子、画板、画架等。

1. 铅笔

画素描的笔种类繁多，如炭铅笔、炭笔、炭精条、木炭条等。初学者宜选用铅笔。用铅笔便于修改，利于控制画面效果。铅笔有各种不同的软硬度，一般分为硬铅(H型)、软铅(B型)和中性铅(HB型)。HB型较硬且色淡；2B−4B为中等硬度；5B−8B较软，颜色较深。初学者可选用中等硬度的铅笔，如选用几支HB型、2B−4B软硬不同的铅笔备用。

2. 画纸

应选用素描专用纸。画纸要质地坚实，纸面略粗糙，宜着色，耐橡皮擦拭，可显示深浅色调，反复描画可保持良好的画面效果。初学者可选用结实的、表面不过于光滑的白色铅画纸、素描纸、绘画纸等。

3. 橡皮

可以用来修改、调整画面。橡皮以不损伤纸面为宜。有一种可塑橡皮，用时可以捏成各种形状，非常方便。巧用橡皮擦痕，也可塑造特殊的绘画效果。

4. 画板

用于摆放画纸。板面应以平整、软硬适度为宜，不要过于光滑、坚硬。如五合板、画夹等都可以作为画板使用。

5. 画架

用于固定画板，便于作画。有框式画架、可折叠的便携式三脚画架等。

四、素描写生时的注意事项

1. 距离

作画者与被画物应当保持适当的距离，要既能够看清楚对象的细节，又能够看清楚对象的全貌。

2. 视线

作画时，作画者的眼睛应与画板或画纸保持一定距离，以能够看清楚整个页面为准，同时视线应与画板保持垂直。

3. 运笔

在画大的变化面积时(包括大的明暗与形体变化)，应把笔杆握在手中，用拇指、食指和中指横向握笔，手腕与手臂运动。在刻画细节时可与平时写字一样捏笔、运笔。

五、素描写生的方法步骤

素描有科学的作画步骤。具体步骤如下：

1. 设计构图，确定轮廓

构图和轮廓是素描习作的第一步，也是使画面效果完整的基础。

正确的作画程序是完成一幅好的作品的保证。每一步骤都力求画面的完整，每一步骤又都起着承上启下的作用，按部就班作画可以减少初学者在写生过程中的混乱与盲目。写生的过程是一个抓住大体、刻画局部、调整完成的过程，是一个连贯的过程。这一过程中的各阶段要解决的重点有所不同，各有侧重。

在画面合适的位置确定对象大体的形状，注意不要太偏，避免画得过大或过小。布局定位关系着画面的美感，也体现着作者的作画意图。因此，在描绘物象时，要选择最富表现力的角度、动态、色调，以做出最佳的画面安排。上下左右要留出适当空间，切忌过满，没有空间余地。布局要注意均衡、稳定，朝向一方可多留出一些空间，给人一种开阔感，切忌过偏，否则会显得不稳定、不匀称。设计构图应使观者有一定的空间距离感，要有视觉舒适效果，形象画得过小会显得空旷，反之则又会过满，没有余地和想象空间。画面构图关系到作者的审美能力，要认真研究、仔细推敲，要给人以充足的视觉享受。

随着布局的开始，物象的大体轮廓已经确定。确定轮廓的过程也就是准确地把握物象的基本形态，勾画出立体的结构框架的过程。在这一过程中，应当把握住物象的基本属性和形体特点，要有丰富的想象力和敏锐的观察力，善于观察物象的本质因素，从而去伪存真，去掉一切不必要的东西或影响画面效果的因素，从立体空间概念出发，表现结构比例关系。经过反复观察、相互比较，把握内外联系，以直线勾画的方法确定物象的整体轮廓和局部形象的大致位置。

2．深入刻画，塑造形象

深入刻画是在大的形体轮廓确定的基础上，运用明暗调子表现物象的形体结构、起伏转折、立体空间效果等。在以明暗层次色调塑造形体结构时，应着重表现物象的形态特征的凹凸转折部位、体与面的明暗对比变化，从明暗交界线入手分清受光面和背光面两大明暗关系，深入刻画暗面和反光部分，再与亮面交替刻画，随着明暗调子的逐渐丰富，形体结构特征也就更趋具体和完整。

在整体结构、形体、色调、空间表现的基础上，要有取舍地对各个局部的形体结构、明暗调子、立体空间进行深入细致的刻画，完美地塑造形象。在深入刻画、塑造完整形象的过程中，要始终把握好整体与局部的关系，在具体描绘局部的细节时，要注意服从整体，保持整体效果。

3．调整统一，完善画面

在深入刻画临近完结的时候，要站在整体的高度上感受一下画面的总体效果：形体结构是否准确，比例关系是否匀称，明暗对比是否分明，立体空间是否很强，整体与局部关系是否统一，重点是否突出，形象刻画是否生动，等等。如有不足，应当大胆而又审慎地进行全面调整，通过调整使画面的整体感更强，重点更突出，使形象更加完整统一。素描写生的方法步骤具有一定的科学性，这是素描写生取得成功的保证。每个步骤之间又相互关联、环环相扣，因此，在素描写生过程中要把每个步骤有机地结合起来，做到不脱节。

第二节　素描线条的表现手法

一、素描的表现方法

素描的表现方法归纳起来可分为三类：线描法、明暗素描法、结构素描法。

1．用线的表现方法

线是素描的一种重要的造型手段，也是中国绘画的一种表现形式和基本练习手段。线条在表现形体结构、体面转折、立体空间方面，具有很强的艺术表现力。线条在绘画造型中有着重要的审美价值。在素描训练中，要依据物象的结构特点和形象的需要，选择富有表现力的线条来塑造形象。用线要十分讲究，注意线条的刚柔、虚实、疏密、宽窄、长短、浓淡、曲直、主次等，要使线条富于变化。线是缩小的面，要从面的概念出发，运用简练、明确、清晰、概括的线条表现物象的形态特征。

2. 用明暗光影的表现方法

此种方法是基础素描训练的基本造型手段。明暗光影的运用，要建立在对物体的体积、结构有充分的认识、理解的基础上，以丰富的明暗色调，深入表现物体形态特征的各种造型因素，从而塑造出整体感、真实感强的生动形象。

3. 用线与面结合的表现方法(又称结构素描法)

这种表现方法以线为主，通过线面结合的表现形式塑造物象，不强调明暗调子的细微变化，以理性的态度，先从外部形态出发，运用解剖透视知识来分析形体的结构关系，然后再进行综合表现。结构素描要求逻辑严密，以精炼的线条鲜明有力地表现形体的立体结构、空间状态及形体特征。结构素描较为适合设计艺术专业(包括形象设计艺术专业)的基础教学。

二、素描绘画示例

1. 石膏十字方锥的画法步骤

(1)构图、起大体轮廓。观察、比较要从整体出发理解十字方锥的结构、比例、明暗关系。用轻轻的长直线确定物体在画面上的位置(见图10-1)。

(2)画基本形态。正确地描绘十字方锥的基本形体与结构关系，力求画面的构图、透视、比例准确(见图10-2)。

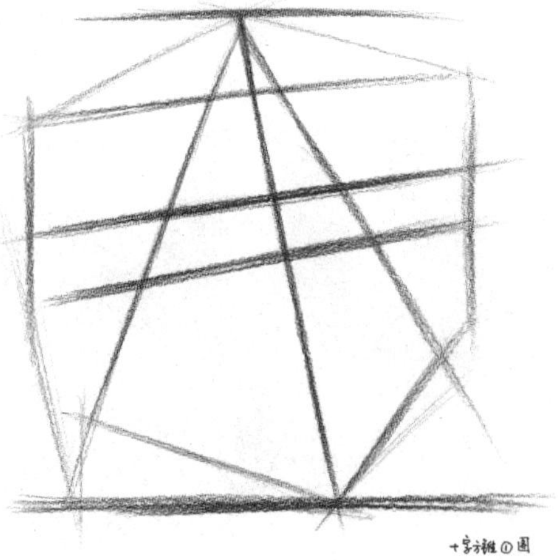

图10-1 十字方锥1(构图、起大体轮廓)

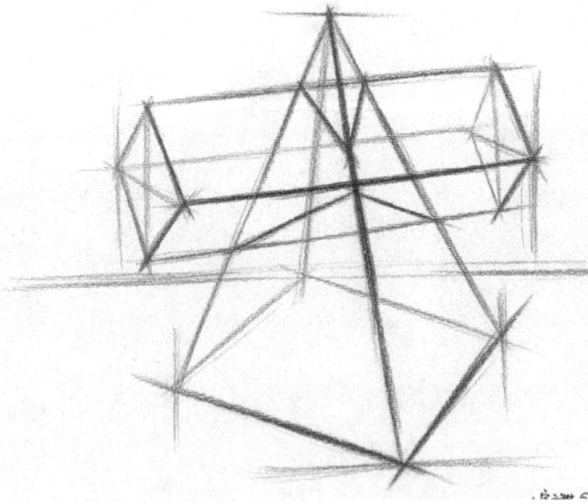

图10-2 十字方锥2(画基本形态)

(3)铺大体明暗调子。画出暗面、投影和背景，明暗交界线是产生立体效果较关键的地方，相对强调一下，但要注意虚实变化(见图10-3)。

(4)深入刻画，整体完成。根据明暗关系，逐步对十字方锥各局部进行深入刻画。此时，头脑中始终要有一个整体观念，做到既深入刻画，又整体观照(见图10-4)。

图10-3　十字方锥3(铺大体明暗调子)

图10-4　十字方锥完成图(深入刻画，整体完成)

2. 石膏几何形体组合作画步骤

(1)构图、起大体轮廓。仔细观察，用轻轻的线条画好构图，初步确定各物体的大体形状、比例、透视和主要结构(见图10-5)。

(2)画大体明暗调子。根据物体形体特点和结构关系，铺上大体明暗调子，初步确立体积感和空间感(见图10-6)。

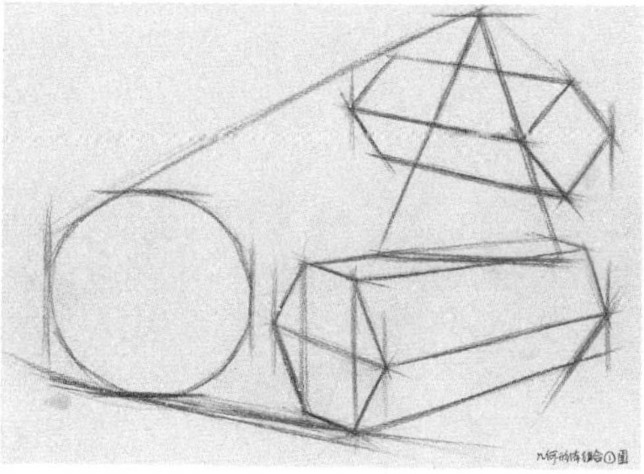

图10-5　石膏几何形体1(构图、起大体轮廓)

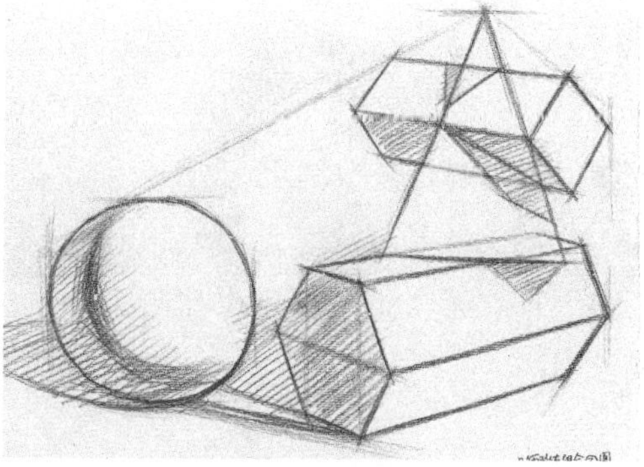

图10-6　石膏几何形体2(画大体明暗调子)

(3)深入刻画。逐步加强画面明暗区别，加强立体造型的描绘和一些局部细节的刻画，但应该时刻注意整体效果(见图10-7)。

(4)几何形体组合整体完成图(见图10-8)。

图10-7　石膏几何形体(深入刻画)

图10-8　几何形体组合整体完成图

第三节　明暗调子的基本处理手法

在形象设计中，进行头像写生时，光线照射的远近程度不同，会产生明暗、强弱不同的调子。在头像中，光线直射的部分属于亮部区域，光线侧射的部分属于过渡色区域，背光的部分属于暗部区域，反光和投影也属于暗部区域。

形体所处的空间与光线的照射决定了形体明暗的对比关系。离我们近的形体明暗对比强，离我们远的形体明暗对比弱。正是在这种对比关系中产生了体积感和空间感。脸部最凸出的是鼻子，其次是额头、嘴巴、眼睛、下颌、颧骨、脖子和耳朵。我们按照以上各部位所处的形体空间位置产生的明暗对比的原理来画出头像的明暗色调关系，即鼻子的明暗对比最强，其次是嘴唇和眼睛等，依次类推，如此塑造头像才能把各部位形体的明暗关系画准，把空间关系拉出来。

作画的开始阶段首先要关注整体，作画的中间阶段必须刻画局部。一幅头像写生总是把主要部位画得精彩细致，次要部位则采用概括简约手法，通过主次部位的对比，使人物头像中的主要传神部位——五官更加出彩。

1. 眼睛的刻画

眼睛是视觉器官。外形大致呈球形，位于眼眶内，由环状的眼轮匝肌构成(见图10-9、图10-10、图10-11、图10-12、图10-13)。

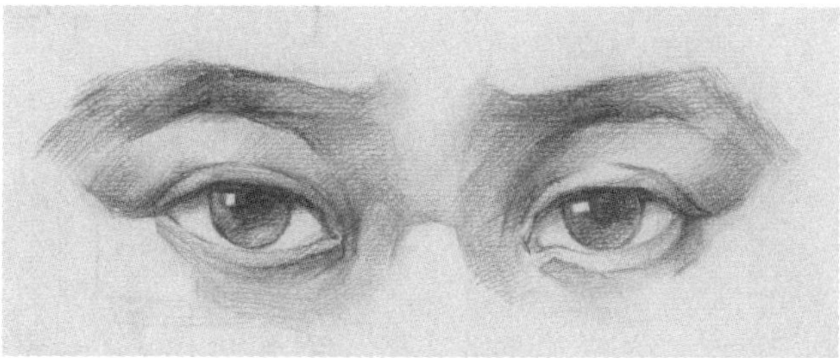

图10-9　双侧眼

图10-10　单侧眼1

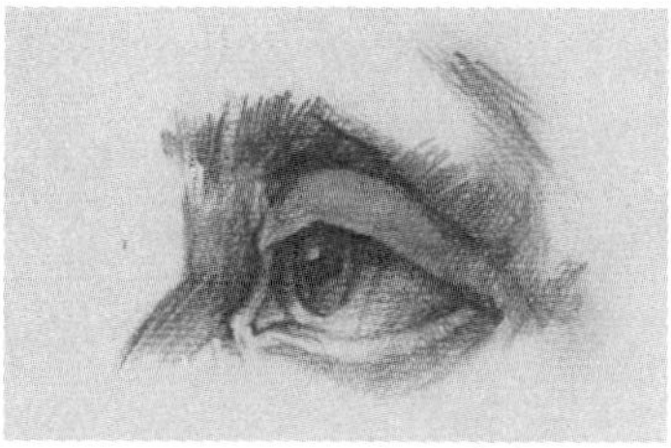

图10-11　单侧眼2

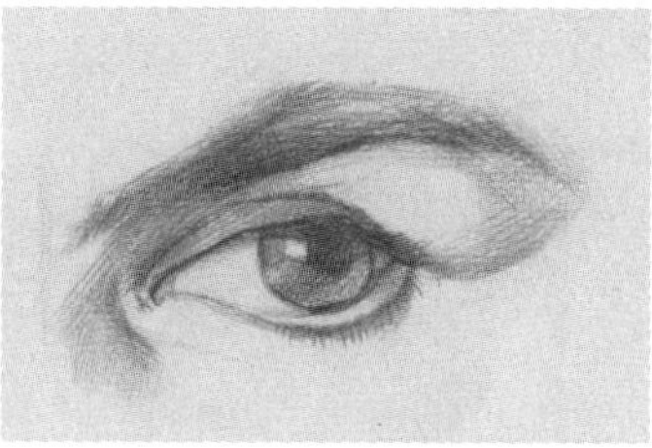

图10-12　单侧眼3

图10-13　闭眼

2. 唇的刻画

唇由环形口轮匝肌构成。上下唇围成口裂，两端称口角；上唇正中有一纵沟，称人中(见图10-14、图10-15、图10-16)。

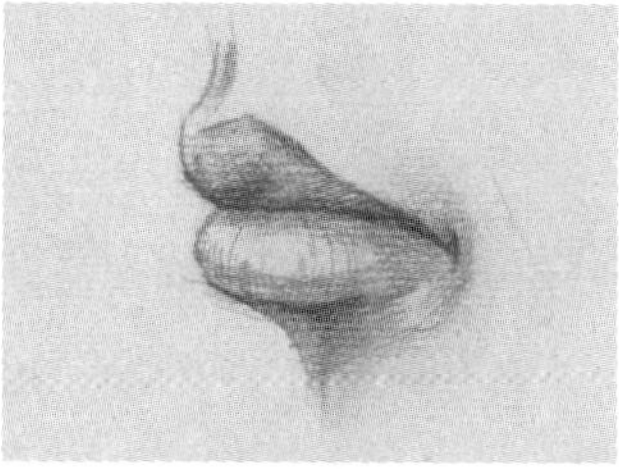

图10-14　侧面唇1

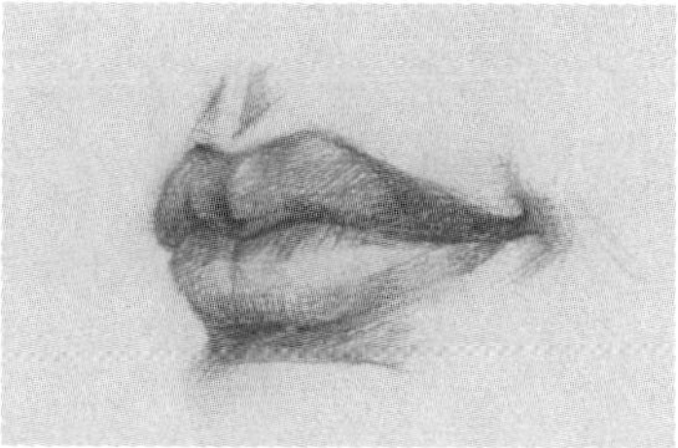

图10-15　侧面唇2

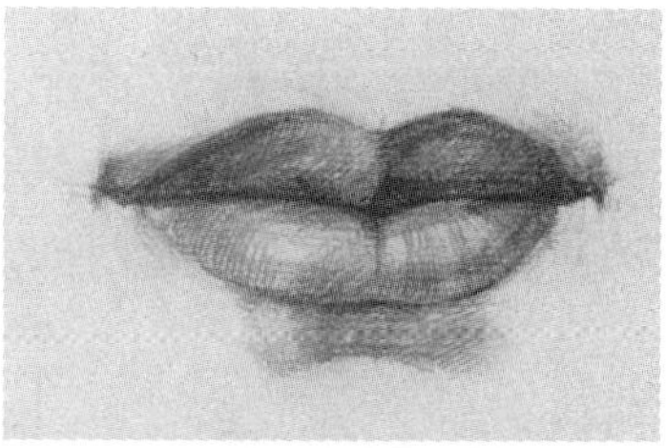

图10-16　正面唇

3. 耳的刻画

耳位于头部两侧。外部称耳廓，凹面朝前，凸面向后，整体由耳轮、耳屏、耳垂等构成(见图10-17、图10-18、图10-19、图10-20)。

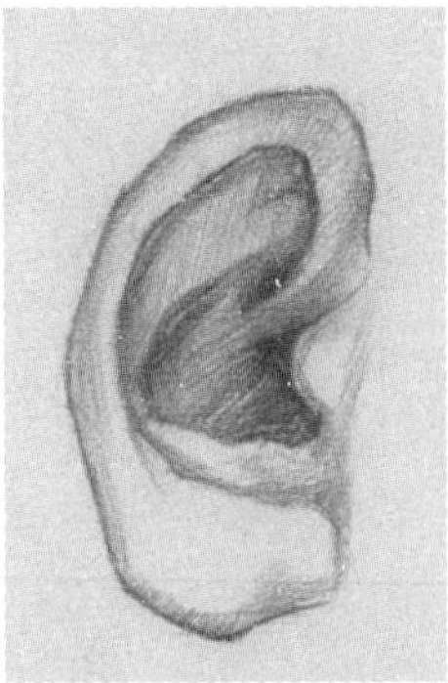

图10-17　正面耳1

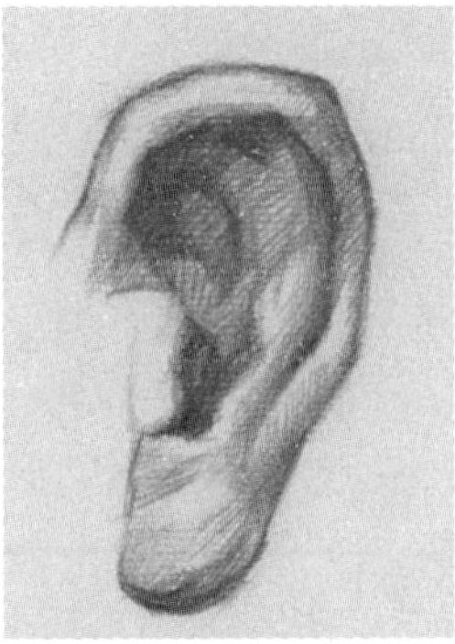

图10-18　正面耳2

图10-19　侧面耳

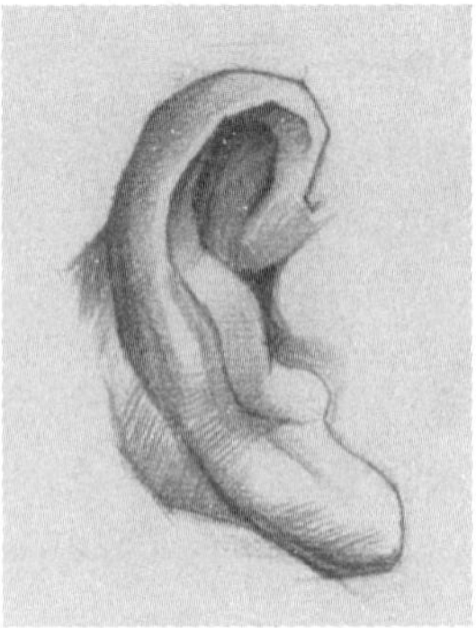

图10-20　背面耳

4. 鼻的刻画

鼻是呼吸器官，位于面部中心，呈三棱锥体形，上部狭窄，称鼻根，向下延伸为鼻背，下部最突出部位称鼻尖，两侧称鼻翼(见图10-21、图10-22、图10-23)。

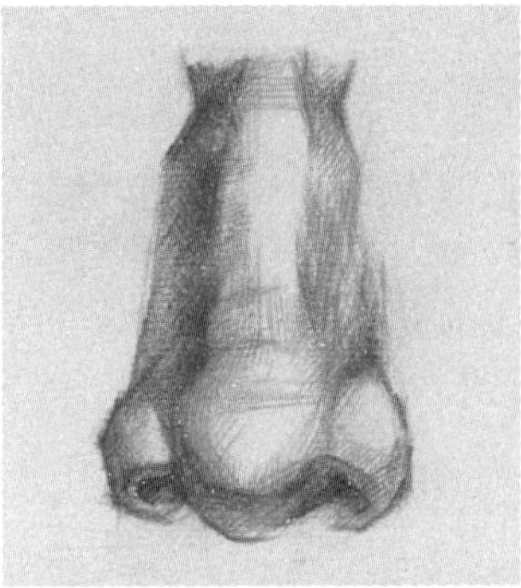

图10-21　正面鼻

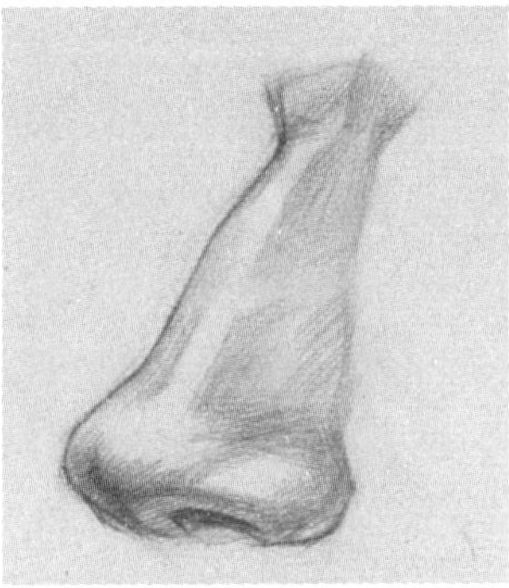

图10-22　单侧鼻1

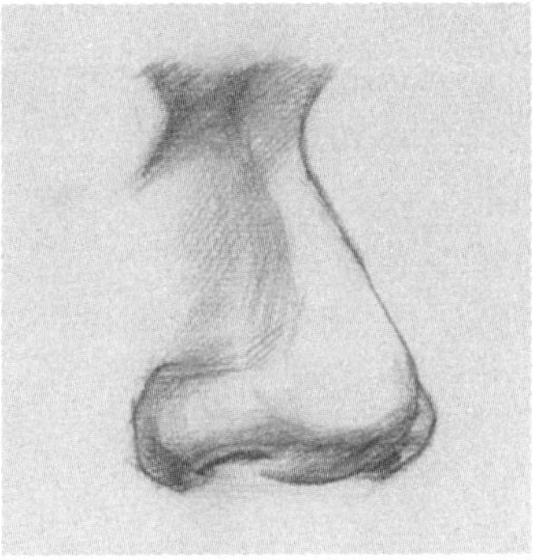

图10-23　单侧鼻2

第四节　肖像素描

一、肖像素描

在形象设计和舞美造型设计中，对一个角色或人物进行深刻理解和初步设计，往往要用肖像素描的方法，首先将设计构思的形象画出小样，然后再用于实践，这样可避免走弯路。我们在个体形象设计中也应该掌握这门技巧。只有设计出符合不同场合、不同身份的人物小样，并得到顾客的认可，才能付诸实施。

1. 肖像素描概念技法

肖像素描也称肖像画，是指以单一的色彩表现具体人物形象特征的绘画。它包括头像、半身像、全身像等，一般以头像为主。常用铅笔、木炭条、炭精条作画，也有使用单色的水彩颜料、水粉颜料或油画颜料作画的。

肖像作品不仅要形同肖似，而且更要注意对人物性格特征、内在气质和精神面貌的刻画。深入研究肖像素描，有助于丰富形象设计造型的表现力，提高形象设计的创作水平。

2. 肖像素描的几点要求

(1)加深感受。肖像创作要求画家对所表现的人物形象有全面的了解、深刻的感受，这是肖像创作的根基。作画之前，应通过与人物的接触，对人物的生理状况、社会属性、容貌特征等方面进行深入了解，如年龄、健康状况、职业、民族、身份、兴趣爱好、生活经历等，并积极地与要表现的对象进行思想感情上的沟通、交流，加深感性认识，激发创作欲望和热情。而且要将创作的激情灌注到作品之中，在对人物有深刻的理解和认识的基础上找到创作的形象感觉，确定表现意图。一幅成功的肖像作品，常常是画家与人物之间情感的交流。所以，只有对人物感受得深入，肖像画才能表现得深刻。例如著名舞美设计师杨树云教授在设计电视剧《红楼梦》中林黛玉的形象时，曾经反复读了好几遍原著以加深对角色的理解，并画了几十张林黛玉头像的小样，最终成功地塑造了角色。

(2)把握特征。凭借敏锐的观察力，捕捉人物形象的形态特征，包括准确描绘外部形象特点和刻画能反映内在气质的外在形象特征，并以精湛的造型功力把握和表现人物的形象特征，这是肖像创作的前提。肖像作品的画面效果主要从画面构图、造型功力、细节刻画三个方面来表现。

一幅肖像创作能否体现创作构思、展现完整的艺术效果，构图起着关键作用。所以在动笔之前，要在画面布局方面周密思考，要有一个创造性强的构思。构思的重要性就在于构图既是作画的起步，又是作品最后完成的结果，要通过布局的艺术美，展现人物形象的艺术感染力。画面构图要求对人物在画面上的位置、角度、动作、姿态以及服饰、光度、环境背景等多种因素进行综合考虑，画面既不能显得满，也不能显得空，要使人物与环境有所呼应。

在作画过程中，要遵循素描造型规律，在对人物形象深刻理解的基础上，把体现形象特征的各个可视的造型因素，包括形体结构、明暗对比、比例关系、空间层次、皮肤质感等综合地表现出来，以获得完美的造型效果(见图10-24)。

如图10-24人物肖像素描中的老者形象，作者通过对额头上几道深刻的皱纹、眼角的鱼尾纹和眯缝着的双眼等几个细节的刻画，使一位饱经沧桑、历经艰辛的老者的形象跃然纸上。

图10-24 老者

图10-25 黛玉

细节的刻画是表现人形态特征的一种有力手段。人的言谈举止、喜怒哀乐、行为动作、仪表服饰、神情姿态等都展现着一个人的个性特征，表现着一个人的精神世界。在作画过程中，要细心观察，善于发现，准确表现。比如眼睛的形状、神采、亮度；眉毛的浓淡、刚柔、扬抑；头发、胡须的长短、色泽、式样；嘴的形状、动态；皱纹的深浅、走向；微妙的表情；服饰的色调、样式等都会使人发现并获取能揭示人物本质的细节。人的生活经历、忧伤喜悦、憎恶喜爱往往就藏在面部习惯性表情之中，只有在同人物进行思想沟通和情感交流的过程之中发现、提炼、选择、概括最富表现力的细节，才能把人物形象塑造得生动感人。细节的表现要服从形象的整体刻画，要以最简练的笔触表现丰富、深刻的内涵。细节描写得当，可产生强大的艺术表现力，但一味地刻意追求细节，会影响整体效果，也会因小失大，从而失去人物形象的全貌。

(3)以形写神。肖像素描不仅要求形似，还要求神似。形是指外部形象特点，神是指人物的内在思想、感情、性格。肖像创作不仅要做到外表画谁像谁，而且还要表现人物的精神世界、内在特征，要做到“以形传神、形神兼备”。形似不等于神似，但形似是神似的基础，因此，“形神兼备”是肖像创作的精髓(见图10-25)。只有真正地认识、理解了所要表现的人物，才能准确地抓住人物神态；也只有提高自身的素养和绘画造型技能，才能深刻地表现神情，达到传神的境界。

如图10-25黛玉肖像素描(电视剧《红楼梦》中林黛玉人物造型设计小样，由中央电视台中视传媒杨树云教授提供)中的林黛玉，两道似嗔非嗔的蹙烟眉，传神地揭示了黛玉多愁善感的人物性格特征。

二、速写方法

1．速写的概念技法

速写就是在相对比较短的时间内将对象表现出来的一种绘画方法。速写作为单独画种，多用于报刊、杂志的插图。速写是锻炼造型能力、收集创作素材的重要手段。作为一名造型师，如果较好地掌握了速写方法，就可以随时将生活中一些好的创意记录下来，如发型、服饰等。速写可以帮助我们收集很多专业素材，这是提高造型能力的一种很好的方法。在绘画基础训练中，速写与素描相辅相成，都是学习绘画的重要基础课。速写工具及表现形式多种多样，这里从初学者的实际出发，主要介绍用铅笔或钢笔等进行线条造型的方法。

画速写，首先要了解人体的基本比例、结构特点、运动规律等常识，然后由静到动、由简入繁，循序渐进地逐步练习。最重要的是要从整体观察入手，抓住人的动态特征，并把它表现出来。所谓从整体入手，就是不可以只注重某些局部，而失去对人物动态的大关系的把握，捡了芝麻而丢了西瓜。

2．人物速写的方法步骤

人物速写按时间的长短，可分为慢写和速写两种类型。慢写以表现静止状态为主，慢写时间一般为一小时左右，利用相对充裕的时间对静止的人物进行相对深入的刻画，水平提高后，再逐步过渡到速写。

速写既可以表现静止的人物，也可以表现运动中的人物的动态。速写时间一般不超过半个小时，作画过程受时间的制约。所以，无论人物动态多么复杂，只能简练概括地抓住动作最关键、最本质的特征。

为了快而准地抓住人体的动态特征，可以运用动态线来表现人体的运动。什么是动态线？动态线就是表现人体运动的最主要的线条，它产生于人体运动的关键部位。把动态线充实起来，人物的动态就画出来了。

(1)人物慢写的步骤

1)观察：观察、研究对象的外形和精神气质，使自己有一个初步的印象。

2)起稿：用虚线在纸上定好位置，用淡淡的直线画大的外轮廓，包括头部基本形态、全身比例、头部和身体的关系、动态等(见图10-26)。

3)具体刻画：从头部向下具体刻画。具体刻画既要准确，又要考虑到各部分之间的构成关系。下笔要干脆利落，不可以似是而非(见图10-27)。

4)深入刻画：画完大关系后，再做细节的刻画，逐步将人物的各个方面刻画到位，最后整体完成(见图10-28)。

图10-26　人物慢写步骤图1

图10-27　人物慢写步骤图2

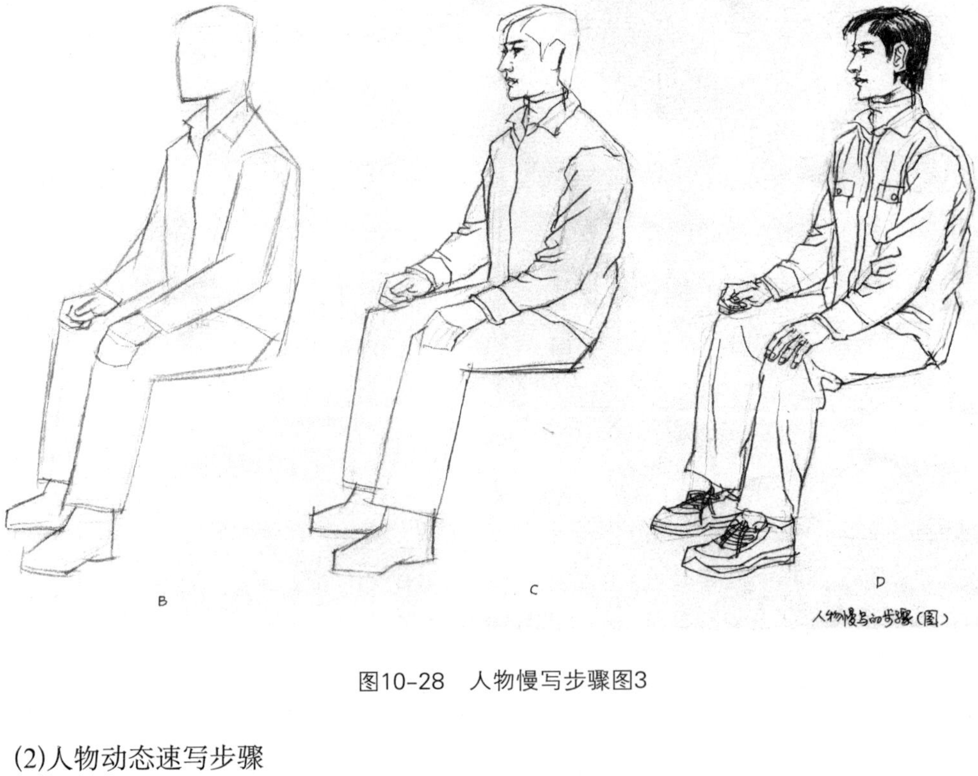

图10-28　人物慢写步骤图3

(2)人物动态速写步骤

速写的表现对象既包括静止动态，也包括运动动态。静止的动态速写与慢写的表现对象是一样的，但人物动态速写的运动动态却可以分为规则动态和不规则动态两种类型。规则动态的特点是动作特征不断地重复，如农民锄地和工人敲榔头。不规则动态的特点是运动中的动态变化很大，动态特征不重复出现，如打篮球、跳舞等。

速写与慢写在观察方法和作画过程方面基本相同，只不过速写由于受到时间限制，表现方法更加简练概括。速写的方法和步骤如下：

1)观察：观察方法基本与慢写相同，但速写的观察要求反应敏锐、迅速。

2)起稿：起稿可以由主要动态线入手。主要动态线是人体形体与动态轮廓变化的动姿主线，它是动态和形体的有机组合。起稿时把握了动态线，也就等于从大处把握住了动态特征(见图10-29)。

怎样才能在复杂的轮廓线中把握住动态线呢？我们知道，人体的运动，其本质是骨骼和肌肉的运动。动态特征在外形上表现最明显的地方就是动态线所在的地方。或者人体运动时，从衣服与身体紧贴的地方来确定动态线。例如，当人弯腰时，他的背部与衣服紧贴，背部这条弯曲的线就是表现弯腰动作的主要动态线。

3)表现：在起稿的基础上，从头部开始，肯定、果断地画起，大胆落笔，干脆利落。表现的重点是人物的动态和形体特征，把这两部分画准确，然后再把重要细节适当强调一下，就大功告成了(见图10-30)。

图10-29　人物动态速写起稿

图10-30　人物动态速写完成

3. 默写练习

动态速写要抓住一瞬间的形象，很大程度是靠默写来完成的，就是当时记下动态线，然后再整理完成，或是完全凭印象把人物动态画下来。

默写是一个重要能力，应从反复的观察写生中培养，可从下面两方面来加强练习：

(1)熟悉人体的基本比例和大体结构，并能灵活运用到实际写生中。

(2)反复默记某一动作，选抓动态线，可从一些诸如拉锯这样重复不断的动作开始练习(见图10-31)。

图10-31　其他速写

4. 单独练习

对人物的头部、手脚以及衣纹应多做单独练习，注意特征、比例(包括与人物的比例)、结构以及透视的变化。在画景物时，有时场面比较大，要注意突出主体，先确定主体位置，一般从主体开始，由前到后描绘。要主次呼应并有所取舍，不一定要将所见的一切都面面俱到地画出来。还可以根据需要移景，就是将画面以外的或居次要位置的内容移到画面中来，甚至移到主体物的旁边，以求画得完美。

速写要多看、多记、多画，应见缝插针，坚持随时随地练习，这样一定会不断提高，最终达到纯熟的地步。

思考题

1．名词解释：素描、素描原理、明暗调子、动态线、肖像素描的概念技法。

2．简单阐述素描的表现手法。

3．素描绘画示例：十字方锥。

4．明暗调子的处理：眼、唇、耳、鼻。

5．简述肖像素描的概念技法。

6．简述速写的方法步骤。

第十一章 风度与气质

本/章/重/点/与/难/点/提/示

一、重点

1. 学习风度与气质修养的意义
2. 心理学的基本概念
3. 良好的心理素质的培养
4. 风度气质的修炼
5. 个性的形成

二、难点

1. 良好的心理素质的培养
2. 心理学活动的一般规律
3. 风度气质的自我修炼
4. 希波克拉底的气质体液学说
5. 表情的修饰与美化

俄国著名文学家契诃夫说："人的一切都应该是美丽的：面貌、衣裳、心灵、思想。"气质风度是时尚礼仪的重要组成部分，也是显示良好礼仪修养的底蕴，气质风度在一定程度上反映着一个人的内心世界，是一个人经历、学识、品格、修养等诸方面的综合体现。

第一节　良好心理素质的培养

素质，英文为“diathesis”或者“quality”。前者是心理学的一个专用名词，指“人的某些先天的特点”；后者指“事物的本来性质”，包括品德素质、文化素质、身体素质、心理素质和劳动素质。无论是时尚社交礼仪还是形象设计，其目的是让人的仪表形象与容貌更加美丽动人，科学和时代的进步拓展了礼仪的含义，人们不仅需要美丽的容貌，还需要包括个体素质、内蕴魅力的完美，即德、智、体、美、劳的全面发展，反映在人体的外表上即体魄健美、容颜姣好、衣着整洁、风度优雅、谈吐得体等。美的仪表是一个完整的形象，在审美过程中如果只抓住美的个别孤立部分，那就不能真正感受到美。良好的心理素质的培养是提高人的内在素质美的关键，可以进一步提升其外在仪表美，提高人的审美能力。应把时代的精神美融进人体自身的仪表形象美之中，达到内外和谐的效果。

在时尚礼仪中，良好的心理素质能够让人显得更加自信、更加优雅。它包括健康的身心、高尚的情操、多彩的生活和一定的文化艺术修养。外在的美根植于内在的素质美之中。有人说，内在美是外在美的内化，并通过外在美来表现；外在美是内在美的外化，并受内在美的制约和规范。人的仪表形象正是外在美的内化和内在美的外化的辩证统一。

学习礼仪与风度气质修养的意义有以下几点：

(1)风度气质是个人良好礼仪素质的外显形式。风度气质是人在社会礼仪交往中所表现出来的姿势、表情、神态的总和，它泛指人的姿势、表情、神态所表现出来的气质涵养，风度气质在社交的仪表仪态中比姿势与表情更为重要。风度虽是外在表现，却是以内在素质为基础的，是良好的内在素质的外显形式。渊博的学识、聪慧的头脑、良好的教养对一个人的风度有重大影响，风度是以个人思想品质、道德行为、学识才能的实际水平为底蕴的，表现了一个人精神风貌、个性气质、品行兴趣、生活习惯的实际状态，反映了一个人的思想修养、文化修养和审美修养的实际水平，所以风度气质美比外在美更含蓄深沉，更能显示出个体的精神世界和良好素质。

(2)风度气质是社交礼仪形象塑造的重要因素。形象是指个体在社交场合中留在人们脑海中的印象，或者说是群体对某个人综合认识后形成的总印象。在现实生活中，潇洒典雅的风度给人以高尚超然的感觉；稳重大方的举止，显得可靠踏实；优雅风趣的言谈，令人感到亲近可信；确切明快的态度，示人以真诚；整洁得体的服饰给人以洒脱的美感；晶莹明亮的眼睛、乌黑柔润的头发、健康优美的体态，更是健美的标志。尽管这些都是形象美，而其中又蕴含着风度气质的美感，尤其是在静态仪态的基础上，表情、言谈举止、神态和一切社交场合中所表现出来的风度气质，更能展示一个人的品质、道德、文化和丰富的知识内涵，从而在总体水平上，塑造出一个更趋于完美的仪表形象。

社交礼仪强调作为底蕴的风度气质美的修养和塑造，强调内在美和外形美的统一，强调人类道德美感和文化知识涵养的提高，提倡美化心灵更胜于美化形体的“内美论”，从而正确引导人们礼仪美化的正确健康发展。

一、心理学基本概念

具备强大的心理承受能力是社交礼仪交往中的保证。因此，我们有必要首先学习心理学的一些基本概念。

1．心理学概念

心理的概念从哲学意义上可以概括为：

(1)心理是脑的机能，是脑对客观现实的反映；脑是心理活动的器官，二者是结构与机能的关系。

(2)心理是客观现实在人脑中的反映。人的心理活动是具有一定的内容的，这些内容便是客观现实在人脑中引起的实际反映和联想。

因此，心理学是指研究人的心理发生、发展规律的科学。

2．心理学研究的内容

心理学主要研究积极活动着的心理认识过程、相对静止的心理状态(个性心理倾向)和比较稳定的个性心理特征(个性)。

3．心理活动过程

心理活动过程包括认识过程，如人脑中的感觉、知觉、记忆、思维，情绪过程和意志过程。

(1)感觉。感觉是人脑对于直接作用于感觉器官的事物个别属性的反映。

(2)知觉。知觉是人脑对作用于感觉器官的客观事物整体的反映。

(3)记忆。记忆是曾经的经验或体验在人脑中的反映，是由识记、保持、再认或回忆组成的过程。

(4)思维。思维是人脑对客观现实概括的间接反映。

(5)想象。想象是一种特殊形式的思维，是在客观现实刺激下，在大脑中对旧的形象进行加工改造，形成新形象的心理过程。

(6)注意。注意是人对某一事物的、有选择的指向和集中。

(7)情绪。情绪是人对客观事物的一种特殊反应。

(8)意志。意志是人自觉地确定目的并支配其行动，以实现预定目的的心理过程。

二、心理活动的一般规律

下面具体谈谈上述心理活动过程的一般规律。

1. 感觉与身体知觉的规律

感觉是人的一切认知活动的基础。感觉是直接作用于人体感受器官的客观事物，其个别属性(如各种色彩、声音、形状、硬度、温度等)在人脑中的反映。感觉分为两类：

(1)人脑反映自身内部状况的感觉，包括运动觉、平衡觉和机体觉；

(2)人脑反映外界事物状态的感觉，包括视觉、听觉、嗅觉、味觉和触觉，是外界事物刺激人的眼、耳、鼻、舌、身体，所产生的信号再传到人脑而形成的。

审美感觉是人的一种特殊感觉，是审美主体对审美对象各种感性状态相貌的把握，是审美感受最基础的心理形式。在审美感受中，其他一切更高级、更复杂的审美心理现象(如知觉、想象、情感、思维等)都是在通过审美感觉所获得的感性材料的基础上产生的。人的视觉和听觉是最发达的，审美感觉主要是由视听构成的。因为客体对象所能引起人的审美感受的感性形式，主要是由色彩、形状、声音等与视、听器官有关系的属性构成的。

2. 身体知觉与知觉对象

知觉根据知觉对象的不同，可分为物体知觉和社会知觉。物体知觉根据感觉过程(视、听、味、嗅、触、动、平衡)，又可形成空间知觉、时间知觉和运动知觉等。社会知觉包括个人知觉、人际知觉和自我知觉。个人知觉是指通过一个人的外表和语言来认识这个人的心理特点和品性；人际知觉是对人与人之间关系的知觉，有明显的感情成分参与；自我知觉是指通过对自己言行的观察或对身体状况的觉察来认识自己。此外，还可以根据知觉映象是否符合客观实际将其分为正确的知觉和错误的知觉等。

三、完善自己

完善自己，应该从小事做起。具体来说有以下几个方面：

1. 爱学习

拥有正确的人生价值观，不断给自己制定新的学习任务，并努力完成，体验那种不断成功的成就感，慢慢地养成一种生活习惯。

2. 修性情

努力修炼自己，只有拥有博大而宽广的胸怀，拥有科学的思维方式，在社交礼仪场合中才能性情豪爽、乐观旷达、学识渊博、志气自若，才能应付自如。

3. 养品德

诸葛亮在《戒子篇》中写道：君子的操守，应恬静以修善自身，俭朴以淳养品德。不淡泊就不能明晰志向，不宁静就不能高瞻远瞩。学习必须静心，才识需要学习，不学习无从积累才识，不立志不能学习成功。沉迷滞迟就不能励精求进，褊狭躁进就不能冶炼性情。年年岁岁时日飞驰，意志也随光阴一日日逝去，于是渐渐枯零凋落，大多不能经时济世，可悲地困守着贫寒的居舍，那时再后悔，哪里还来得及！这是一篇论品德修养的经典文章。以静思反省来使自己尽善尽美，以俭朴节约来培养自己高尚的品德，做到孝顺、勤俭、友爱、善良。学会关爱他人。

4. 抛陋习

从自身做起，从现在做起，管住自己，抛却不文明、不健康的陋习，努力培养健康的生活习惯和良好的文明风尚。

5. 勤锻炼

珍惜青春、珍惜生命，通过运动促进身体健康。事实表明，有规律的锻炼会使人身体健康、精力充沛地完成各项工作和任务。体育锻炼的最大作用在于全面加强人的健康。

6. 清思维

常常闭目静念，清净思维，所谓“静坐常思自己过，闲谈莫论他人非”“静思勤行道，慈济人间路”。常常想一些开悟人生的话语，懂得时时反省自己，追求每日一新的生活，使自己在待人处事上能天天进步；用正向的思维方式积极面对人生，抛却心中无穷无尽的烦恼，解除无数痛苦与焦虑，本着“读书可以医俗，行善可以淑世”的理念，多读书、读好书，不断充实深邃的心灵、描绘多彩的人生。

四、良好注意力的培养

要认识某个事物、记住事物，首先必须把心思集中在这个事物上。如果心不在焉，便会视而不见、听而未闻、食而不知其味、思而不得其要，也就不会有什么深刻印象。只有把心思完全集中地指向某一特定的事物，也就是把注意力集中于那个事物，注意感知和思考，才能清晰、正确、完整地反映事物，对事物作出比较正确的判断，并且使其深刻地留在记忆中。因此，良好注意力的培养，是良好的心理素质培养的基础。

五、良好记忆力的培养

记忆是所能记住的体验过的事物，并能在以后再现（或回忆），或在它重新呈现时能再认识。记忆包括识记、保持、再现或再认三方面。识记即识别和记住事物特点及其内在的联系，其生理基础在大脑皮层，大脑皮层会形成相应的暂时的神经联系，这种暂时的神经联系以痕迹的形式留存于脑中，并保持一段时间；待到类似情景再现时，暂时联系会再次活跃。通过识记和保持可积累知识经验，通过再认或再现可以恢复过去的知识经验。每个人记忆的快慢、准确性、牢固和灵活程度，可能随其记忆的目的和任务、对记忆所采取的态度和方法而有明显的差异；每个人记忆的内容会以其观点、兴趣、生活经验为转移，对同一事物的记忆，各人所达到的广度和深度往往不同。

人脑不仅可以感知当前的事物，而且可以把通过感知获得的印象储存起来，以便将来提取，使这些印象再现，这就是记忆。记忆是人脑对经历过的事物的反映，如果没有记忆，人就无法学习，也不可能掌握任何知识技能。因此，短期内反复加强或强化这种记忆痕迹，对于良好记忆力的培养是有很大益处的，也是培养良好心理素质的条件。

六、良好思维能力的培养

思维是人的心理活动过程中最复杂的心理现象之一，是人脑对于客观事物的本质属性及其内在规律的反映。思维有两方面的含义：相对于存在而言，是整个认识活动的总称；相对于感性认识而言，指理性认识，或指理性认识的过程，即思考。思维的目的是深入认识事物。对感知获得的第一手材料，还要用脑子再想一想，进行分析、综合、抽象、概括、判断、推理，这种想一想的心理活动，就是抽象思维，又称逻辑思维过程。与形象思维过程有所不同，它是以社会实践为基础，以揭示事物的本质和规律为目的的。思维同语言密切相关，语言是思维的工具，思维是语言的内容。因此，培养良好的思维能力，有助于我们冷静地分析事物、准确地作出判断或得出结论，有助于口才的训练和幽默的表达。

七、良好观察能力的培养

良好敏锐的观察能力是了解社会、了解他人并获得判断依据的重要工具。观察力是与思考力及理解力密切联系的。有经验的人不仅能够敏锐地观察到对方的重要的心理表现，而且可以从中理解对方的某些心理活动，甚至还可以从某些心理表现推知对方将会出现的心理表现的内容。

八、良好生活态度的培养

有人说，幸运的方法很简单，要换一种生活态度，在运势差或不如意时，只要想到，这些其实是上天要你从中学习而安排的——只要懂得这个道理，就会对自己经历的事情怀抱感谢之意。当你知道每天都有为自己量身定做的事情等着你，就会每一天都兴致勃勃，充满期待，不好的事情也就不会影响你的情绪。你会发现，其实每个人都有属于自己的使命需要完成，生活中任何小事都可能是你发现使命的契机。

希望幸运降临，首先要培养良好的生活态度，提高心灵层次，并且要积累生命能量，在日常生活的一些小地方多用些心思，诸如开朗的笑容、热情的招呼、多一些体谅的心、对家人心怀感恩、多赞美他人的优点、保持良好的礼仪、将自己的生活环境弄得干干净净、全心全意投入眼前的事情、保持良好的生活态度等。

九、情感自控能力的培养

人脑通过感知和思维能力反映和认识客观事物。由对现象的认识到对本质的认识，这只是心理活动的一个方面；而在认识事物的过程中，往往伴有喜、怒、哀、乐、恐、憎等不同体验，即产生情感体验，这是心理活动的另一个方面。人的能力是多方面的，在心理能力中，有的人逻辑思维能力特别强，譬如男性擅长理性思维；有的人交际能力特别强，譬如女性擅长感性思维。而在所有的心理能力中，情感自控能力是人类的最高能力。

按照弗洛伊德的观点，人的性格分为“本我”“自我”“超我”三个层次。从生物学的角度来看，在大自然中，能够满足一切本能的需要，是一件最快乐的事情。随着社会经济的发展，物质文明程度和精神文明程度的提高，道德观念开始形成。于是人类有了自我约束的能力，还形成了大多数人所能够接受的道德观念和法律法规。于是，人类便进入了更高的层次——“自我”，乃至“超我”，也就是说，人类有了自我控制的能力。自我控制，是对自己的行为、思想、道德和语言的控制，是使自己的情绪始终保持在良好状态。自我控制表现在两个方面：一是“发动作用”，即自己发动与支配自己的结果；二是“制止作用”，指主观的“我”根据当时的情况，抑制自己的行为举止。

由于长期的生活经历积淀，人们往往会产生许多生理和心理上的压力，人们需要控制自我的情况很多。如果能够经常及时调整心态，适当采取自我控制的方法，不仅可以使自己始终保持在最佳状态，还能以这种情绪去感染周围的人，那么，我们将生活在一个非常愉悦的环境中。

十、放松自己

现代人的精神压力之大是毋庸讳言的。既有生存压力、生活压力、来自上司和同事间的工作压力，也有来自亲人的家庭压力，更有来自自身的生理压力，可以说，凡事都不能够随心所欲；只要生存着，压力就会如影随形，这是客观存在的事实。

有压力并不可怕，可怕的是深陷其中而无法自拔，以至于影响自己的生存状态。很多患神经衰弱和精神障碍的病人，大多是由无法摆脱精神压力所致。最典型的莫过于忧郁症、焦虑症、更年期综合征这几种神经质性疾病。

在现今社会，大多数人都接受过良好的文化教育，有着深厚的文化底蕴和生活阅历，这对正确缓解压力、调适心理状态会有相当大的作用。俗话说“见多识广”，看到的、听到的多了，心态也就容易及时调整了。当然，如果再能掌握和适当运用一些放松或缓解心理压力的方法，则能使自己的心情始终保持在一个良好的状态。

积极健康的心理状态可以通过下列几种方法获得：

1. 陶冶情操

在社交场合中，一个情操高尚的人总是受人欢迎的。陶冶情操的方法有很多种。可以通过一些积极的参观学习，学会欣赏或鉴赏美的艺术品，例如音乐欣赏、美术欣赏、雕塑欣赏等；也不妨经常外出旅游，欣赏优美的大自然风光，所谓“山水怡情”“心旷神怡”就是这个道理；还可以经常听一些高雅的音乐会，观看一些舞剧、戏剧，或者常阅读或吟诵一些唐诗宋词、国内外的古典名著，“诗言志”“画寓情”，这些美丽的语言、美好的诗句、美妙的音乐，淋漓醉墨，低吟浅唱，体味精妙，耳濡目染，自然宁静致远、俗念全消，既能陶冶高尚的道德情操，也可以起到促进心理健康和心情愉悦的良好效果。

2. 冥想

心理学家把人类意识（觉醒）状态分为意识清晰态（完全清醒）、意识平静态和意识抑制态（睡眠）。人的意识平静态（简称意静态），是人清醒和睡眠之间的一个移行状态，也有人称其为“第三心理状态”。此种状态可以使人的机体完全置于自我节律（原始生理节律）的支配之下，能够排除外界一切干扰，释放压力，有助于人体机能的修复和协调，是比睡眠更积极的一种全身机能协调整合的状态。

有许多方法可以使人进入这个状态。例如想象、冥想、静（禅）坐、瑜伽、暗示、催眠、生物反馈疗法和心理学中广泛应用的各种松弛疗法等。

当心烦意躁时，不妨找个稍微安静且无人的地方，放松自己，盘腿而坐，背对着窗户，光线不要太亮；将对身体有束缚性的东西如皮带、胸罩等全部解开，宽衣解带，忘却凡尘，全身心放松；然后将两手放在双腿之上，拇指与食指的指尖轻轻接触，圈成“兰花指”，挺直背部，收紧下颚，从肩部到手指都要放松，并轻轻闭上眼睛，调整好情绪；接着开始调整呼吸：用力以鼻最大量地吸气，并用意念将吸入的气缓缓送到腹部（丹田），数秒钟后再缓缓用意念将身体内的污浊之气用口吐出体外。

这种腹式呼吸方法可以减少人的呼吸次数，使呼吸既深又缓，并且最大量地吸入氧气，呼出二氧化碳，使人体充分放松。如果经常将意念集中在丹田之处（肚脐），注意腹式呼吸的使用，可以非常有效地使心情平静下来。随着时间的推移，呼吸也会变得深沉平和，心无杂念。10分钟后，就会进入冥想状态。

如在冥想时，能够点上一盏芳香精油灯，滴几滴具有安神作用的薰衣草精油，效果会更好。当进入冥想状态时，身心会感到无可比拟的舒适与宁静，心无旁骛。因为一般的打盹只会让人暂时停止思想，但不会感到舒畅，而当你思想放空时，集中的意念会让你豁然开朗。

研究表明，通过冥想，人可以在一段时间内放松自己。这种放松可以帮助拨慢衰老的时钟，消解生活中的精神压力，大大提高自己的直觉力和创造力。冥想在生理上可以放松血管、降低血压并消除四肢寒冷、麻木的感觉；可以放慢脉搏，放慢呼吸的速率，减少出汗(出汗是一种紧张的迹象)；可以将血液中的血脂水平至少降低30%。冥想还可以降低血压，放慢脑部萎缩的速度。冥想有生理上的作用是因为人在冥想中能得到深层放松，从而使意识的阻抑作用减小，潜意识中的灵感更容易浮现出来。重要的是，冥想能净化心灵，让人无忧无虑，有效地缓解压力。

3. 深呼吸

正确的深呼吸方法，可以有效帮助你缓解精神的紧张和压力。

呼气与吸气是机体自然的生理活动。但有时候人会因为压力或精神紧张而觉得胸闷，当呼出一口气而觉得有如释重负的感觉时，会分外舒畅。由此可见，人也可以通过深呼吸有意识地控制或调整自己的情绪。

科学研究证明，深呼吸和冥想一样，是生活中放松或释放压力的秘诀，因为它们都会将最大量的新鲜氧气带进身体的各个部位，以此来保证全身肌肉的放松和大脑氧气的充分供给，保证大脑的片刻休息。

正确的深呼吸方法是：舒适地仰面躺下，支起双腿，将双手放于腹部，很自然地用鼻子吸气，然后用意念让气流慢慢地通过气管往下进入肺部，再缓缓地用意念将气体送入腹部，直到进入丹田。

需要注意的是，这是一种意念的感觉，绝对不能借助肌肉的力量去扩张。只要使腹部横隔膜得到扩展提升，腹壁因为充气而轻轻拱起，就可以了。

呼气时，气体慢慢地由下腹、腹部、胸腔、气管退出；意念感觉则是恶浊的废气由微张的口中排出，直到底气全部自然吐完，感到缺乏氧气时再用鼻子吸气，直至心无杂念，进入前面所说的“第三心理状态”。

还有一种用意念导引呼吸的方法：躺下后平静一下情绪，闭上眼睛，缓慢而深长地吸气，想象吸进的新鲜氧气在全身扩散，到达身体的每个末端，例如手指、脚趾等；然后用力猛然呼出所有的气，包括所有感觉中的不快、担忧和恐惧，让所有的精神负担统统“一吐为快”。稍事休息后，再深深地吸气，由此增添新的活力。

深呼吸是一种最简单方便的自我呵护方法。不管是在室外还是在室内，你都可躺着、坐着或站着练习。重要的是呼气比吸气时间长，比例约为2∶1，呼吸时保持放松状态。

深呼吸运动可以在任何场合、任何时间、任何状态下进行，这一点通常自制力比较强的人做得更为出色。只要稍有不适，尤其是精神和心理方面，你都可以随时随地有意识地去做这项运动而不为旁人所察觉，达到最好的放松效果。

4．放松

对付由生活或工作带来的紧张或疲惫感，可以用舒缓的放松方法。

不知你是否有这样的体会：经常会因为某种原因而走神，经常会在这种“自我”与“忘我”之间无形地转换。可以说，这种放松是潜意识中的、不为自己控制的，但如果借用这种放松来调节情绪，效果更会令人满意。

研究证明，有意识地放松，可以使肌肉和体内器官松弛下来，并且使神经系统由负担过重调节到正常状态。这种身体放松，同时也会对头脑和心理产生作用。

当身心处于重压时，“内心微笑”将会很有益处。只要停顿一小会儿，对自己做内心和外表的勉励式微笑，或者对环境报以微笑皆可。因为这样做会产生超然物外的洒脱感，从而积极影响情绪。

标准的放松方法是静下心来，盘腿端坐，找一个自己感觉非常舒适安稳的姿势，尽可能伸直脊柱。同时双手放松地放于双膝，手心向上，闭上眼睛。集中意念于某件轻松的事情，或者将意念集中于丹田。

深思冥想时，心率和脉搏降低、呼吸平缓、血压降低、新陈代谢减慢，血液中的一部分应激反应荷尔蒙下降，体内固有的幸福荷尔蒙将会获得释放。保持这样的姿势与感觉半小时，会有神清气爽的舒适感。

另外，采用自我按摩头部的方法同样能得到放松的效果，相信你每次洗头都会有这样的感受。消除紧张感和调节压力的放松按摩方法如下：双手指尖放在额头中央，轻轻地施予一定压力，感觉向上收缩；然后重复上述动作。

如果太阳穴部位经常发生疼痛或跳痛痉挛，可以先涂上一点玫瑰精油、薰衣草精油或薄荷精油，用中指和无名指的指腹压住太阳穴做按摩，直到压力感明显减轻为止。

5．瑜伽

瑜伽能使精神放松，是使身体始终保持柔韧性的一种好方法。不管多大年纪，都可以练瑜伽并长年坚持下去。先准备一小块舒适的地毯，循序渐进地进入练习状态，运作幅度切不可超出轻松舒适的范围；衣着应该宽松；除了饱食后的一两个小时外，可以在上午、下午或晚上的任何时间练习。

(1)用膝盖触头。平躺在地板上，抬起一条腿，弯曲膝盖并把手放在小腿上，将小腿柔和地拉向身体，用头轻轻地触碰膝盖；然后交换做另一侧。

(2)蛙式。坐在地板上，两只脚掌并拢，双膝舒适地分开。抓住脚踝并轻柔地用头去触碰腿部；交换做另一侧。

(3)眼镜蛇式。俯卧，腿脚并拢。双手放于肩下，指尖不要超出肩部太远。主要用背部的肌肉(而不是胳膊的肌肉)提起胸部离开地板，向上仰视天花板。仍用背部的肌肉，把背部拱得更高一点。感到肚脐被压向了地板。放松地摆好姿势，并保持十到二十秒，可确切地感到背部下面的疼痛消失；然后交换做另一侧。

(4)蝉式。俯卧，双臂伸直放在身体两侧，手掌向下，两腿并拢，抬起胸部，双眼看着天花板，同时将双臂和双腿抬起离开地板。双臂稍微向后，像一架飞机正试着起飞，用腹部的中央保持平衡时，享受这种“飞翔”的感觉10秒，正常呼吸；交换做另一侧。

(5)半月式。双脚并拢直立，两臂高举过头，手掌合拢仰头，下巴向前，两臂紧夹着耳朵向上伸。然后在能够适应的范围内，慢慢地、尽可能地向后弯曲双臂和身体，保持双臂挺直和呼吸正常。把注意力集中在脖子后面，放松地将自己变成弓形。

(6)放松。仰面躺下，两臂舒适地放在身体两侧，手掌向上，两腿舒适地分开。闭上眼睛，并尽可能地放松，想象着身体特别沉重，想象自己像一块沉重的铅块完全被地板所支撑着。

6．松弛

如果说放松是一种随心所欲的心理调节，那么松弛则是一种心理暗示，通过某种特定的情景或环境，对心灵施以影响及诱导，从而达到全身心放松的目的。

舒适地躺着，闭一会儿眼睛，深呼吸，然后将意念引向你认为最美好的地方。例如想象你悠然自得地躺在艳阳下美丽的海滩上，一阵轻柔的海风吹过，海浪轻拍沙滩，空气清新，椰子树轻轻歌唱，任凭浑身流淌着无法形容的安宁和舒适……带着轻松的遐想，回到现实的尘世；先深呼吸几次，再睁开双眼。整个身心都会感觉特别地松弛。

7．打坐

学会打坐能够让你心平气和地面对世事。打坐类似于坐禅，最好是从念一个字词开始。譬如默念“阿弥陀佛”或者“静”。

打坐时应选择一处安静的地方，舒适地盘腿端坐于地。可以垫一个蒲垫，然后闭上眼睛，让呼吸平缓均匀地流动，缓慢而有节奏地反复默念“静”；可以想象“静”的含义，只是想，不要出声。就这样随意地闭目坐10分钟后睁眼，然后慢慢起身。

打坐的最佳时间是清晨或者黄昏，因为这段时间空气湿度大，人的感觉异常敏感，非常容易心静如水。打坐时的坐姿很关键。打坐要求双手放在腿上，或将手背搁在腿上，手呈莲花指朝上，必须挺直脊柱，只有这样才能让呼吸气流均匀，呼出的总是比吸入的长而且深。

十一、“五感美容疗法”

国外近年掀起了一股“五感美容疗法”的热潮。什么叫“五感美容疗法”呢？

原来，正常人应该用五官来接受外界刺激，并且用五感（听觉、嗅觉、视觉、触觉、知觉）来察觉各种外界信息。如果给予五感舒适的刺激信息，可以通过神经将这些刺激传递到大脑中枢，对情绪和意识产生良好的影响，从而改善皮肤或形象的状态。

其实，各种感觉刺激作用于人体，只要是能引导出良好感受的适宜的刺激，都可以产生良好的心理美容效果。

1．听觉——音乐美容法

利用自然界中雄浑清澈的原生音与人体生理韵律产生共鸣，如流水、海洋、空气、大地等自然的声源；或者是中医的“五音美容”：聆听由角、徵、宫、商、羽五音构成的不同音乐节奏和旋律，并同时进行人体或面部的穴位按摩；有针对性地调节人体气血运行、改善脏器功能、优化心理状态，从而达到美容保健之目的。也可以选择其他音乐疗法，选择让人心绪平静、悠扬愉悦的抒情乐曲或小夜曲，效果更佳。

2．视觉——色光疗法或者鲜花疗法

色光疗法或者鲜花疗法主要是通过色彩唤起人的良好心理感受。色彩可以有正、负两种心理效应。色光疗法经由一种能将光谱、色彩导入身体的色光治疗工具来进行，使用光所产生的力和光学色彩，影响细胞内色素的传送进程，达到改善的目的。鲜花疗法则是通过不同鲜花的观赏效果来陶冶性情，以鲜花艳丽的色彩和香味来愉悦心理，从而达到改变形象、容貌的目的。

3．嗅觉——芳香疗法

利用纯天然植物精华油的芳香气味，辅以蒸汽喷雾或特殊的穴位按摩手法，使香气经由嗅觉和皮肤的感觉器官，上传到大脑神经系统，从而使全身心获得舒解，释放压力，愉悦心灵，从而达到美化形象、保养皮肤、增进身心健康和心理愉悦的目的。

4．触觉——抚摸、按摩及其他触觉刺激形式

触觉可为局部皮肤及全身心带来良好的感受，也可以借助空压淋巴引流仪器，完成淋巴的引流功能；或者借助芳香疗法中的淋巴引流排毒手法，防止淋巴液淤积，促进淋巴液尽快回流，使淋巴循环更好地扮演人体清道夫的角色。近年兴起的对婴儿的全身按摩法主要是依赖于触觉按摩法。

5．温觉——冷喷、热喷

皮肤护理中的冷蒸汽喷雾、热蒸汽喷雾和敷面膜的冷热之感，既有使局部血管收缩和舒张的作用，也有加速血液循环、舒张毛孔、改善毛细血管通透性、活血化淤、加速新陈代谢的良好作用。

6．痛觉——针灸

针灸是改善问题性皮肤、促进全身经络通达、美容疗肤、减肥的良好手段；另外，针灸针对一些特殊病例，如局部使用梅花针所致的微痛，可以形成一种良好刺激，使人产生愉悦的情绪。

其他感觉的，尤其是几种复合感觉的综合适宜信息，也都可以激发相应的心理愉悦感受，从而起到美化形象、调适心理的美容效果。

第二节　风度与气质的修炼

一、气质与风度

1．希波克拉底（Hippocrates）的气质体液学说

早在公元5世纪，古希腊名医希波克拉底就观察到了人的不同气质类型，他认为人体有

四种体液：血液、黏液、黄胆汁和黑胆汁。他根据四种体液的配合，从心态上将人分为四种类型：在体液混合中，血液占优势的人是热和湿的结合体，其特点是温而润，如同春天一样，为多血质；黏液占优势的人是冷和湿的结合体，其特点是无情，如冬天一样，为黏液质；黄胆汁占优势的人是热与干的结合体，其特点似夏天，热而躁，为胆汁质；黑胆汁占优势的人是冷与干的结合体，为抑郁质。由此便形成了人的四种气质类型。由于希波克拉底对人的气质类型的划分与日常观察所概括出来的四种气质类型比较符合，所以他的关于气质分类的方法和名称一直沿用至今。其具体心理特征如下：

(1)多血质类型。多血质类型的人的心理特征是活泼热情，充满朝气，行动敏捷，灵敏机智，善交际，适应性强，注意力容易转移，兴趣易变，情绪容易外露；心理活动特点是有很高的灵活性，容易适应环境变化。

(2)胆汁质类型。胆汁质类型的人的心理特征是直率热情，精力旺盛，性情急躁，易于冲动，反应迅速，思维敏捷，但准确性差，情绪强烈外露；心理活动的特点是兴奋性强而不均衡，带有迅速而突发的色彩。

(3)黏液质类型。黏液质类型的人的心理特征是安静稳重，反应缓慢，沉默寡言不易激动，注意稳定且难转移，沉着坚定，善于自制；心理活动的特点是安静、均衡。

(4)抑郁质类型。抑郁质类型的人的心理特征是行为孤僻，反应迟缓，对事物反应敏感，善于觉察别人易疏忽的细节，情感发生较慢，但持续时间长，体验深刻，具有内倾性；心理活动特点是迟缓、内倾。

2．气质的高级神经活动类型

俄国生理学家、心理学家、高级神经活动学说的创始人巴甫洛夫提出兴奋和抑制是大脑皮层的基本神经过程，这个过程在其强度、平衡性和灵活性三个方面具有明显的个体差异，根据这三方面特征的不同组合，巴甫洛夫将人的高级神经活动分为四种基本类型：(1)强、平衡、灵活型（简称活泼型）；(2)强、不灵活型（安静型）；(3)强、不平衡型（不可遏制型）；(4)弱型（抑制型）。

巴甫洛夫认为神经类型是气质类型的生理基础，气质是神经系统基本类型的外在表现。气质和神经系统基本类型存在相对应的关系，与希波克拉底的气质体液学说相比：不可遏制型相当于胆汁质类型，活泼型相当于多血质类型，安静型相当于黏液质类型，抑制型相当于抑郁质类型，二者的心理活动特点基本相同。

3．气质的特点和作用

心理学家认为，气质是一个人生来就具有的、典型而稳定的心理活动动力特征。所谓心理活动动力特征主要是指心理活动的速度（例如知觉的速度、言语的速度、思维的迟缓或敏捷速度等）、心理活动的稳定程度（例如注意力的稳定程度、情绪的稳定程度）和心理活动的指向性（例如有的内倾、有的外向等）。外向的人主要表现为动作反应、情绪反应、言语反应倾向于外向；内倾的人则相反。这些与生俱来的特征有规律地相互联系、组合，便构成了个人的气质类型特征。气质使一个人的全部心理活动具有独特的色彩。一般的气质概念是指一个人通过其职业形象、生活态度、言行举止、兴趣爱好和情绪性格等行为方式，所反映出来的特定的天赋智慧、文化素养和思想品质的总和，它是人类高级神经活动类型在行为活动中的表现，是人的生理、心理素质和社会实践相结合的产物。

气质与性格既有区别又相互渗透、彼此制约。气质更多地体现着先天的神经系统基本特性的自然影响，而性格更多受后天的生理环境的制约；气质是性格的基础，而性格则可以在一定程度上掩盖或改造气质。通常人们所说的气质概念比上述心理学中的气质概念更为广博，它既包含个性的特征，也包含人类个体很多优秀的共同品质，例如文化素养、道德涵养等，是人们评价一个人内在素质的标准。一般而言，任何人外显的气质并不是其全部，而且是可以修饰的，例如一位成功的演员可以塑造个性截然相反的角色形象。内在气质和人的外在形象一样，可以进行适当的修饰和包装，以突出其气质有优势的一面，弥补气质之不足或缺点。

气质具有天赋性，在很大程度上受制于先天的遗传因素。一个人心理活动的动力特征在其不同内容的活动中、在不同目的的情况下，都会自然地表露出来。但个人的气质也不是不变的，在环境和教育的影响下会缓慢发生转化。尤其是在个体成长的早期，环境的影响能起决定性作用，教育的影响能起主导性作用。

一个人的真正魅力在于其独特的气质，而这种气质对于同性或异性都具有吸引力，实际上，这是一种内在的人格魅力。

气质美看似无形，实为有形，气质美首先表现为内心世界的丰富。理想是内心世界丰富的一个重要方面，因为理想是人生的动力和目标，没有对理想的追求，内心空虚贫乏，是谈不上气质美的。品德是气质美的另一个重要方面。为人诚恳、心地善良是品德美的表现形式。文化水平高低也在一定程度上影响着人的气质的形成。

气质并不能决定人的社会价值，任何一种气质类型都有积极的一面，也有消极的一面。任何一种气质类型的人，都可能成为品德高尚的人或者某一方面的专家，也可能成为有害于社会的人或者一事无成的人。

为了社会分工，或者是为了有针对性地做好人的管理、教育、任用和保健等工作，则需要了解人的气质特点，尤其是组织社会化的大生产。根据不同的职业要求，选择相适应的气质类型，有利于发挥人们的积极性。

4. 什么是风度

风度主要指人的全部生活姿态带给外界的综合印象，也可以说是一个人的内在品德修养和外在气质的自然流露。风度是人的仪态的一部分，人的姿势美和表情美是人的仪态的外在美，而风度美则是人的仪态的内在美，风度美又有赖于姿势美和表情美，只有当它们有机地融为一体时才是完整的仪态美。风度只是气质的外显而不等于气质的全部。所以人们更习惯于将“气质风度”联系在一起以完整地表达形象的内在状况。一个人的风度是其内在素质的外显，自然要以良好的内在素质为基础。要有聪慧的头脑、渊博的学识和良好的教养，具有良好的思想品德、文化修养和审美修养，才能体现出较好的风度。风度美体现在日常交往之中，体现在一个人的姿势美和表情美之中。他人通过什么标准来评判气质风度呢？确定一个人良好的气质风度，至少应重视以下几个方面：

(1)仪表堂堂，端庄洒脱。看一个人是否具有良好的气质风度，首先取决于外表的仪表形象。对仪表的要求是整洁美观、姿势端正、自然得体、庄重洒脱，这样的仪表仪态自然会令人尊重。

(2)举止大方得体。重视举止仪态。看上去镇定自若、从容不迫、落落大方，不拘束、不紧张、不吝啬，举止文雅、彬彬有礼，就会表现出良好风度；即使到一个新地方，与陌生人交往时，也不要拘谨，举止行为要自然得体。

(3)口齿伶俐、谈吐文雅幽默。口齿伶俐、谈吐文雅也是仪表仪态的重要方面。与人交往时要善于辞令，有较好的口语表达能力，说话注意温文尔雅、文明礼貌；既坦率又不粗俗，既活泼又不轻佻，不哗众取宠，不低级庸俗。

(4)作风严谨、朴实。作风严谨、朴实大方是品行端庄的表现。办事作风有条有理，待人接物认真、坦然，谨慎行事，谦虚朴实，不骄不躁，不粗心大意。

(5)平等、善意、友好。应在社会交往中遵循尊重、平等、善意、友好的原则，尊重他人，不卑不亢。在与人相处中不要妄自菲薄、低三下四，甚至见利忘义、丧失人格；也不要趾高气扬、盛气凌人、目中无人；要自尊、自重、自爱、自强、自信。

二、文化修养

文化修养是一个人良好仪表的底蕴，也是提高人们内在素质的根本措施。塑造内在美的最主要的形式和途径就是提高人们的文化修养。文化修养应是广义的概念，不仅包括人对知识的学习，对自然、对社会的认识和了解，对社交礼仪和习俗的学习，也包括个人的道德修养、个性修养、美学修养等。

1. 知识的学习

知识概括来说有两大方面，一是自然（科学）知识，二是社会（科学）知识。一个人除了要学好自己本专业的知识，亦应尽可能多地学习其他知识；知识涉及面要广。所以一个人要做到活到老、学到老，一辈子都要不懈地学习，不仅学习怎样做人、怎样与人交往，也要努力学习了解自然、研究社会。

“知书达理”常被人们用来形容一些儒雅的谦谦君子，也就是说通过读书、学习了解各方面知识，人也就自然地提高了素质。因为学习知识的过程，意义不仅在于人了解或掌握知识，更在于知识对人们思维的熏陶；人接受了知识的熏陶之后，就会更加理性、更加文明。可以说学习文化知识、增强文化底蕴，是提高自身素质的最基本的方法。

2. 道德修养

提高个人的道德修养，首先要学习和把握社会道德原则及其规范，选择和树立理想人格，成为自我道德修养的楷模；其次是运用自我批评的方法，剖析、纠正自己的错误和缺点，培养新的道德情感和道德信念；再次是在工作实践、生活实践和社会交往实践中不断更新、矫正自己的言行，逐步形成新的、良好的道德品质和道德习惯。

道德是在一定社会里，人与人之间以及个人与社会之间相互联系和规范行为的准则。人们在长期的社会实践中，一旦形成某种道德观念，不仅会以这种道德观念评价别人的行为，也会以此衡量、约束自己的行为。道德是对一个人的思想品质和处世能力的全面要求，是人在一系列的道德行为中所表现出来的持续的品质。良好道德品质的形成，既离不开社会环境和社会道德教育，又离不开个人主观的道德修养。

3. 美学修养

美是存在于客观世界中的社会现象，真、善、美是社会礼仪的精髓和核心。加强美学修养，旨在对社会生活现象中蕴含的艺术思想、文化渊源、社会功用等进行深入探讨；对美的本质、美的追求等方面形成完整的认识；树立正确的对人的身体美、心灵美、行为美、语言美的看法；对生活美、环境美、艺术美、情感美等进行准确的鉴赏和把握，从而陶冶情操，提高审美情趣和审美能力。

美学修养的关键是要按照美的规律来创造美。例如学习如何创造美，重要的是提高人们自身的素质和智慧，使其充分认识美的规律，体验到美所能带来的愉悦，这样人们才能按照美的规律来创造美，创造一个良好的形象。

4. 幽默与口才

在以上的学习中，我们已经知道语言是人类重要的交际工具，人们利用语言来交流思想感情、协调社会交往和生活中的各种矛盾；语言还是思维工具，人们利用它来进行各种思维活动；语言也是一种社会现象，它和社会互相依存，并随着社会的发展而发展。因此，语言的两大要素——“口才”与“幽默”就显得非常重要。

(1)口才。谁都渴望将来能成就一番事业，在纷繁的社交场合中，面对越来越激烈的社会竞争，除了专业知识以外，我们还需要自信、需要口才、需要推销自己的能力。

生活中，有的人振振有词、滔滔雄辩，大有情动四海、力挽狂澜的气概：孔明舌战群雄、蔺相如完璧归赵、苏秦纵横捭阖，都是在己方力量弱小的情况下，用口才的力量，晓之以理、动之以情，将被动转为主动。但在生活中，我们有时所面对的是一些不容讲理或根本讲不得理的人或事，这时，简短、机智、巧妙的言辞就显得尤为重要。

口才的“巧妙”，首先在于用得“恰到好处”。也就是说一定要摸准对方的心理，一言击准对方神经最敏感的地方，使对方迅速做出有利于我们的反应；其次是要灵活运用语言的各种要素，常言道“妙语生花”，就是指用敏捷的思维和机智的口才将常用的普通言语精心组合，使它达到意想不到的效果。

据说清代大臣曾国藩就曾用“屡败屡战、坚持不懈、终因……”等词改变了自己在皇帝心中的形象。将成语“屡战屡败”中的“战”“败”两字的位置巧妙更换，词的感情色彩就大不一样了。这种更换，使曾国藩从一个屡战屡败之将，变成了一个百折不挠、在困境中坚持战斗的爱国英雄，把失败变成功绩，从而受到朝廷的赏识重用，使自己转危为安。这也是口才的威力所在。

(2)幽默。幽默是微笑的艺术。对于生活在纷繁复杂的事务中的人们来说，面对沉重的生活压力和竞争压力，幽默是一个人生课题。幽默能够帮助我们用达观的人生态度来对待生活、用发自内心的微笑来对待痛苦与灾难、用智慧的诙谐来对待竞争矛盾和压力。在人与人的相处中，我们可以发现，性格幽默的人会有更好的人缘；我们也常常会更喜欢或欣赏一个有幽默、平和、挥洒自如的性格的朋友，那些精妙的语言令人魅力倍增，精辟的论点令他人终身受益。“妙语生花”使自己快乐，也使别人愉悦，何乐而不为?

幽默的前提是认识自我，宽容大度，要富于自我批评、自我嘲讽的精神；通过微笑的艺术和机智的语言，表现出对人的精神、情感价值的肯定，让人始终对未来生活保持憧憬与激情，坦然和平静地面对现实生活。因此，要多一点童心、多一点智慧、多一点爱心、多一点疯狂、多一点快乐，还要多一点实践，才可以多一点成功。

当然，幽默也是需要不断学习与经常练习的。可以经常将身边的人和发生的事、报纸上的一些新奇的事情讲给大家听，增加茶余饭后的谈资。不论是引人发笑的话题、图片，还是一切可以让人开怀的东西，都可以学习并且牢牢记住。只有多读、多看、多交流，增加勇气、增强幽默感、学会讲笑话，才能从接受幽默到学会幽默，再到散发幽默，才能达到创造生活情趣、升华境界、增加个人魅力、活跃人际关系、善于调节交流气氛的目的。幽默可以激发斗志、增加人的勇气，提高欣赏水平，提高生活质量。只要真诚待人、言语幽默，最终可以让自己成为一个在任何地方都受人欢迎的人。

思考题

1. 简述情感自控能力的培养。
2. 简述健康心理修养可以通过哪几种方法获得。
3. 简述“五感美容疗法”的含义。
4. 简述气质的特点和作用。

参考文献

[1] 基欧.专业化妆师的技艺[M].纪伟国,译.北京：中国电影出版社，2000.

[2] 沈从文.中国古代服饰研究[M].上海：上海书店出版社，2007.

[3] 国家文物局.中国文物精华大辞典：书画卷[M].上海：上海辞书出版社.北京：商务印书馆，1996.

[4] 李秀莲.中国化妆史概说[M].北京：中国纺织出版社，2000.

[5] 周锡保.中国古代服饰史[M].北京：中国戏剧出版社，2002.

[6] 霍忠斌.洗尽铅华[M].北京：首都师范大学出版社，2006.

[7] 张其亮.医学美容学[M].上海：上海科学技术出版社，1996.

[8] 鲍汗青.诗词画艺术散记[M].江苏：南京出版社，2001.

[9] 顾筱君.时尚化妆[M].北京：机械工业出版社，2012.

[10] 顾筱君.21世纪形象设计教程：第2版[M].北京：机械工业出版社，2011.

后　记

我热爱形象设计事业，为了使形象设计事业在我国得到推广普及，发展兴旺，我做出了不懈的努力。

首先是举办培训班，培养形象设计师。记得那还是1998年的金秋10月，为推广“形象设计”这个当时还非常时髦的“舶来品”，我主持举办了江苏省第一届“形象设计高级研修班”，请中央电视台的首席化妆师徐晶老师来南京授课，前来听课的只有5人；2001年10月，我主持举办了江苏省首届“文化部艺术形象设计师培训班”，请中央电视台首席化妆师、中国影视学会会长杨树云教授和江苏省歌舞团一级舞美设计师赵志平教授讲课，参加的也只有11人；2002年10月，在江苏省美容美发协会的支持下，我主持举办了“江苏省第二届形象设计高级研修班”，请中央戏剧学院霍起弟教授来南京授课，报名参加的学员已达到117名，可谓盛况空前，这充分说明“形象设计”这一新兴学科开始引起越来越多的人的重视。

2005年，中国机械工业出版社的何月秋社长向我约稿，委托我编写形象设计教材，于是我开始编写《21世纪形象设计教程》这本初级读本，聘请中央戏剧学院的霍起弟教授作为本书的顾问。《21世纪形象设计教程》出版后，受到业内人士的欢迎，中国机械工业出版社很快安排再版。

时尚是对新潮流引领的响应，同时也是对老传统精髓的传承。这些年来，我不断加强对时尚形象学科相关知识的学习，参考了专家学者的大量著作，对此学科的内涵进行了认真深入的思考和研究，结合自己多年的教学经验，对优秀的学生作品加以整理、充实和完善，终于完成了《时尚形象设计导论》这本书的编撰工作。

我要感谢中央戏剧学院的霍起弟教授、中国机械工业出版社的何月秋社长；感谢关心、支持我的江苏省美容美发协会会长王建先生；感谢支持、帮助我授课的徐晶老师、杨树云老师、赵志平老师；感谢西南石油大学艺术学院林莉副院长参与了本书的审校工作；感谢南京一级美术老师王伯良先生。谨在此向各位老师致以崇高的敬意！

我还要感谢模特孙薇小姐和支持我的所有学生！感谢出版社的老师为编辑出版这本书付出的辛勤劳动！

在编写过程中，我参考了专家学者的大量著作，在此表示深深的谢意！

对于那些帮助出版这本书的所有朋友，感谢你们无私的友谊和帮助！

本书有编写错误之处在所难免，敬请各位专家老师以及读者予以指正。

谨以此书献给我钟爱的中国形象设计事业。

逸 君（顾筱君）

2017年2月4日

图书在版编目(CIP)数据

时尚形象设计导论/顾筱君著. —北京：中国传媒大学出版社，2017.7
（时尚形象设计专业“十三五”规划教材·21世纪新编核心课程系列）
ISBN 978-7-5657-1673-7

Ⅰ. ①时… Ⅱ. ①顾… Ⅲ. ①个人－形象－设计－教材 Ⅳ. ①B834.3

中国版本图书馆CIP数据核字（2016）第062524号

时尚形象设计导论
SHISHANG XINGXIANG SHEJI DAOLUN

丛书总主编 顾筱君
著　　者 顾筱君
策　　划 冬　妮
顾　　问 吕艳芝
责任编辑 张　旭　吴　磊
特约编辑 沈梦绮
封面设计 拓美设计
责任印制 曹　辉

出版发行 中国传媒大学出版社
社　　址 北京市朝阳区定福庄东街1号　邮编：100024
电　　话 86－10－65450528　65450532　传真：65779405
网　　址 http://www.cucp.com.cn
经　　销 全国新华书店

印　　刷 北京中科印刷有限公司
开　　本 787mm×1092mm　1/16
印　　张 彩7　黑白13.25
字　　数 414千字
版　　次 2017年7月第1版　2017年7月第1次印刷

书　　号 ISBN 978-7-5657-1673-7/B·1673　定　　价 78.00元